Office
2021 範例教本

全華研究室　郭欣怡　編著

───── 輕鬆學會 *14* 個精采實用範例 ─────

Word

- 餐飲價目表
- 專題報告文件
- 求職履歷表
- 旅遊導覽手冊
- 喬遷茶會邀請函

Excel

- 報價單
- 員工考績表
- 顧客滿意度調查
- 分店營收統計圖
- 產品銷售分析

PowerPoint

- 口腔保健衛教簡報
- 員工教育訓練簡報
- 銷售業績報告
- 行銷活動企畫案

全華圖書股份有限公司

本書導讀

編輯大意

本書共分為 Word、Excel、PowerPoint 三大篇，精選了 14 個範例，讓您從範例的操作中學習到各種 Office 軟體使用技巧。

Word篇

Word 是一套「文書處理」軟體，利用文書處理軟體可以幫助我們快速地完成各種報告、海報、公文、表格、信件及標籤等文件。本篇內容包含了 Word 的基本操作、文件的格式設定與編排、表格的建立與編修技巧、圖片美化與編修、長文件的編排技巧、合併列印的使用等。

Excel篇

Excel 是一套「電子試算表」軟體，利用電子試算表軟體可以將一堆數字、報表進行加總、平均、製作圖表等動作。本篇內容包含了 Excel 的基本操作、工作表使用、工作表的設定與列印、公式與函數的應用、統計圖表的建立與設計、資料排序、資料篩選、樞紐分析表的使用等。

PowerPoint篇

PowerPoint 是一套「簡報」軟體，利用簡報軟體可以製作出一份專業的簡報。本篇內容包含了 PowerPoint 的簡報的版面設計、母片的運用、在簡報中加入音訊及視訊、錄製簡報、在簡報中加入表格及圖表、在簡報中加入 SmartArt 圖形、在簡報中加入精彩的動畫效果、將簡報匯出為影片、講義、封裝成光碟等。

關於視窗的操作介面

在使用本書時，可能會發現書中的操作介面與電腦所看到的畫面有所不同，這是因為每個人所使用的視窗大小、系統所設定的字型大小等設定因素，皆可能會影響到「功能區」的顯示方式，導致「功能區」自動將部分按鈕縮小，或是省略名稱。

當視窗夠大時，可以完整呈現所有的按鈕及名稱。

當視窗較小，或將系統字型設定為大時，就會自動將部分按鈕縮小，或改以選單方式呈現。

本書在說明功能區選項時，將統一以按下「××→○○→☆☆」來表示，其中××代表**索引標籤**名稱；○○代表**群組**名稱；☆☆代表**指令按鈕**名稱。例如：要表示「常用」索引標籤中，「字型」群組的「粗體」按鈕時，我們會以「常用→字型→粗體」來表示。

目錄

WORD.

目錄

02 員工考績表
Excel 函數應用

03 顧客滿意度調查
Excel 工作表的編輯技巧

04 分店營收統計圖
Excel 圖表編修

目錄

Word
2021

01

餐飲價目表

Word 文件基本操作

學習目標

文件的開啟與關閉 /
Office佈景主題 /
文字格式設定 / 段落格式設定 /
定位點設定 / 亞洲方式配置 /
最適文字大小 / 並列文字 /
段落文字框線及網底 / 插入圖片 /
儲存及列印文件

● **範例檔案** (範例檔案\Word\Example01)

餐飲價目表.docx

背景圖.jpg

甜點.jpg

● **結果檔案** (範例檔案\Word\Example01)

餐飲價目表-OK.docx

在「餐飲價目表」範例中，將學習如何利用文書處理軟體Word，製作一份圖文並茂的文件。

美術效果　文字效果　　　　　並列文字

框線及網底

最適文字大小

定位點

段落對齊方式

文繞圖設定

圖片樣式　　圖片

找一種幸福 {飲品 甜品} 價目表

飲品

	小	中	大
原　味　茶 茉香綠茶	20	25	30
翡翠烏龍	20	25	30
經典紅茶	20	25	30
文山包種	20	25	30
香醇鮮奶 紅茶拿鐵	30	35	40
經典奶茶	30	35	40
奶香烏龍茶	30	35	40
原味鮮榨果汁 經典水果茶	40	45	50
檸檬蘆薈	40	45	50
奇異果汁	40	45	50

甜品

蛋糕系列	波士頓派	45
	黑森林	45
	香草栗子捲	55
	皇家巧克力	55
慕斯系列	芒果巧克力	60
	水果起司	55
	草莓起司杯	60

找一種幸福 甜品屋

歡迎訂購，滿300元，即可外送．外送專線：02-2345-6789、02-2345-6790

即可外送．外送專線：02-2345-6789、02-2345-6790

1-1 文件的開啟與關閉

在開始進行文件製作前，須先啟動Word操作視窗，再開啟相關文件，便可進行文件的編輯與製作。

啟動Word操作視窗

安裝好Office應用軟體後，先按下 開始鈕，點選**所有應用程式**，接著在程式選單中點選**Word**，即可啟動Word應用程式。

啟動Word時，會先進入開始畫面，在畫面下方會顯示**最近**曾開啟的檔案，直接點選即可開啟該檔案；按下左側的**開啟**選項，即可選擇其他要開啟的Word文件。

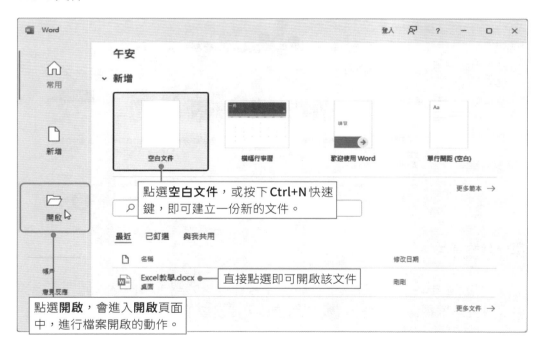

開啟舊有的文件

欲開啟已存在的Word檔時，只要直接在Word檔案圖示上**雙擊滑鼠左鍵**，即可開啟該檔案。

在檔案上**雙擊滑鼠左鍵**，即可開啟該檔案

若已在 Word 操作視窗時，可以按下**「檔案→開啟」**功能；或按下 Ctrl+O 快速鍵，進入**開啟**頁面中，進行檔案開啟的動作。

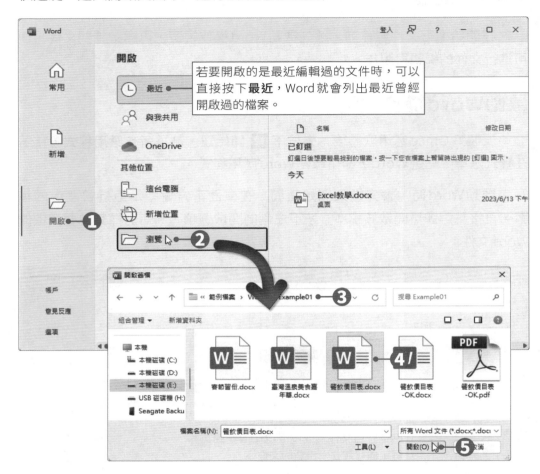

關閉文件

一份 Word 文件會單獨以一個 Word 文件視窗開啟，因此若要關閉文件，可以直接點選視窗右上角的 ✕ **關閉**按鈕，或是按下**「檔案→關閉」**功能，即可將目前開啟的文件關閉。

在進行關閉文件的動作之前，Word 會先判斷文件變更是否已經儲存，如果尚未儲存，Word 會顯示對話視窗，詢問是否要儲存檔案後再進行關閉。

1-2 Office佈景主題 2021

　　隨著現代人使用3C的時間越來越長，許多應用程式介面的色彩配置便導入以黑色或深灰色為主的**深色模式**，有助於減少眼睛疲勞，同時也更省電。同樣地，微軟也為Office應用程式提供深色模式，其設定方式如下。

① 開啟 Word 應用程式，點選視窗左下角的**帳戶**。

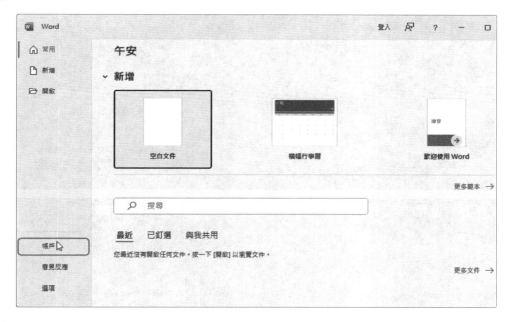

② 按下「Office 佈景主題」下拉鈕，於選單中點選**黑色**，即可切換至黑色模式。當然，此處也可選擇切換為**深灰色**、**白色**、**使用系統設定**、**彩色**等。

3 Word 2021 的黑色模式下，整個 Word 應用程式會改以黑色為底色，編輯畫面的功能區、工具列，以及文件畫布色彩，也會顯示為黑色底色。

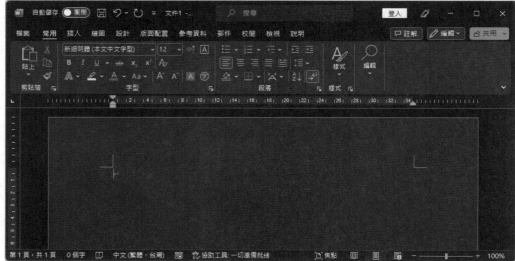

TIPS

在 Office 任一應用程式下更改佈景主題設定後，會自動將此設定套用至 Office 其他應用程式中，表示連同 Excel、PowerPoint 等皆設定為相同佈景主題，目前尚無法針對單一應用程式進行個別調整。

1-3 文字格式設定

　　若要讓一份文件看起來豐富且專業，那麼文字的格式設定就不可或缺。例如：要強調文件中的重要文句時，可以將它變換色彩或是加上粗體，以凸顯其重要性，而這些都是屬於文字的格式設定。

　　開啟「範例檔案→Word→Example01→餐飲價目表.docx」，在這個範例中，已將基本的文字輸入完成，接下來我們將進行文字格式的基本設定。

修改中英文字型

① 按下 Ctrl+A 快速鍵，選取文件中的所有文字，按下「**常用→字型→字型**」下拉鈕，選擇中文要使用的中文字型(例如：微軟正黑體)。

② 中文字型設定好後，再按下「**常用→字型→字型**」下拉鈕，選擇英文及數字要使用的英文字型(例如：Arial)。

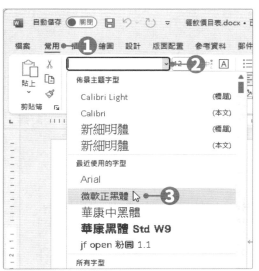

TIPS

在設定字型時，先將所有字型設定為中文字型，此時所有的中文及英文都會套用所選擇的中文字型；當第二次選擇要套用的英文字型時，因中文無法套用英文字型，故原先的中文字型便不會被替換。

幫文字加上各種文字效果

文件的中英文字型設定好後,接著進行文件的標題文字格式設定。

1 將滑鼠游標移至文件左邊的選取區,按下滑鼠左鍵,即可選取第一行段落文字。

移花接木上網標購名牌詐財:歹徒先上網向網路...

2 在「常用→字型」索引標籤中，可設定文字格式。按下**字型大小**下拉鈕，將文字大小設定為 36 級；按下 **B** 粗體，或直接按下 Ctrl+B 快速鍵，將文字加粗；按下 字型色彩下拉鈕，於選單中點選**紫色**；再次按下 字型色彩下拉鈕，於漸層選項中點選「**深色變化→線性向下**」的變化方式。

3 按下 文字效果與印刷樣式下拉鈕，於陰影選項中點選「**內陰影→內部：向上**」陰影效果。

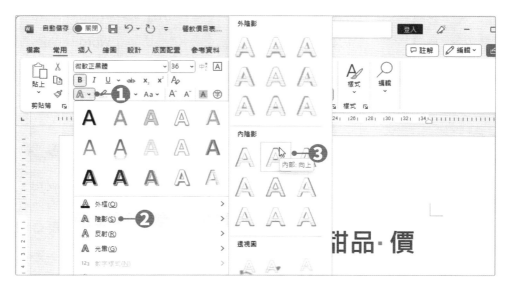

TIPS

字型指令按鈕及快速鍵說明

在「常用→字型」群組中，有許多關於文字格式設定的指令按鈕，這些指令按鈕可以改變文字的外觀。

指令按鈕		功能說明	快速鍵	範例
微軟正黑體	字型	選擇要使用的字型	Ctrl+Shift+F	Word→Word
12	字型大小	選擇字型的級數	Ctrl+Shift+P	Word→Word
	清除所有格式設定	清除已設定好的格式		Word→Word
	注音標示	將文字加上注音符號		春 曉
	圍繞字元	在字元外加上圍繞字元		春 曉
	字元框線	將文字加上框線		資訊的未來發展
	字元網底	將文字加上網底		資訊的未來發展
Aa	大小寫轉換	可設定英文字母的大小寫、符號的全形或半形	Shift+F3	word→Word→WORD→word
	放大字型	按一次會放大二個字級	Ctrl+Shift+>	Word→Word
	縮小字型	按一次會縮小二個字級	Ctrl+Shift+<	Word→Word
B	粗體	將文字變成粗體	Ctrl+B	Word→**Word**
I	斜體	將文字變成斜體	Ctrl+I	Word→*Word*
U	底線	將文字加上底線	Ctrl+U	Word→Word
ab	刪除線	將文字加上刪除線		Word→~~Word~~
x^2	上標	將文字轉換為上標文字	Ctrl+Shift++	Word→W^{ord}
x_2	下標	將文字轉換為下標文字	Ctrl+=	Word→W$_{ord}$
	文字醒目提示色彩	將文字加上不一樣的網底色彩		Word→ Word
A	字型色彩	可選擇文字要使用的色彩		Word→Word
A	文字效果與印刷樣式	將文字加上陰影、光暈等效果，還可以變更印刷樣式等設定		Word→Word

W 1-4 段落格式設定

在文件中輸入文字滿一行時，文字就會自動折向下一行，這個自動折向下一行的動作，稱為**自動換行**，而這整段文字就稱之為**段落**。在輸入文字時，當按下 Enter 鍵，就會產生一個 ↵ 段落標記，表示一個段落的結束。

設定段落的對齊方式

① 選取要設定對齊方式的段落，在此範例中請選取第 1 行～第 3 行 (飲品)、第 15 行 (甜品)、第 24 行～第 25 行 (最末兩行) 等段落文字。

TIPS
按下 **Ctrl** 鍵不放，就可以用滑鼠同時選取多個不連續的段落文字。

② 按下「**常用→段落→ ≡ 置中**」按鈕，即可將段落設定為置中對齊。

TIPS

段落文字的對齊方式

在「**常用→段落**」群組中，利用各種對齊按鈕，就可以進行文字的對齊方式設定。一般在編排文件時，建議將段落的對齊方式設定為**左右對齊**，這樣文件會比較整齊美觀。

對齊方式	說明	範例	快速鍵
☰ 左右對齊	主要應用於一整個段落，段落文字的左右兩邊會互相切齊。	快樂的人生由自己創造，快樂的人生由自己創造	Ctrl+J
☰ 靠左對齊	文字會對齊文件版面的左邊界，是預設的對齊方式。	快樂的人生由自己創造，快樂的人生由自己創造	Ctrl+L
☰ 置中對齊	文字會置於文件版面的中間。	快樂的人生由自己創造	Ctrl+E
☰ 靠右對齊	文字會對齊文件版面的右邊界。	快樂的人生由自己創造	Ctrl+R
☷ 分散對齊	文字會均勻分散至左右兩邊。	快樂的人生由自己創造	Ctrl+Shift+J

段落間距與行距的設定

在每個段落與段落之間，可以設定前一個段落結束與後一個段落開始之間的空白距離，也就是**段落間距**；而段落中上一行底部和下一行上方之間的空白間距，則為**行距**。

📍 文件格線被設定時，貼齊格線

在 Word 中，將字型設定為微軟正黑體或字型大小 14 級、單行間距時，會發現行與行之間的行距很寬，這是因為 Word 預設的段落格式會自動勾選「**文件格線被設定時，貼齊格線**」設定，所以行距便會依照格線自動設定，當文字為 14 級時，會改用 3 條格線的間隔來設定行距。若要正確顯示行距時，就要取消這個設定。

1 按下 Ctrl+A 快速鍵，選取文件中的所有段落，按下**段落**群組右下角的 ⤵ 按鈕，開啟「段落」對話方塊。

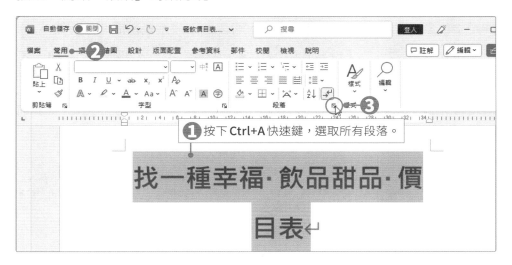

2 點選**縮排與行距**標籤頁，將**文件格線被設定時，貼齊格線**選項勾選取消，按下**確定**按鈕，回到文件中，行距便會正確顯示。

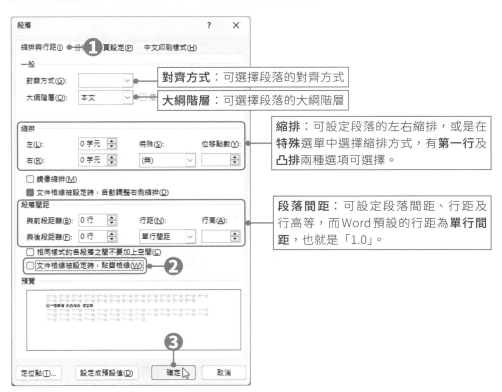

段落間距設定

按下「**常用→段落→**↕☰ **行距與段落間距**」下拉鈕，可在選單中設定段落間距；或者進入「段落」對話方塊中，可以進階設定**段落間距**與**行距**。

1. 選取「飲品」及「甜品」段落文字，先將字型大小設定為 16 級，再按下 **B 粗體**按鈕，將文字加粗。

2. 按下**段落**群組右下角的 ↘ 按鈕，開啟「**段落**」對話方塊中，將**與前段距離**設為 1 行，**與後段距離**設為 0.5 行，設定好後按下**確定**按鈕即可。

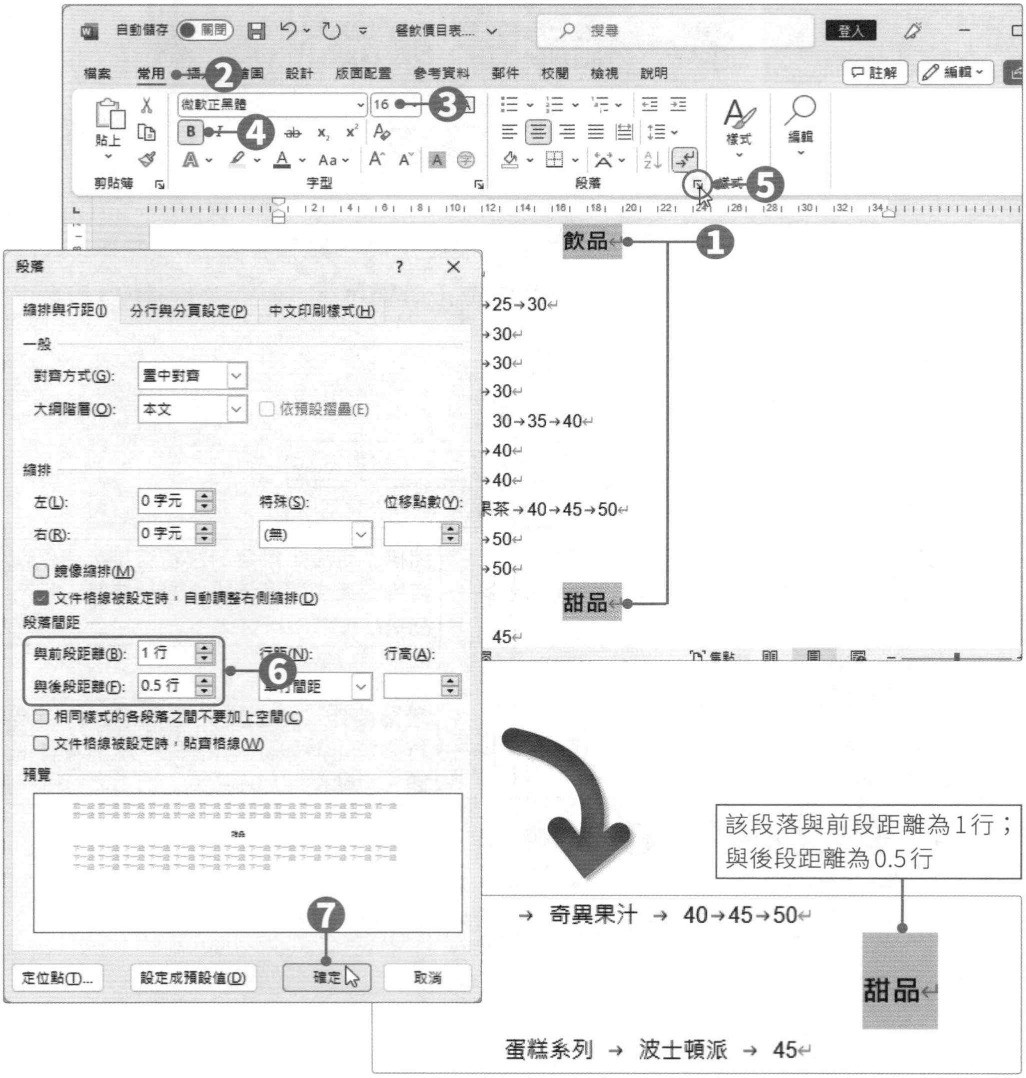

飲品
甜品
段落
縮排與行距
分行與分頁設定
中文印刷樣式
一般
對齊方式(G):
置中對齊
大綱階層(O):
本文
縮排
段落間距
與前段距離(B): 1 行
與後段距離(F): 0.5 行
確定
取消
該段落與前段距離為1行；
與後段距離為0.5行
奇異果汁 → 40→45→50
蛋糕系列 → 波士頓派 → 45

TIPS

行距設定

在「段落」對話方塊中設定**行距**時，在選單中提供許多選項可供選擇，分別說明如下。

選項	說明
單行間距	每行高度可容納該行的最大字體，例如：最大字為12，行高則為12。
1.5倍行高	每行高度為該行最大字體的1.5倍，例如：最大字為12，行高則為12×1.5。
2倍行高	每行高度為該行最大字體的2倍，例如：最大字為12，行高則為12×2。
最小行高	是用來指定行內文字可使用高度的最小點數，但Word會自動參考該行最大字體或物件所需的行高進行適度調整。
固定行高	可自行設定行的固定高度，但若字型大小或圖片大於固定行高時，超出行高的部分將無法顯示。
多行	以行為單位，可直接設定行的高度，例如：將行距設定為1.15時，會增加15%的間距；將行距設定為3時，會增加300%間距。

TIPS

斷行與段落

在 Word 中輸入文字時，按下 **Enter** 鍵會產生一個段落；按下 **Shift+Enter** 快速鍵，則是產生一個「斷行」。要在文件中判斷文字是屬於「段落」還是「斷行」，只要看最後的標記符號就可以辨別了。「↵」標記符號表示一個段落，「↓」標記符號則表示一個斷行。

> 2024 年 4 月 27 日↵
> 10:30~19:00↵ ●────── 段落 (**Enter**)
>
> 台北市↓ ●────── 斷行 (**Shift+Enter**)
> 光復南路 133 號↵
>
> ──────────────────
>
> 金門縣文化局首度以「霧」為主題，希望以「霧」展現出金門人文、活動、風情的景觀特色，鼓勵民眾實地造訪金門，發掘在自然雲霧中之金門特色之美，邀請民眾記錄金門當地特殊的人文風情及自然景觀，透過鏡頭獵取金

1-5 使用定位點對齊文字

設定**定位點**可以方便文字的編排,讓文字統一對齊在相同的位置。進行定位點的設定時,可以在文字輸入前或文字輸入後。只要在 Word 中按下鍵盤上的 **Tab** 鍵,插入點就會跳至所設定的定位點上。

認識各種定位點符號

Word 提供了**靠左、置中、靠右、小數點、分隔線**等定位點。要設定定位點時,可以直接在尺規上進行設定,或是進入「定位點」對話方塊,進行更進階的設定。

靠左	置中	靠右	小數點	分隔線	首行縮排	首行凸排
L	⊥	⅃	⊥	ı	△	▽

在尺規上使用定位點時,先點選要設定的定位點類型,接著在尺規上,按下滑鼠左鍵,此時在尺規上就會出現該定位點符號。若要切換不同定位點時,只要在定位點按鈕上按一下滑鼠左鍵,即可切換定位點類型。

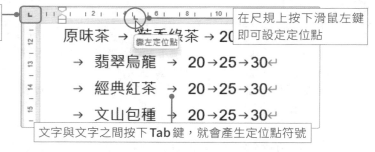

定位點按鈕:用滑鼠點選此鈕,可變更定位點類型

在尺規上按下滑鼠左鍵即可設定定位點

文字與文字之間按下 **Tab** 鍵,就會產生定位點符號

原味茶 → 蜜香綠茶 → 20→...

→ 翡翠烏龍 → 20→25→30↵

→ 經典紅茶 → 20→25→30↵

→ 文山包種 → 20→25→30↵

TIPS

尺規與格式化標記符號的顯示設定

在文件中若沒有顯示尺規時,可以在「**檢視→顯示**」群組中,將**尺規**選項勾選,文件便會顯示尺規。

在文件中若沒有看到各種編輯標記符號時,如 → 定位字元、··· 空格 ,可以按下「**常用→段落→**」**顯示 / 隱藏編輯標記**」按鈕,即可在文件中顯示各種編輯標記符號。

定位點設定

　　在此範例中，已將飲品及甜品的品項都加入了 tab 縮排，接著就要來設定各種定位點，讓各品項都能依照所設定的位置整齊排列。

1　選取飲品及甜品下的所有品項，按下「常用→段落」群組右下角的 ⏎ 按鈕，開啟「段落」對話方塊，按下**定位點**按鈕，開啟「定位點」對話方塊。

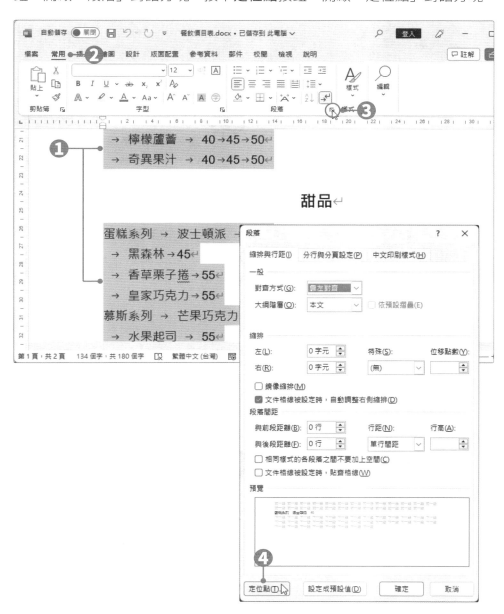

2️⃣ 在**定位停駐點位置**欄位中輸入 8，在**對齊方式**中選擇**分隔線**。設定好後，按下**設定**按鈕，此時在清單中就會加入所設定的定位點。

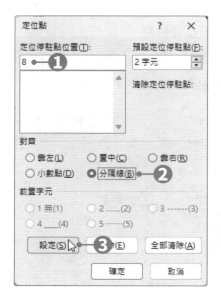

> **TIPS**
> 當一次設定多個定位點時，每設定好一個定位點，一定要按下**設定**按鈕，才能再繼續設定下一個定位點。

3️⃣ 接著再繼續設定「**9 字元，靠左**定位點」、「**23 字元，置中**定位點，並加上**選項 5** 的前置字元」、「**28 字元，置中**定位點」、「**33 字元，置中**定位點」，都設定好後，按下**確定**按鈕。

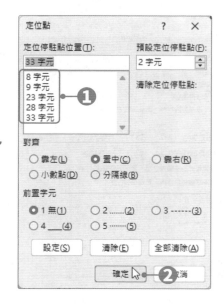

> **TIPS**
> 設定定位點時，若發現某一個定位停駐點位置設定錯誤時，先點選該停駐點位置，再按下**清除**按鈕即可；若要將所有停駐點位置都清除，則按下**全部清除**按鈕。

④ 回到文件後，在尺規上多了所設定的定位點，而文字的位置也隨著定位點而調整。

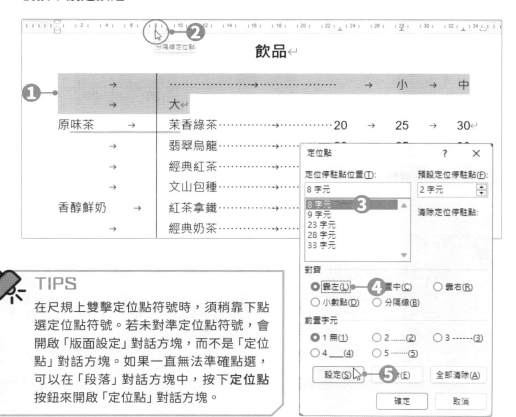

⑤ 接著要將價目表中第 1 行段落的分隔線及前置符號刪除。選取段落文字，再用滑鼠雙擊尺規上的 ┇ **分隔線定位點**，開啟「定位點」對話方塊。

⑥ 在**定位停駐點位置**選單中，點選 **8 字元**，將對齊方式更改為**靠左**，設定好後按下**設定**按鈕。

TIPS

在尺規上雙擊定位點符號時，須稍靠下點選定位點符號。若未對準定位點符號，會開啟「版面設定」對話方塊，而不是「定位點」對話方塊。如果一直無法準確點選，可以在「段落」對話方塊中，按下**定位點**按鈕來開啟「定位點」對話方塊。

7 在**定位停駐點位置**選單中，點選 **23 字元**，將其前置字元更改為「**1 無 (1)**」，按下**設定**按鈕，最後再按下**確定**按鈕，完成設定。

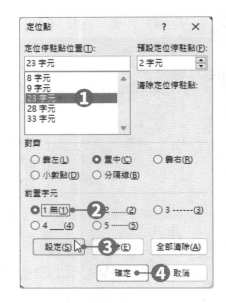

8 回到文件後，文字就會依照定位點位置整齊排列了。

			小		中		大
原味茶	→	茉香綠茶	20	→	25	→	30
→		翡翠烏龍	20	→	25	→	30
→		經典紅茶	20	→	25	→	30
→		文山包種	20	→	25	→	30
香醇鮮奶	→	紅茶拿鐵	30	→	35	→	40
→		經典奶茶	30	→	35	→	40

TIPS
微調或移除定位點

要調整定位點位置時，只要在尺規的定位點符號上按住滑鼠左鍵不放，並往左或往右拖曳，即可調整定位點位置。若要進行微調時，先按住 **Alt** 鍵不放，再拖曳該定位點，此時尺規會顯示單位，即可進行微調的動作。

若欲清除定位點，只要按住尺規上的定位點符號，接著往上或往下拖曳，即可將該定位點清除。

1-6 並列文字及最適文字大小

使用**並列文字**可以讓多個字元以二行方式呈現；而**最適文字大小**則可以指定被選取的所有文字寬度。

將文字以並列方式呈現

1. 選取「飲品甜品」文字，按下「**常用→段落→ 亞洲方式配置**」下拉鈕，於選單中點選**並列文字**。

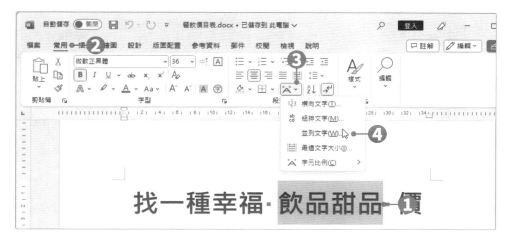

2. 開啟「並列文字」對話方塊，將**以括弧括住**選項勾選起來，按下**括弧樣式**下拉鈕，選擇要使用的樣式，都設定好後按下**確定**按鈕。

3. 回到文件後，被選取的文字就會並列並加上括弧方式顯示。

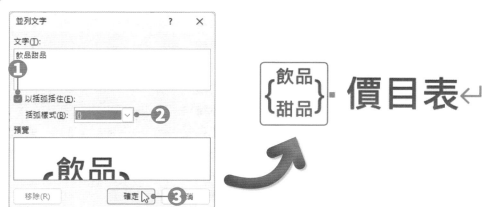

用最適文字大小調整文字寬度

　　若想將文字設定為固定寬度，可以使用**最適文字大小**功能進行設定。在範例中，要將「原味茶」、「香醇鮮奶」、「蛋糕系列」及「慕斯系列」等文字寬度，設定為與「原味鮮榨果汁」分散對齊的6個字元寬。

1️⃣ 選取「原味茶」、「香醇鮮奶」、「蛋糕系列」及「慕斯系列」等文字，按下「**常用→段落→ ✕˙ 亞洲方式配置**」下拉鈕，在選單中點選**最適文字大小**，開啟「最適文字大小」對話方塊。

2️⃣ 將文字寬度設定為 6 **字元**，設定好後按下**確定**按鈕，即可完成設定。

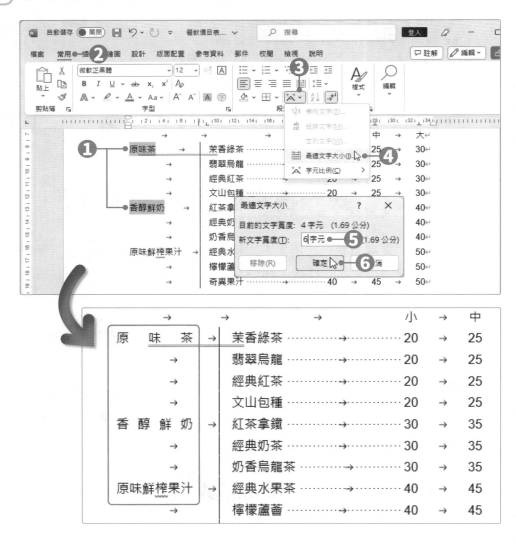

1-7 段落文字的框線及網底

在 Word 中適時為字元或段落加上框線與網底，除了美化文件之外，也可以用來強調或凸顯特定的字元或段落。

加上框線及網底

1　選取「飲品」段落文字，按下「**常用→段落→** ⊞ **框線**」下拉鈕，於選單中點選**框線及網底**，開啟「框線及網底」對話方塊。

2　點選**框線**標籤頁，選擇框線要使用的**樣式**、**色彩**、**寬度**，都設定好後按下**上框線**、**左框線**及**右框線**工具鈕，取消上、左及右框線。

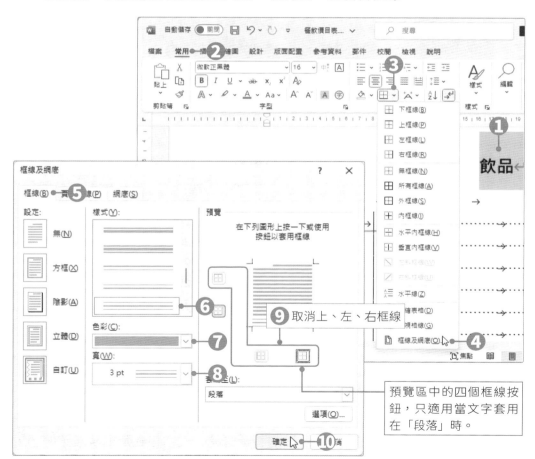

預覽區中的四個框線按鈕，只適用當文字套用在「段落」時。

3 接著點選**網底**標籤頁,進行網底的設定,設定好後按下**確定**按鈕。

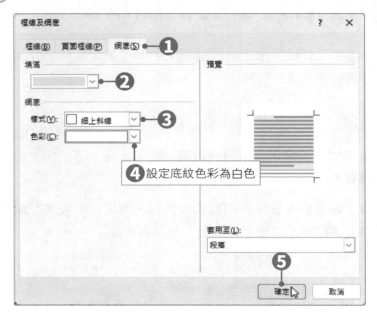

4 回到文件後,被選取的段落文字就會加上所設定的框線及網底了。

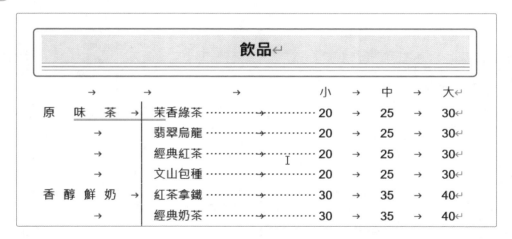

			小		中		大↵
原 味 茶 →	茉香綠茶 ⋯⋯→⋯⋯		20	→	25	→	30↵
→	翡翠烏龍 ⋯⋯→⋯⋯		20	→	25	→	30↵
→	經典紅茶 ⋯⋯→⋯⋯		20	→	25	→	30↵
→	文山包種 ⋯⋯→⋯⋯		20	→	25	→	30↵
香 醇 鮮 奶 →	紅茶拿鐵 ⋯⋯→⋯⋯		30	→	35	→	40↵
→	經典奶茶 ⋯⋯→⋯⋯		30	→	35	→	40↵

用複製格式功能套用相同設定

透過**複製格式**功能,可以將文字的色彩、字型樣式、框線樣式等格式,快速套用至其他文字上。在範例中,已經將「飲品」文字格式及框線設定好了,接著只要利用**複製格式**功能,將格式複製到「甜品」段落文字上即可。

1 將滑鼠游標移至已設定好格式的「飲品」段落文字上，在「**常用→剪貼簿→** ☁️ **複製格式**」按鈕上，按下滑鼠左鍵啟動複製格式功能。

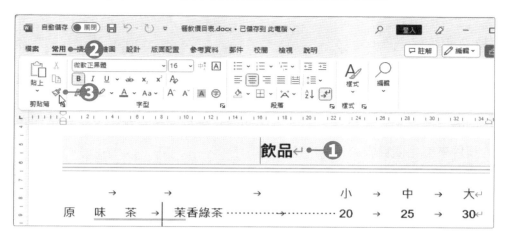

2 接著選取要套用相同格式的文字，選取後文字就會套用一模一樣的格式。

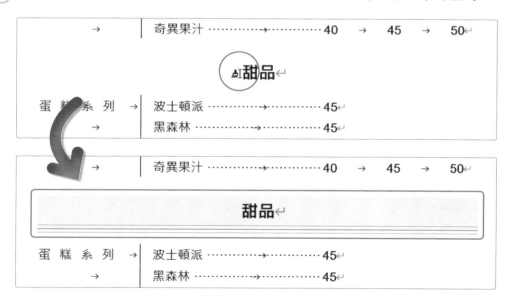

TIPS

也可以使用快速鍵進行複製格式。先選取要複製格式的段落，或將插入點移至該段落中，按下 **Ctrl+Shift+C** 快速鍵，複製該段落的格式，再將插入點移至要套用相同格式的段落上，按下 **Ctrl+Shift+V** 快速鍵，即可進行套用。

1-8 使用圖片美化文件

加入圖片

在文件中加入圖片，可以達到圖文並茂的效果。Word可插入的圖檔格式有emf、wmf、jpg、gif、tif、png、eps、bmp、svg、ico、webp等。 在此範例中，要加入一張與文件大小一致的圖片當做背景，再加入一張與甜品有關的圖片來美化價目表。

1. 在文件中的任一位置，按下「**插入→圖例→圖片→此裝置**」按鈕，開啟「插入圖片」對話方塊。

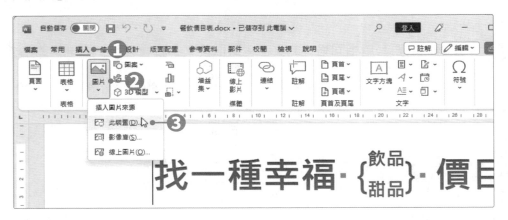

2. 選擇要插入的圖片，選擇好後按下**插入**按鈕。

3 被選取的圖片就會插入於滑鼠游標所在位置上。

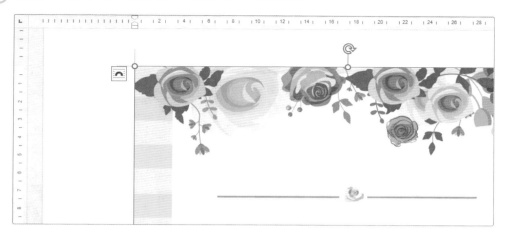

文繞圖及位置設定

在 Word 中加入圖片時，在預設下，文繞圖的模式都設定為**與文字排列**，表示該圖為文字的一部分。我們可利用**文繞圖**及**位置**功能，快速將圖片放置在想要擺放的位置。

1 選取圖片，按下「**圖片格式→排列→自動換行**」下拉鈕，於選單中點選**文字在前**。

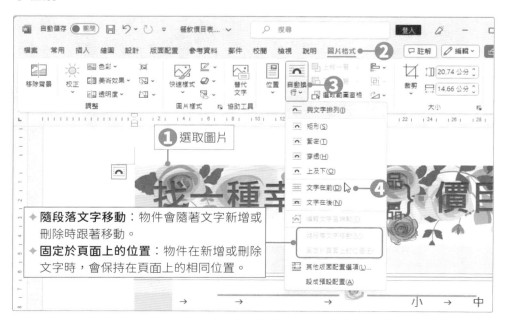

2 接著按下「**圖片格式→排列→位置**」下拉鈕，於選單中點選**其他版面配置選項**，開啟「版面配置」對話方塊，設定圖片在頁面上的位置。

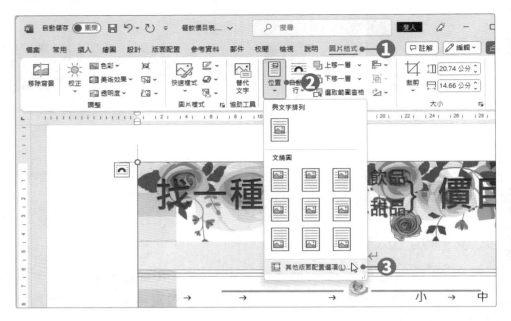

3 將水平對齊方式設定為**靠左對齊**，相對於**頁**；將垂直對齊方式設定為**靠上**，相對於**頁**，設定好後按下**確定**按鈕。

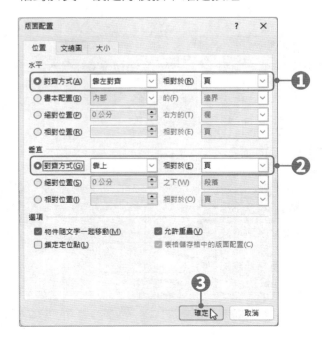

4 設定好後，圖片就會自動以頁面為基準，水平靠左對齊及垂直靠上對齊。

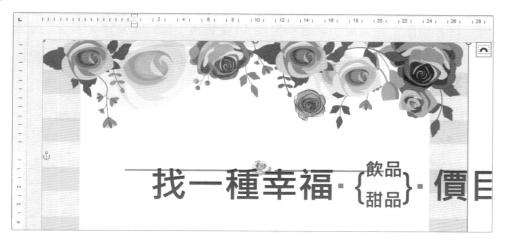

TIPS

文繞圖設定

將圖片加入文件後，於圖片的右上角會自動出現 版面配置選項按鈕，利用這個按鈕，即可設定圖片的文繞圖方式；除此之外，也可以按下「**圖片格式→排列→自動換行**」下拉鈕，進行文繞圖的設定。

矩形

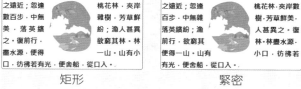
緊密

穿透

上及下　　　文字在前　　　文字在後

編輯文字區端點

 其中**緊密**與**穿透**的差異在於：**緊密**是文字繞著圖片本身換行，通常在圖片的邊界內；而**穿透**則是文字繞著圖片本身換行，但文字會進入圖片中所有開放區域。

調整圖片大小

接著將圖片的寬度及高度調整成 A4 頁面大小 (寬 21 公分 × 長 29.7 公分)。

1 點選圖片，在「**圖片格式→大小→圖案寬度**」欄位中，將圖片寬度修改為 **21 公分**。

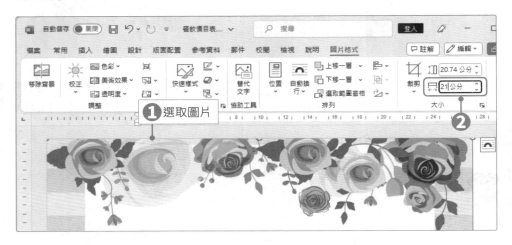

2 當我們變更了寬度設定後，高度也會依等比例自動調整。

> 調整圖片大小時，若直接於欄位中輸入，此時圖片會以**等比例**方式進行調整。也就是說，調整圖片的高度時，寬度就會自動跟著調整，反之即同。

TIPS

重設圖片

當圖片進行各種變更後，若想讓圖片回到最初設定時，可以按下「**圖片格式→調整→** 🔄 **重設圖片**」按鈕，讓圖片回到最原始的狀態。

幫圖片加上美術效果

Word 提供了許多特殊的美術效果可供圖片套用，像是繪圖筆刷、麥克筆、水彩海綿等。只要先選取圖片，按下「**圖片格式→調整→美術效果**」下拉鈕，於選單中點選想要套用的美術效果(在本例中選擇**紋理化**)，圖片就會自動套用選定的美術效果。

TIPS

在 Word 文件中，除了按下「**插入→圖例→圖片→此裝置**」按鈕，插入電腦中的圖片檔案之外，也可選擇插入「影像庫」或「線上圖片」。

插入影像庫圖片

按下「**插入→圖例→圖片→影像庫**」按鈕，開啟「影像庫」對話方塊，可在 Microsoft 提供的文件庫中取得影像素材，於 Office 文件中免費使用。(Office 2021 用戶僅能存取部分內容，Microsoft 365 訂閱戶才能取得完整文件庫。)

插入線上圖片

按下「**插入→圖例→圖片→線上圖片**」按鈕，開啟「線上圖片」對話方塊，即可利用 Bing 圖片搜尋功能來搜尋網路上的圖片。搜尋到的結果會是符合 Creative Commons 授權系統免費授權的 Bing 圖片，因此可插入至 Word 文件中使用。

套用圖片樣式

使用 Word 所提供的圖片樣式，可以立即改變圖片的外觀及視覺效果。

1️⃣ 在價目表中插入「**甜點 .jpg**」圖片，將其文繞圖設定為**緊密**，再將圖片調整成適當大小，放置於適當的空白處。

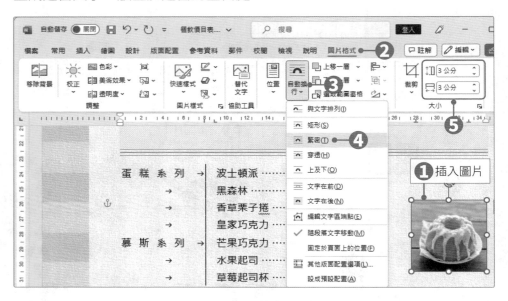

2️⃣ 選取該圖片，按下「**圖片格式→圖片樣式→快速樣式**」下拉鈕，在開啟的樣式清單中點選想要套用的圖片樣式 (本例選擇**延伸陰影矩形**)，即可立即改變圖片的外觀。

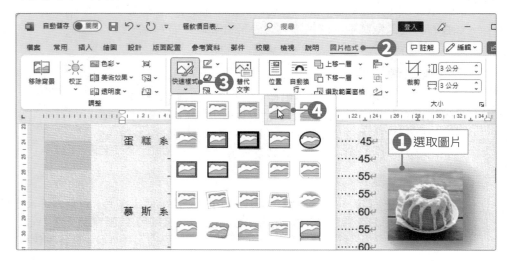

旋轉圖片

選取圖片後，利用圖片上方出現的 🔄 旋轉鈕可以旋轉圖片。要旋轉圖片時，先點選圖片，再將滑鼠游標移至旋轉鈕上，按住滑鼠左鍵不放並往左或往右拖曳，即可旋轉圖片的方向，調整好方向後放掉滑鼠左鍵即可。

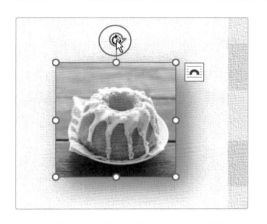 

到此整個餐飲價目表就完成囉！最後再看看有什麼要調整及編輯的地方，例如：將不同品項的文字色彩套用不同顏色，以示區隔，也能讓價目表視覺上看起來更活潑。

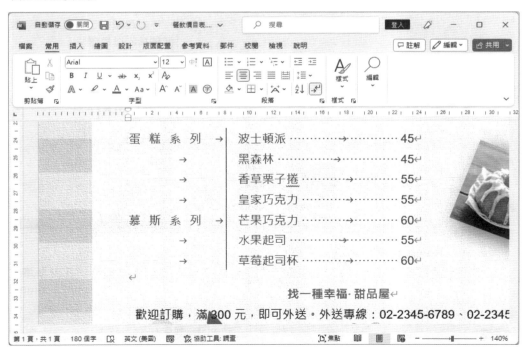

1-9 儲存及列印文件

儲存文件

Word 文件的預設檔案格式為 **.docx**，也可以將文件儲存為範本檔 (dotx)、網頁 (htm、html)、PDF、XPS 文件、RTF 格式、XML、純文字 (txt) 等類型。

從未存檔過的文件，可以按下**快速存取工具列**上的 **🖫 儲存檔案**按鈕；或是按下「**檔案→儲存檔案**」功能；也可以直接按下 **Ctrl+S** 快速鍵，進入**另存新檔**頁面中，進行儲存的設定。同樣的文件進行第二次儲存時，就會直接儲存，不會再進入**另存新檔**頁面中。

另存新檔

若不想覆蓋原有的檔案內容，或是想將檔案儲存成其他格式時，按下「**檔案→另存新檔**」功能，進入**另存新檔**頁面中，進行存檔設定；或按下 **F12** 鍵，開啟「另存新檔」對話方塊，即可重新命名及選擇要存檔的類型。

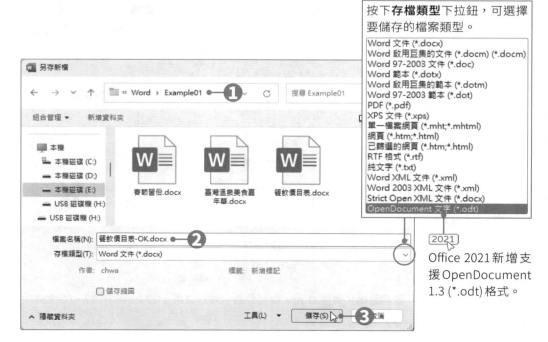

按下**存檔類型**下拉鈕，可選擇要儲存的檔案類型。

- Word 文件 (*.docx)
- Word 啟用巨集的文件 (*.docm) (*.docm)
- Word 97-2003 文件 (*.doc)
- Word 範本 (*.dotx)
- Word 啟用巨集的範本 (*.dotm)
- Word 97-2003 範本 (*.dot)
- PDF (*.pdf)
- XPS 文件 (*.xps)
- 單一檔案網頁 (*.mht;*.mhtml)
- 網頁 (*.htm;*.html)
- 已篩選的網頁 (*.htm;*.html)
- RTF 格式 (*.rtf)
- 純文字 (*.txt)
- Word XML 文件 (*.xml)
- Word 2003 XML 文件 (*.xml)
- Strict Open XML 文件 (*.docx)
- OpenDocument 文字 (*.odt)

[2021] Office 2021新增支援OpenDocument 1.3 (*.odt) 格式。

列印文件

　　按下「**檔案→列印**」功能，或按下 Ctrl+P 快速鍵，即可進入**列印**頁面中。在進行列印前還可以設定要列印的份數、列印範圍、紙張方向、紙張大小、每張要列印的頁數等。

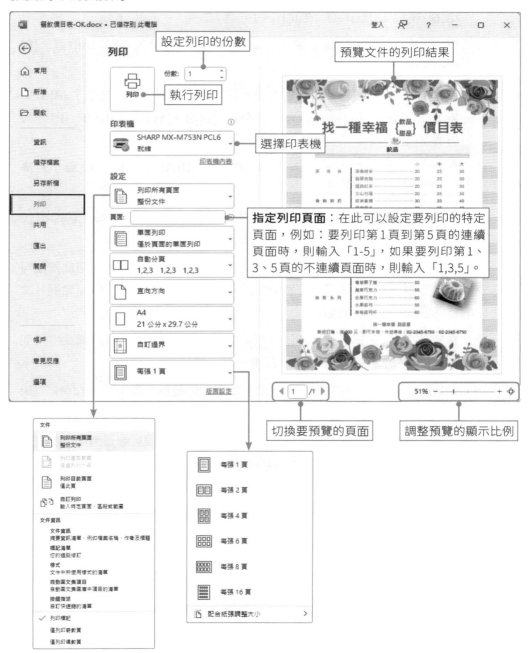

設定列印的份數

預覽文件的列印結果

執行列印

選擇印表機

指定列印頁面：在此可以設定要列印的特定頁面，例如：要列印第1頁到第5頁的連續頁面時，則輸入「1-5」，如果要列印第1、3、5頁的不連續頁面時，則輸入「1,3,5」。

切換要預覽的頁面

調整預覽的顯示比例

自我評量

☺ 選擇題

(　　)1. 在 Word 中要開啟一份新文件時，可以按下下列何組快速鍵？ (A)Ctrl+F (B)Ctrl+A　(C)Ctrl+O　(D)Ctrl+N。

(　　)2. 在 Word 中，按下鍵盤上的哪個按鍵會產生一個段落？ (A)Shift 鍵　(B) Enter 鍵　(C)Tab 鍵　(D)Ctrl 鍵。

(　　)3. 在 Word 中，下列對於段落對齊方式的快速鍵配對，何者有誤？ (A) 置中對齊：Ctrl+E　(B) 靠左對齊：Ctrl+L　(C) 靠右對齊：Ctrl+R　(D) 分散對齊：Ctrl+J。

(　　)4. 在 Word 中預設的行距是？ (A) 單行間距　(B)1.5 倍行高　(C) 最小行高 (D) 固定行高。

(　　)5. 在 Word 中按下下列何組快速鍵，可複製所在段落的格式？ (A)Ctrl+C (B)Ctrl+V　(C)Ctrl+Shift+C　(D)Ctrl+Shift+V。

(　　)6. 在 Word 中插入圖片後，圖片右上角會自動出現 ⌐ 按鈕，利用此按鈕可以進行以下何項設定？ (A) 調整圖片大小　(B) 裁剪圖片　(C) 設定圖片文繞圖方式　(D) 移除圖片。

(　　)7. 在 Word 中插入圖片後，該圖片預設的文繞圖模式為何？ (A) 與文字排列 (B) 文字在前　(C) 文字在後　(D) 矩形。

(　　)8. 在 Word 中製作好的文件，可以儲存為下列何種檔案類型？ (A)dotx　(B) txt　(C)rtf　(D) 以上皆可。

(　　)9. 在 Word 中要列印文件時，可以按下下列何組快速鍵，進行列印的設定？ (A)Ctrl+F　(B)Ctrl+P　(C)Ctrl+D　(D)Ctrl+G。

(　　)10. 下列關於 Word 的「列印」設定，何者不正確？ (A) 可以設定只列印「偶數頁」　(B) 可以指定列印範圍　(C) 無法設定列印不連續的頁面　(D) 可以選擇列印的紙張方向。

☺ 實作題

1. 開啟「範例檔案→ Word → Example01 →臺灣溫泉美食嘉年華.docx」檔案，進行以下設定。

- 為「臺灣溫泉美食嘉年華」標題文字加上各種文字效果，凸顯標題文字。
- 將「臺灣好湯……」段落文字縮排 2 字元，與前段距離 0.5 行，對齊方式設定為左右對齊。
- 將「溫泉區活動」及「推薦景點」標題文字置中對齊，再加入下框線，文字大小及色彩請自行設計。
- 將「溫泉區活動」及「推薦景點」下的段落文字使用定位點功能，讓文字能整齊排列。
- 將「活動期程…」段落文字加上網底。
- 將「湯圍溝溫泉」的文字寬度調整為 7 個字元。
- 在文件中加入「溫泉 01.jpg」及「溫泉 02.jpg」二張圖片，以美化文件。

2. 開啟「範例檔案→Word→Example01→春節習俗.docx」檔案,利用定位點、網底等功能編排文件,並加入圖片以美化文件。

● 小標題的定位點設定位置為「34 字元」、「靠右」、「前置字元 (5)」。

● 在文件中插入「春聯.png」、「過年.png」、「鞭炮.png」、「財神.png」等圖片,或是自行插入相關主題的線上圖片。

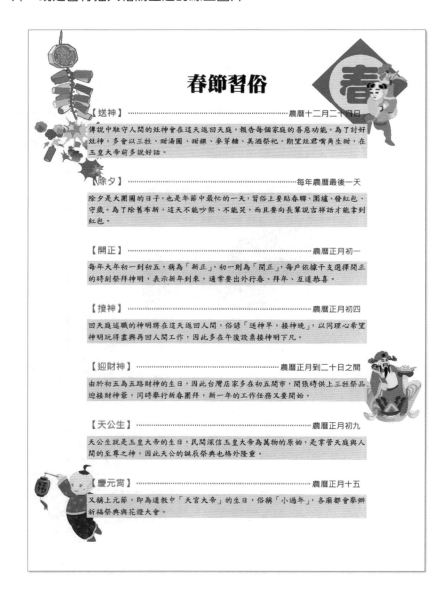

02
專題報告文件

Word 文字編輯技巧

學習目標

版面設定／文字格式設定／
文字樣式設定／醒目提示／
文字上下標／段落框線及網底／
頁面框線／中英文拼字檢查／
亞洲方式配置／中文繁簡轉換／
插入日期及時間／首字放大
建立數學方程式

● **範例檔案** (範例檔案 \Word\Example02)

電子商務報告 .docx

● **結果檔案** (範例檔案 \Word\Example02)

電子商務報告 -OK.docx

在製作學術報告或專業文件時，可能需要編輯一些特殊字元格式或是專業的方程式，Word 提供了一些好用的工具，可以幫助我們快速完成這些操作。在「專案報告文件」範例中，將學習如何善用 Word 提供的各項文字編輯技巧。

2-1 版面設定

在著手進行一份文件編排之前，要先進行該文件的紙張大小、邊界值……等版面設定。Word 預設的文件版面為 A4 (21 x 29.7cm) 紙張大小，紙張的邊界為**標準**(上下邊界為 2.54cm，左右邊界為 3.18cm)。當這些預設值不符要求時，可以自行調整紙張的版面設定。

開啟「範例檔案→Word→Example02→電子商務報告 .docx」檔案，我們將對此份文件，進行版面邊界、文件方向、紙張大小等設定。

1. 點選「**版面配置→版面設定→邊界**」下拉鈕，在選單中按下**自訂邊界**，開啟「版面設定」對話方塊。

2. 點選**邊界**標籤頁，將上、下、左、右**邊界**都設定為 **2 公分**；於**方向**選項中選擇**直向**。

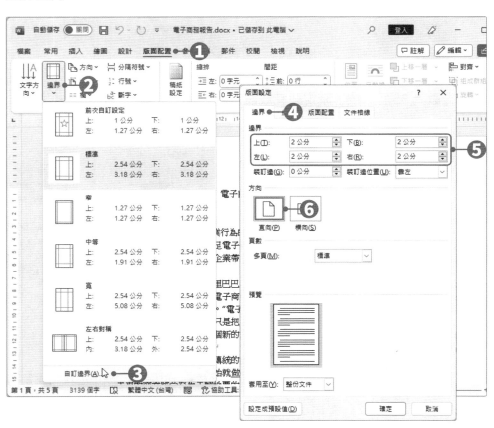

3 再點選**版面配置**標籤頁,設定頁首、頁尾與頁緣距離均為 1.5 公分。

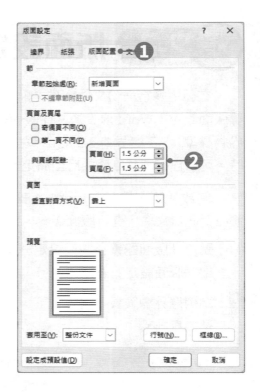

4 最後點選**文件格線**標籤頁,設定**每頁行數**為 35 行,按下**確定**鈕完成設定。

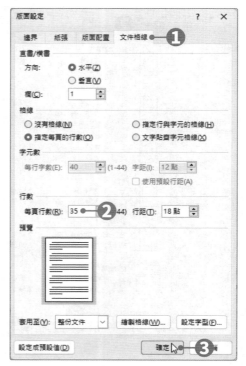

5 接著點選「版面配置→版面設定→大小」下拉鈕，於文件大小選單中選擇 Letter (21.59 公分 × 27.94 公分)。

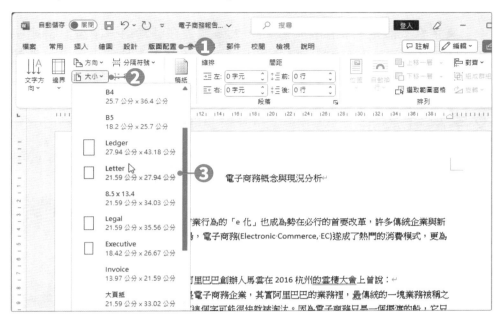

6 設定完成後，文件的版面如下圖顯示。

2-2 文字設定

文字格式設定的相關指令按鈕，大多放置在「**常用→字型**」群組中，而 Word 也提供即時預覽功能，只要將滑鼠游標移至指令按鈕上方，文件就會立即呈現該功能的套用效果，預覽確定之後，按下該按鈕即可。

文字格式設定

① 將文件的引言文字選取起來，接著按下「**常用→字型**」群組右下角的 ⬚ 按鈕，開啟「字型」對話方塊。

② 設定中文字型為**微軟正黑體**、英文字型為 Arial、字型色彩為藍色，設定好後按下**確定**鈕，回到文件中。

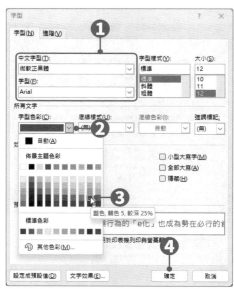

TIPS

也可以直接按下鍵盤上的 **Ctrl+D** 快速鍵，開啟「字型」對話方塊。

③ 選取標題文字「電子商務概念與現況分析」，按下**「常用→字型」**群組右下角的 ⌐ 按鈕，開啟「字型」對話方塊。

④ 點選**進階**標籤頁，在「間距」選單中選擇**加寬**；在「點數設定」欄位中輸入 2 點，設定完成後按下**確定**鈕。

⑤ 回到文件中，就可看到文字的設定結果如下圖所示。

文字樣式設定

1. 將引言第一段文字反白選取，按下**「常用→字型→ A 字元網底」**按鈕，為文字加上字元網底。

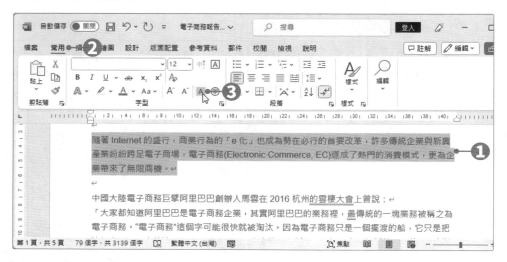

2. 回到文件中，被選取的文字就會自動加上灰色的網底，如下圖所示。

> 隨著 Internet 的盛行，商業行為的「e 化」也成為勢在必行的首要改革，許多傳統企業與新興產業紛紛跨足電子商場，電子商務(Electronic Commerce, EC)遂成了熱門的消費模式，更為企業帶來了無限商機。↵
>
> 中國大陸電子商務巨擘阿里巴巴創辦人馬雲在 2016 杭州的雲棲大會上曾說：↵
> 「大家都知道阿里巴巴是電子商務企業，其實阿里巴巴的業務裡，最傳統的一塊業務被稱之為

3. 選取引言的第二段文字，按下**「常用→字型」**群組右下角的 ⬛ 按鈕，開啟「字型」對話方塊。

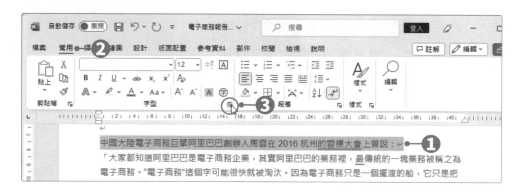

④ 點選**字型**標籤頁，設定**底線樣式**為「**粗虛線 ⋯⋯⋯⋯⋯⋯**」，**底線色彩**為**深橙色**，設定完成後，按下**確定鈕**。

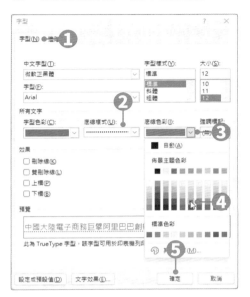

⑤ 回到文件中，被選取的文字就會加上橙色虛線的底線，如下圖所示。

中國大陸電子商務巨擘阿里巴巴創辦人馬雲在 2016 杭州的雲棲大會上曾說：
「大家都知道阿里巴巴是電子商務企業，其實阿里巴巴的業務裡，最傳統的一塊業務被稱之為電子商務。"電子商務"這個字可能很快就被淘汰。因為電子商務只是一個擺渡的船，它只是把這個岸，把河岸的這一頭端到了那一頭。未來的五大新，我們認為有五個新的發展將會深刻地影響到中國、影響到世界，影響到我們未來的所有人。
純電子商務將會成為一個傳統的概念，二十多年以前，我們開始做互聯網的時候，其實我們並不是一開始就做淘寶、天貓、支付寶，我們到 2003 年才意識到未來的商業將會發生天翻地覆

TIPS

迷你工具列

當選取某段文字時，就會即時顯示迷你工具列，透過這裡的工具按鈕，就能快速進行文字格式的常用設定。

醒目提示的使用

1. 將「電子商務的定義」標題下的內文第一行「**網路空間 (Cyberspace)**」文字選取起來,按下「**常用→字型→ 🖊 文字醒目提示色彩**」下拉鈕,將游標移至開啟的色彩選單上,就可以在文件中預覽套用後的情形。

2. 直接點選想要套用的顏色,被選取的文字就會加上醒目提示文字效果。

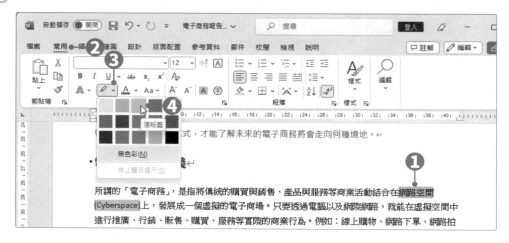

設定文字為下標

1. 同時選取文件最後 3 行,「t0」及「tn」文字中的「0」和「n」,接著按下「**常用→字型→ x_2 下標**」按鈕。

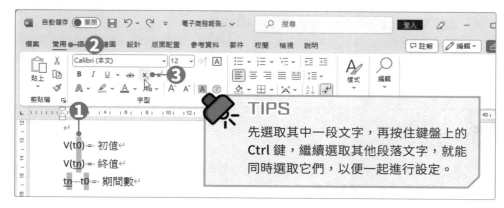

TIPS
先選取其中一段文字,再按住鍵盤上的 **Ctrl** 鍵,繼續選取其他段落文字,就能同時選取它們,以便一起進行設定。

2. 接著就可以看到所選取的文字,會以下標方式呈現,如右圖所示。

$$V(t_0) = 初值$$
$$V(t_n) = 終值$$
$$t_n - t_0 = 期間數$$

2-3 框線及網底與頁面框線

在 Word 中可以將字元或段落加上**框線**或**網底**，讓字元或段落更為明顯；而使用**頁面框線**功能則可以幫文件加上框線。

加入段落框線及網底

1. 選取「CAGR 的計算公式」段落文字，先將該段落文字的大小設定為 **16 級**，並加上**粗體**，再將文字色彩設定為**藍色**。

2. 文字格式設定好後，按下 「**常用→段落→ 框線**」 選單鈕，於選單中點選**框線及網底**，開啟「框線及網底」對話方塊。

3. 點選**框線**標籤頁，選擇框線要使用**樣式、色彩、寬度**，都設定好後按下 **上框線**、 **下框線**工具鈕，取消上、下框線。

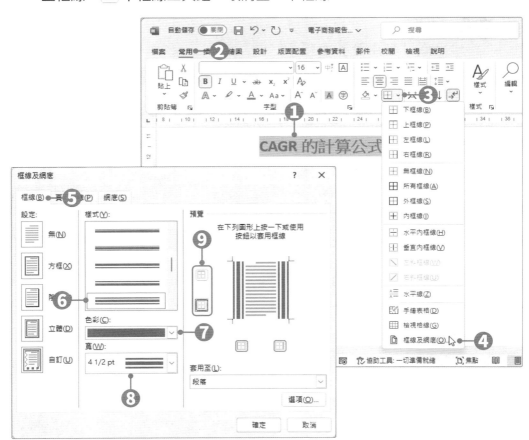

④ 再點選**網底**標籤頁，進行網底的設定，設定好後按下**確定**鈕。

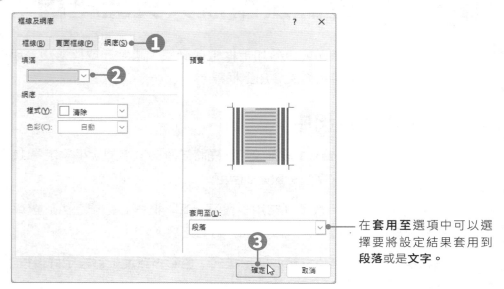

在**套用至**選項中可以選擇要將設定結果套用到**段落**或是**文字**。

TIPS

網底「套用至」選項

在網底的「套用至」項目可選擇欲套用至「段落」或是「文字」，分別說明如下：

◆ 段落：顏色顯示於選取文字所在的整段段落。
◆ 文字：顏色顯示於選取文字所在的部分。

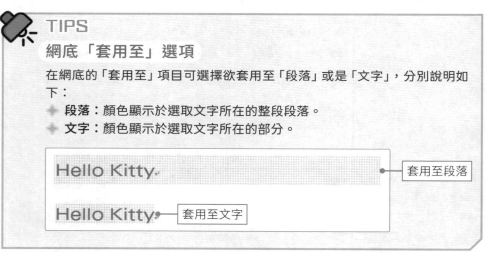

⑤ 回到文件後，被選取的段落文字就會加上框線及網底了。

V(t_0) = 初值
V(t_n) = 終值
$t_n - t_0$ = 期間數

加入頁面框線

在文件中可以加入頁面框線，讓整個版面看起來更活潑。

1 按下「**設計→頁面背景→頁面框線**」按鈕，開啟「框線及網底」對話方塊，即可進行頁面框線的設定。

2 接著按下**選項**按鈕，繼續設定框線的邊界及度量基準。

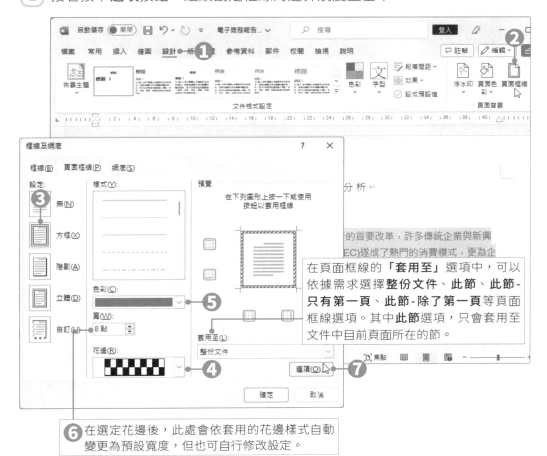

在頁面框線的「**套用至**」選項中，可以依據需求選擇**整份文件、此節、此節-只有第一頁、此節-除了第一頁**等頁面框線選項。其中**此節**選項，只會套用至文件中目前頁面所在的節。

6 在選定花邊後，此處會依套用的花邊樣式自動變更為預設寬度，但也可自行修改設定。

3 在開啟的「框線及網底選項」對話方塊中，設定框線的上、下、左、右邊界皆為 **20** 點。其中**度量基準**有**文字**及**頁緣**兩種選項，前者是指花邊位置會根據離文字輸入區 (即版面設定的邊界內) 的距離而定；後者是指花邊位置是根據離紙張邊線的邊界距離而定，這是預設值。

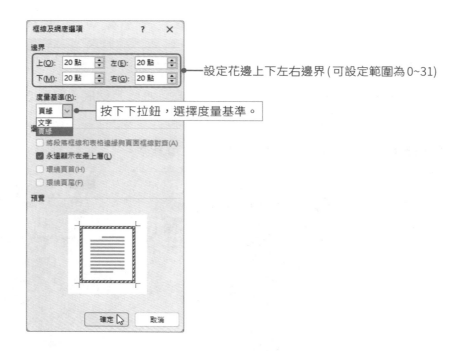

設定花邊上下左右邊界 (可設定範圍為 0~31)

按下下拉鈕，選擇度量基準。

4 回到文件後，文件中的每一頁都會加上我們所設定的頁面框線。

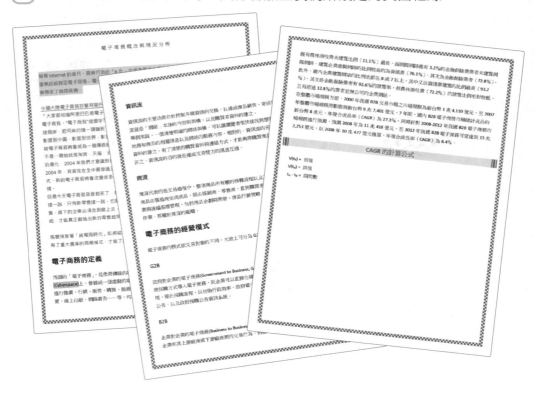

2-4 中英文拼字檢查

　　Word 提供了中英文拼字檢查的功能，當文件中的文字出現疑似錯誤時，Word 會自動在文字底下以不同顏色的波浪底線或雙底線來標示提醒，不同色彩的底線，代表著不同的意義，主要是提醒使用者自行判斷是否有誤，也可幫助我們找出正確的字喔！

- **紅色波浪底線**：可能是拼字錯誤，或者是 Office 字詞資料庫裡沒有的字。
- **藍色雙底線**：拼字雖正確，但似乎文法有誤或非句中應使用的正確字眼。

略過拼字及文法檢查

　　若發現 Word 標示之處並無不正確，或是 Word 判斷錯誤時，可以在文字上按下滑鼠右鍵，於選單中點選**略過一次**，即可將底線標示移除。

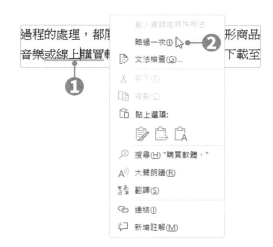

TIPS
關閉拼字及文法檢查功能

如果想要關閉拼字及文法檢查功能，可以按下「**檔案→選項**」功能，開啟「Word 選項」視窗，點選「**校訂**」標籤，再進行各種拼字及文法檢查項目的勾選設定即可。

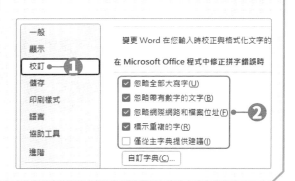

開啟拼字及文法檢查窗格

① 按下「校閱→校訂→拼字及文法檢查」按鈕，或按下 F7 功能鍵，可以開啟「校訂」窗格。

② 在「校訂」窗格中會逐一顯示可能有問題的文字，並依偵測到的文字錯誤類型顯示為「文法」、「通用選項」、「拼字檢查」等。若為「拼字檢查」類型，則會在下方的「建議」欄位中列出較適當的單字，可直接點選正確文字進行修正。

③ 全數檢視修正完畢後，按下**確定**按鈕，即可關閉窗格。

2-5 亞洲方式配置的設定

並列文字

並列文字可以將文字由一排並列為兩排顯示，且沒有字數上的限制。

1 選取標題文字中的「電子商務」四個字，先在「常用→字型」群組中，將字型改為**微軟正黑體**、**粗體**、字型大小由 12 級改為 **24 級**（建議最好放大為原來的 2 倍左右）。

2 按下「**常用→段落→ ╳˅ 亞洲方式配置**」下拉鈕，在選單中點選**並列文字**功能，開啟「並列文字」對話方塊。

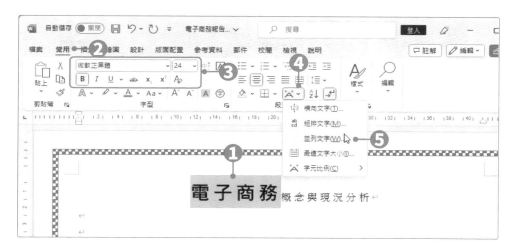

3 此時可在預覽區中看到文字的並列情形，確認無誤後，直接按下**確定**按鈕，即完成設定。

4 完成結果如下圖所示。

圍繞字元

在設定圍繞字元時，須注意一次只能針對一個字進行設定喔！

1 先選取標題中的「概」文字，按下**「常用→字型→ ㉒圍繞字元」**按鈕。

2 開啟「圍繞字元」對話方塊，在樣式中選擇**放大符號**，以保持文字原來的大小；在圍繞符號中選擇要使用的符號，設定完成後按下**確定**鈕。

3 回到文件中，選取的文字周圍就會加上剛剛設定的形狀。依照同樣步驟設定「念」與「現況分析」等文字，結果如下圖所示。

2-6 實用技巧

中文繁簡轉換

Word 提供**中文繁簡轉換**功能，讓我們可以快速將整段文字或整篇文章切換為繁／簡體中文。

1 選取文章引言中的引號內文字，按下「**校閱→中文繁簡轉換→繁轉簡**」按鈕，就可以將繁體中文翻譯成簡體中文。

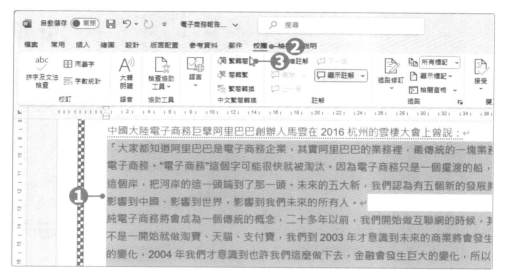

2 翻譯完成的結果如下圖所示。

中國大陸電子商務巨擘阿里巴巴創辦人馬雲在 2016 杭州的雲棲大會上曾說：

「大家都知道阿里巴巴是电子商务企业，其实阿里巴巴的业务里，最传统的一块业务被称之为电子商务。"电子商务"这个字可能很快就被淘汰。因为电子商务只是一个摆渡的船，它只是把这个岸，把河岸的这一头端到了那一头。未来的五大新，我们认为有五个新的发展将会深刻地影响到中国、影响到世界，影响到我们未来的所有人。

純电子商务将会成为一个传统的概念，二十多年以前，我们开始做互联网的时候，其实我们并不是一开始就做淘宝、天猫、支付宝，我们到 2003 年才意识到未来的商业将会发生天翻地覆的变化，2004 年我们才意识到也许我们这么做下去，金融会发生巨大的变化，所以 2003 年、2004 年，其实我在全中国做过至少不亚于 200 场的演讲，跟无数的企业交流未来新的商业模式、新的电子商务将会改变很多商业的形态。我相信那时候绝大部分企业并不把它当一回事情。

插入日期及時間

接著要在標題文字之下，標示出目前的日期。

1 將游標移至標題文字的下一行，按下「**插入→文字→**📅**日期及時間**」按鈕，開啟「日期及時間」對話方塊。

2 在「可用格式」選單中，點選想要插入的日期及時間格式，按下**確定**按鈕完成設定。

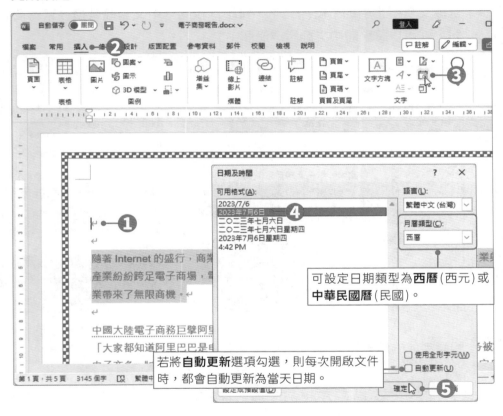

3 回到文件中，就會發現游標處已經插入當天的日期，如下圖所示。

首字放大

　　接著要將引言第一段的第一個字放大，可利用 Word 的**首字放大**功能來完成。不過要注意，首字放大的功能無法使用在表格、文字方塊、頁首及頁尾等項目內的文字段落。

1 先選取引言第一段的第一個文字，按下**「插入→文字→ A≡﹀ 首字放大」**下拉鈕，點選選單中的**首字放大選項**。

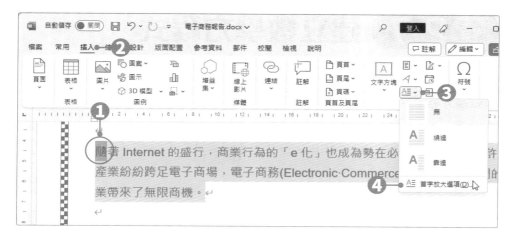

2 開啟「首字放大」對話方塊後，選擇**繞邊**位置，將放大的字型設定為**微軟正黑體**、放大高度設定為 **2**，表示字型放大為兩列高，設定好後按下**確定**鈕。

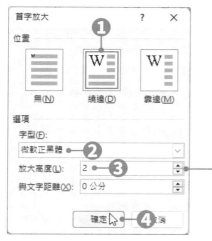

> **TIPS**
> 若要取消首字放大效果時，在**位置**選項中選擇**無**即可。

放大高度是以**行**為高度。例如：2 表示要將首字放大到 2 行文字的高度；3 表示要將首字放大到 3 行文字的高度。

③ 回到文件中，內文的第一個字就會被放大，如下圖所示。

> 隨著 Internet 的盛行，商業行為的「e 化」也成為勢在必行的首要改革，許多傳統企業與新興產業業紛紛跨足電子商場，電子商務(Electronic Commerce, EC)遂成了熱門的消費模式，更為企業帶來了無限商機。

2-7 建立數學方程式

Word 提供了一些常用的數學方程式工具，可在文件中輕鬆輸入各種運算符號及方程式。接下來我們要在內文中加上計算公式：

$$\text{CAGR}\,(t_0, t_n) = \left(\frac{V(t_n)}{V(t_0)}\right)^{\frac{1}{t_n - t_0}} - 1$$

① 將插入點移至最後一頁「CAGR 的計算公式」段落的下一行，按下「**插入 →符號→方程式**」按鈕，會建立一個方程式方框，並自動開啟「方程式」索引標籤。

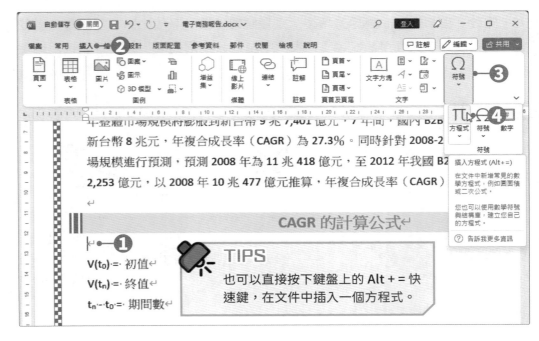

② 可在出現的方框中直接輸入方程式，並利用「**方程式→結構**」群組中所提供的各種結構庫，一一建構方程式的架構。

③ 首先輸入公式文字「CAGR(」，再按下「**方程式→結構→上下標**」下拉鈕，在選單中選擇**下標**。

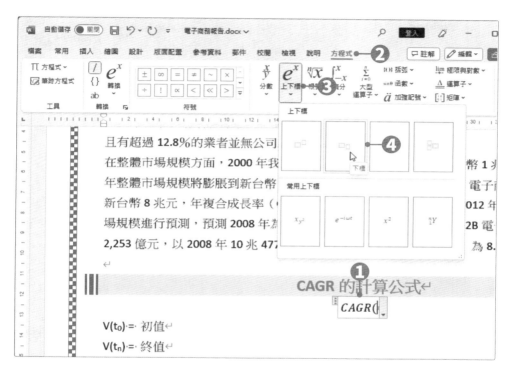

④ 接著會在方程式方框中建立一個下標的方程式結構，直接在虛線方塊中輸入公式文字即可。

5 依照同樣方式繼續輸入公式文字「, t_n) =」。接著在等號後按下「方程式→結構→上下標」下拉鈕，在選單中選擇上標。

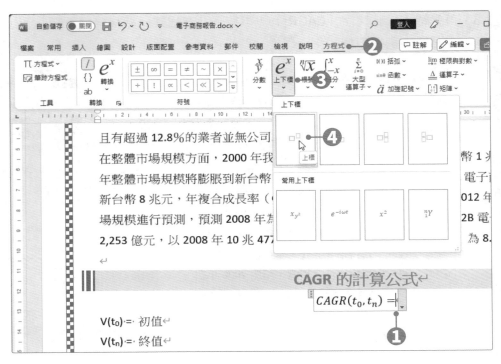

6 依照相同的建構方式，先在第一個虛線方塊中依序利用「括弧→括號」、「分數→分數 (直式)」、「上下標→下標」等方程式結構按鈕，編輯出如下圖所示的公式內容。

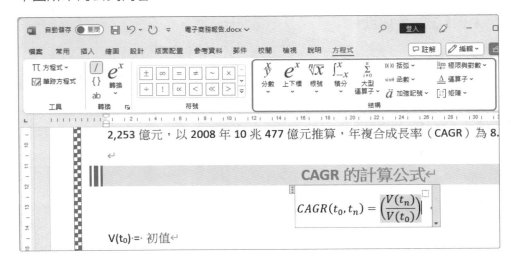

7　接著利用鍵盤上的「→」鍵，將輸入游標切換至方程式的上標虛線方塊中，再利用「分數→分數 (直式)」及「上下標→下標」結構建立上標虛線方塊內文字，如下圖所示。

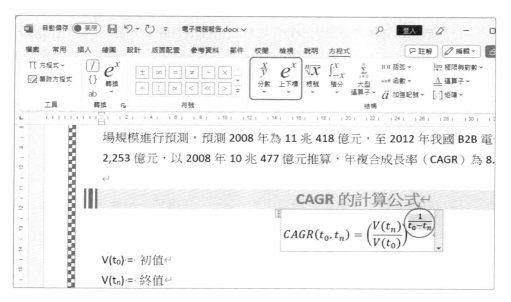

8　繼續按下鍵盤上的「→」鍵，將輸入游標切換至方程式的最末，直接輸入「-1」，即完成計算公式的輸入，如下圖所示。

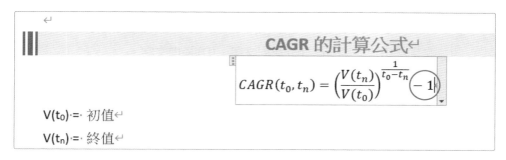

9　公式完成後，在文件任一處按下滑鼠左鍵，即可回到文件中。

CAGR 的計算公式

$$CAGR(t_0, t_n) = \left(\frac{V(t_n)}{V(t_0)}\right)^{\frac{1}{t_0 - t_n}} - 1$$

選擇題

(　　)1.　欲設定文件的紙張大小時，應該要執行下列何項功能？ (A) 版面配置→版面設定→邊界　(B) 版面配置→版面設定→大小　(C) 版面配置→佈景主題→佈景主題　(D) 版面配置→稿紙→稿紙設定。

(　　)2.　在「版面配置→版面設定」群組中，可以進行下列哪些設定？ (A) 亞洲方式配置　(B) 拼字及文字檢查　(C) 頁面框線　(D) 邊界設定。

(　　)3.　在 Word 中按下何組快速鍵，可開啟「字型」對話方塊？ (A)Ctrl+D　(B) Ctrl+F　(C)Ctrl+A　(D)Ctrl+C。

(　　)4.　點選「常用→字型」群組中的「✐▾」工具鈕，可執行下列何種設定？ (A) 字元網底　(B) 字元網底　(C) 醒目提示　(D) 字型色彩。

(　　)5.　按下下列哪一個工具鈕，可為文字加上字元網底？ (A) A˄　(B) Ⓐ　(C) ☻ (D) A̺。

(　　)6.　在 Word 中，欲對文件內容進行中英文拼字檢查，應該要在下列哪一個索引標籤中執行「拼字及文字檢查」功能？ (A) 常用　(B) 插入　(C) 版面配置　(D) 校閱。

(　　)7.　欲將文字格式設定為「資訊軟體產業」，應使用下列何項功能進行設定？ (A) 組排文字　(B) 圍繞字元　(C) 並列文字　(D) 橫向文字。

(　　)8.　欲將文字格式設定為「Ⓘ Ⓛⓞⓥⓔ Ⓨⓞⓤ」，應使用下列何項功能進行設定？ (A) 組排文字　(B) 圍繞字元　(C) 並列文字　(D) 橫向文字。

(　　)9.　想要在 Word 文件中輸入方程式，應該要在下列哪一個索引標籤中執行指令，才能開啟「方程式編輯器」進行方程式的編輯？ (A) 常用　(B) 插入 (C) 參考資料　(D) 校閱。

(　　)10.　在 Word 中按下何組快速鍵，可在文件中插入一個方程式？ (A)Ctrl+= (B)Shift+=　(C)Alt+=　(D)Ctrl+Shift+=。

⚙ 實作題

1. 開啟「範例檔案→Word→Example02→文字編排.docx」檔案，進行以下設定。

   - 設定紙張大小為「B5」，上下左右邊界為「1.6 cm」，文件方向為「橫向」。
   - 設定標題字型為「微軟正黑體」，大小為「20」，字型色彩為「紅色」，字元間距為「加寬3點」。
   - 為標題文字設定網底，網底色彩為「紅色較淺80%」，網底樣式為「白色、粗直線」，套用至「文字」。
   - 取消第一段文字的字元網底，改為加上黃色的醒目提示色彩。
   - 第二段首字放大為「繞邊2倍高」。
   - 在文章最後一行插入日期，格式如：「July 7, 2023」。
   - 將全文轉換為簡體中文。

Internet 的 起 源

我们可以将 Internet 看作是许多「局域网络」的结合。大型网络底下有中型网络、中型网络底下有小型网络，Internet 将所有的网络全部结合在一起，所以 Internet 可以算是全世界最大的计算机网络了。

再 谈到 Internet 的整个历史，就得追溯至公元 1962 年。在当时，计算机可是极高贵的奢侈品，必定是颇有规模的大公司、或是政府机关才有能力配备计算机来使用，而当时的计算机都是非常庞大的大型计算机(Mainframe)。由于这些计算机都是花了巨额的款项所购买的，多数的大型主机都是放在机房或是计算机中心内，而一般的用户就须藉由终端机，透过电话线连接到主机上工作，如果各终端机需要互相传送讯息时，也须透过主机才行，当时的这种网络架构是属于「集中式处理」。

Internet 的由来源自于美国国防部的一项计划，计划内容是想要将座落于美国各地的计算机主机，透过高速的传输来建立链接、交换讯息，当时这项计划的名称为 ARPAnet。ARPAnet 最初的目的是支持美国军事上的研究，希望可以建立起一个「分布式架构的网络」，避免中央主机遭受破坏，例如：被轰炸等所引起的重大损失，以改善当时集中式网络架构的缺陷。该计划主要研究关于如何提供稳定、值得信赖、而且不受限于各种机型及厂牌的数据通讯技术。

后来，ARPAnet 的架构及其技术经实际运用后得到不错的成效。在持续发展下，自 1981 年 TCP/IP 成为 ARPAnet 的标准通信协议，之后许多大学也普遍实行 TCP/IP 做为各计算机之间沟通的协议，使得 ARPAnet 日益扩张，成长非常迅速。于是美国国防部在美国大力推行「ARPAnet 计划」，而这个「ARPAnet」事实上就是 Internet 的前身。

在通讯设备技术突飞猛进的发展下，世界各国纷纷透过电缆线与美国连接，Internet 遂成为一个跨国性的世界级大型网络，而台湾学术网络(Taiwan Academic Network, TANet)也于 1991 年成为台湾第一个连上 Internet 的网络系统。

July 7, 2023

2. 開啟「範例檔案→Word→Example02→議程.docx」檔案，進行以下設定。

- 將文件方向由水平改為垂直。
- 將文件中的所有文字格式設定為：標楷體、字型大小20級。
- 將「全華大學資管學院」以並列文字設定為二排顯示(字型大小48級)。
- 會議時間中的日期及會議地點中的數字請設定以橫向文字顯示。
- 新增頁面框線，框線格式自選。
- 文件最左邊插入日期，日期格式如「一一二年七月七日」，文字設定為「文字均等分」。

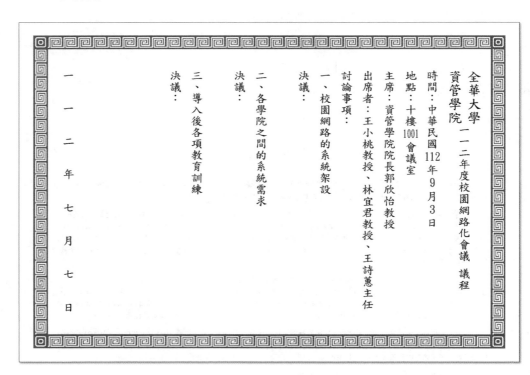

03

求職履歷表

Word 範本與表格應用

學習目標

套用範本 / 範本的編修 /
加入分頁符號 / 建立表格 /
表格的編修 / 套用表格樣式 /
表格的數值計算 / 複製公式 /
加入封面頁 /
更換佈景主題色彩及字型

● **範例檔案** (範例檔案\Word\Example03)
履歷表.docx

● **結果檔案** (範例檔案\Word\Example03)
履歷表-OK.docx

在求職的過程中，一份好的履歷表是不可或缺的。其實，撰寫一份履歷表並不困難，但要如何讓自己的履歷表在眾多的競爭對手中脫穎而出，並讓對方留下深刻的印象，才是製作履歷表的重點。

本範例要學習如何利用 Word 提供的履歷表範本，製作出一份令人印象深刻的履歷表。在履歷表的製作過程中，先利用範本快速建立一份個人履歷表的架構，架構製作完成後，再於履歷表中加入自傳、個人作品集、封面等資訊，讓履歷表更專業、更具吸引力。

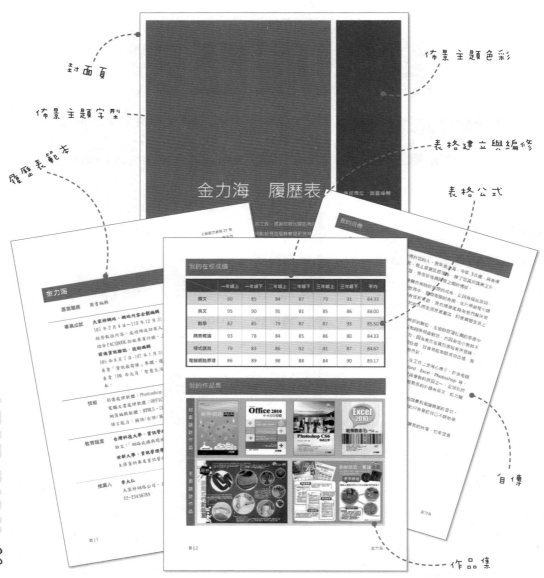

3-1 使用範本建立履歷表

　　使用 Word 提供的「履歷表」範本，可以快速建立一個基本履歷表，而該履歷表也已經設定好基本的文字樣式、表格樣式、頁碼樣式等，所以，只要將相關資料填入，就能完成履歷表的製作。

開啟履歷表範本

1 開啟 Word 操作視窗後，點選**更多範本**選項，進入「新增」頁面。

2 在**搜尋線上範本**欄位中，輸入欲尋找範本的關鍵字—「**履歷表**」，Word 就會連上 office 網站搜尋主題相符的相關範本。

3 在選單中點選範本，Word 就會開啟該範本的預覽，若確認想建立該範本，則按下**建立**按鈕，即可進行下載的動作。

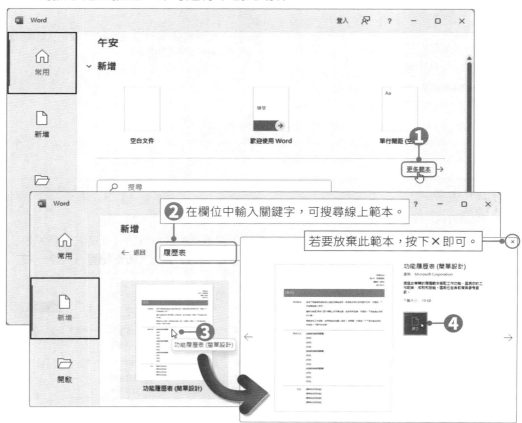

④ 下載完成後，Word 便會直接開啟該份文件。這份履歷表範本是利用表格編排而成的，在編輯時可以設定顯示表格格線，以便進行後續編輯。

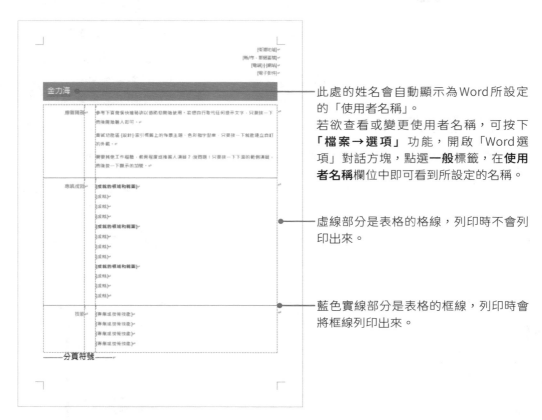

此處的姓名會自動顯示為 Word 所設定的「使用者名稱」。

若欲查看或變更使用者名稱，可按下**「檔案→選項」** 功能，開啟「Word 選項」對話方塊，點選**一般**標籤，在**使用者名稱**欄位中即可看到所設定的名稱。

虛線部分是表格的格線，列印時不會列印出來。

藍色實線部分是表格的框線，列印時會將框線列印出來。

TIPS

顯示表格格線

若文件中的表格設定為無框線，在編輯時是看不見表格格線的，此時若想檢視表格格線位置，可以將插入點移至表格內，按下表格工具的**「版面配置→表格→檢視格線」** 按鈕，即可顯示格線。

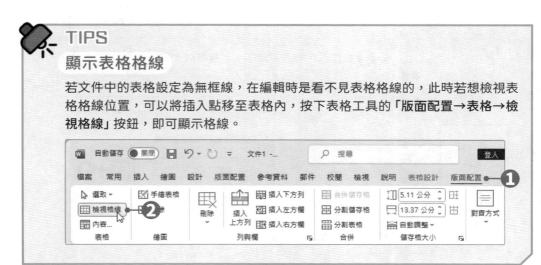

履歷表的編修

履歷表建立好後，接下來就要開始進行資料的編修、文字格式的設定……等編輯動作。

◉ 輸入資料

使用履歷表範本時，會將一些基本資料的位置事先設定完成，所以只要依照指示及說明一一輸入相關內容即可。

1 點選 [**街道地址**]，此時該文字會呈選取狀態，接著就可以開始進行文字的輸入，輸入文字後，[**街道地址**] 就會自動被取代掉。

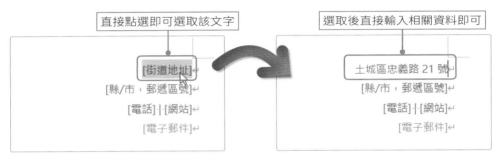

2 利用相同方式將所有相關資料都輸入完畢。

3 輸入欄位時，若發現預設的項目不夠填寫，可以按下右下角的 ⊞ 按鈕，在下方新增一個項目；若有不需要的項目，則選取該項目後，按下滑鼠右鍵，於選單中點選 **移除內容控制項**，即可將該項目刪除。

刪除不要的欄位

履歷表範本的設計，或許有些欄位是你不需要的。選取不需要的表格列，選取後會顯示**迷你工具列**，按下工具列上的「**刪除→刪除列**」按鈕，即可將選取的列刪除。

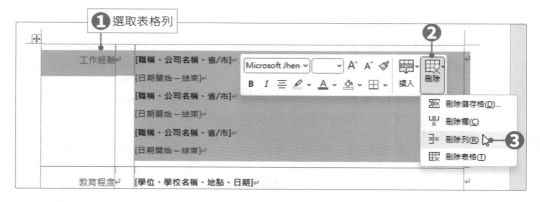

刪除分頁符號 & 不同表格的合併

在此範本檔案中，第一頁及第二頁的表格之間以一個分頁符號將兩個表格分別放置在兩頁，我們要將兩個表格合併為一個。

1 將分頁符號段落選取起來，直接按下鍵盤上的 Delete 鍵即可刪除該分頁符號，而下頁表格內容便會接續出現在第一頁後方。

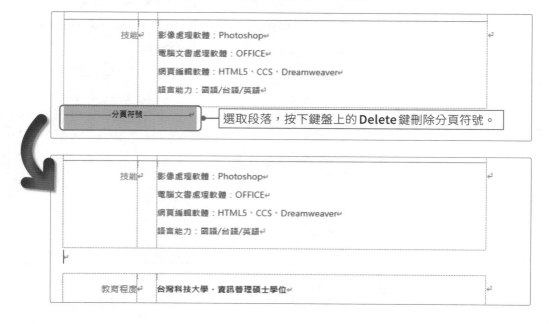

2 同樣選取表格之間的段落，按下鍵盤上的 **Delete** 鍵，將表格之間的換行符號刪除，兩個表格就會合併在一起。

選取段落，按下鍵盤上的 **Delete** 鍵刪除換行符號。

修改文字格式

1 將滑鼠游標移至表格第 1 欄的上方，按下滑鼠左鍵即可選取該欄。

2 選取好後，進入「**常用→字型**」群組中，進行文字格式的設定。

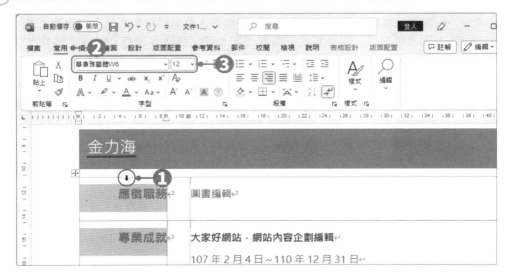

3 接著選取表格第 3 欄，在「常用→字型」群組及「常用→段落」群組中，進行文字格式及段落對齊方式設定。

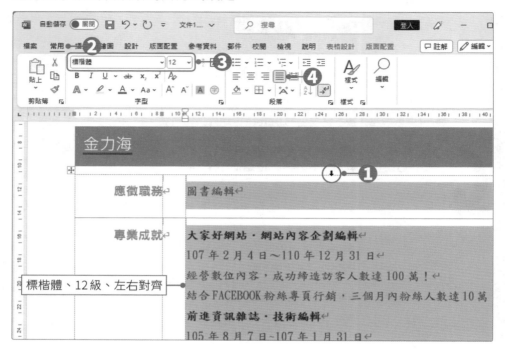

標楷體、12 級、左右對齊

 TIPS

選取表格的技巧

◆ **選取一整欄**：要選取表格中的一整欄時，將滑鼠移到表格**上格線的上方**，按下滑鼠左鍵，即可將整欄選取起來。若要選取多欄時，則按住滑鼠左鍵不動，拖曳滑鼠至所有要選取的欄即可。

◆ **選取一整列**：要選取表格中的一整列時，將滑鼠移到表格**左格線的左方**，按下滑鼠左鍵，即可將整列選取起來。若要選取多列時，則按住滑鼠左鍵不動，拖曳滑鼠至所有要選取的列即可。

◆ **選取單一儲存格**：欲選取單一儲存格時，可將滑鼠游標移至儲存格的左框線上，游標會呈 ➚ 狀態，按一下滑鼠左鍵即可選取。也可以直接在儲存格上**快按滑鼠三下**，選取該儲存格。

◆ **選取整個表格**：想要選取整個表格，只要以滑鼠點選表格左上角的 ⊞ **全選方塊**，或是先將游標移至表格內，再按下鍵盤上的 **Ctrl+A** 組合鍵，就可以將整個表格選取起來。

4 選取姓名，進入「**常用→字型**」群組中，進行文字字型及字體大小的格式設定。

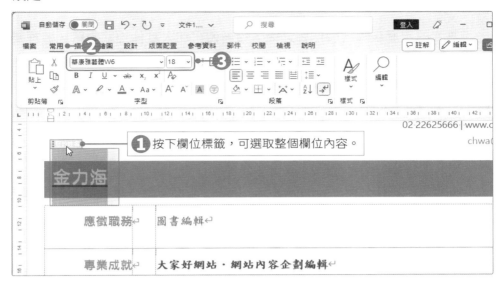

❶ 按下欄位標籤，可選取整個欄位內容。

到這裡，基本的履歷表就製作完成囉！可開啟範例檔案中的「**履歷表.docx**」檔案，查看相關設定，而接下來的相關操作，也可使用此檔案繼續進行喔！

3-2 使用表格製作成績表

基本的履歷表內容製作好之後，接著便可加入其他相關資料，這裡要利用表格製作「在校成績表」。

加入分頁符號

在此範例中，要將成績表放置於文件第2頁，這裡要利用分隔設定中的**分頁符號**，即可迅速將插入點移至文件第2頁。

1. 將滑鼠游標移至第1頁的最下方，按下「**版面配置→版面設定→分隔符號**」下拉鈕，於選單中點選**分頁符號**，或按下 **Ctrl+Enter** 快速鍵。

2. Word 便會自動新增一頁，而插入點會跳至下一頁開始的位置。

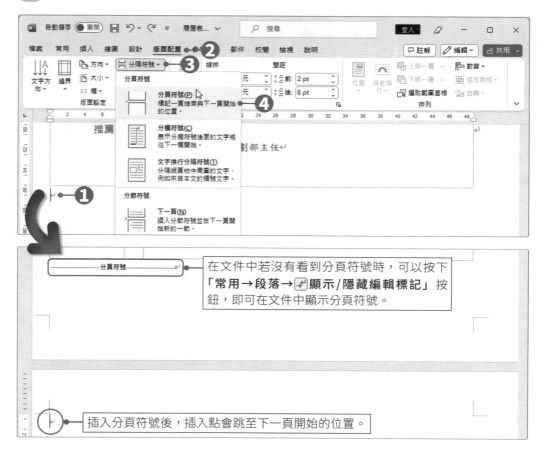

在文件中若沒有看到分頁符號時，可以按下「**常用→段落→顯示/隱藏編輯標記**」按鈕，即可在文件中顯示分頁符號。

插入分頁符號後，插入點會跳至下一頁開始的位置。

TIPS

分隔設定

在 Word 中提供了分隔設定功能，可以針對一份文件進行分節、分頁、……等設定。只要點選**「版面配置→版面設定→分隔符號」**下拉鈕，即可在選單中選擇欲插入的分隔符號。

也可以直接在要進行分頁的地方，按下鍵盤上的 **Ctrl+Enter** 快速鍵進行分頁。

分隔符號 ˅

分頁符號

分頁符號(P)
標記一頁結束與下一頁開始的位置。

分欄符號(C)
表示分欄符號後面的文字將從下一欄開始。

文字換行分隔符號(T)
分隔網頁物件周圍的文字，例如來自本文的標號文字。

分節符號

下一頁(N)
插入分節符號並在下一頁開始新的一節。

接續本頁(O)
插入分節符號並在同一頁開始新的一節。

自下個偶數頁起(E)
插入分節符號並在下個偶數頁開始新的一節。

自下個奇數頁起(D)
插入分節符號並在下個奇數頁開始新的一節。

	選項	說明
分頁符號	分頁符號	點選此選項時，游標所在位置的文件跳至下一頁，而原游標所在位置則會產生一個分頁符號。
	分欄符號	點選此選項時，游標所在位置的文件跳至下一頁，而原游標所在位置則會產生一個分欄符號。
	文字換行分隔符號	點選此選項時，會將游標所在位置後方的文字跳至下一行。
分節符號	下一頁	點選此選項時，會將游標所在位置的文件跳至下一頁，並產生一個分節符號。
	接續本頁	點選此選項時，會將游標所在位置的文件跳至下一節，但不會將文件跳至下一頁。
	自下個偶數頁起	點選此選項時，會將游標所在位置的文件產生一個新節，並跳至下一個偶數頁。
	自下個奇數頁起	點選此選項時，會將游標所在位置的文件產生一個新節，跳至下一個奇數頁。

◆ 分頁符號 vs. 分節符號

使用分頁符號只單純進行分頁，並不會改變文件的版面配置。使用分節符號則可在文件中劃分出多個「節」，每個節可進行完全不同的版面配置設定。 例如，上一頁版面為直式、下一頁版面為橫式；為不同的節設定不同的頁首及頁尾；為每個節設定不同的頁面邊框等。

建立表格

　　表格是由多個「欄」和多個「列」組合而成，假設一個表格有5個欄、6個列，簡稱它為「5×6表格」。接下來，我們將在文件中建立一個8×7表格。

1　建立表格前，先輸入「我的在校成績」標題文字，文字輸入好後，按下「**常用→樣式**」選單中的**姓名**樣式，標題文字就會套用範本中已設定好的文字格式。

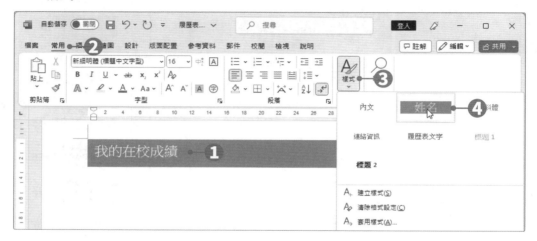

2　將插入點移至標題文字下，按下「**插入→表格→表格**」按鈕，於選單中拖曳出 8×7 的表格，拖曳好後放開滑鼠左鍵，即可在插入點中建立表格。

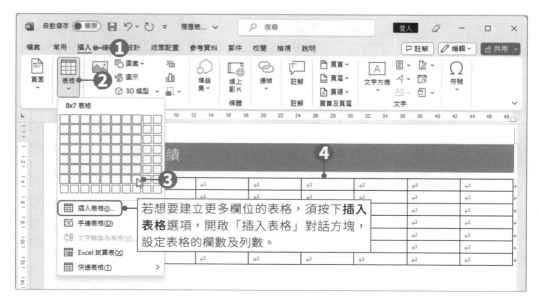

若想要建立更多欄位的表格，須按下**插入表格**選項，開啟「插入表格」對話方塊，設定表格的欄數及列數。

在表格中輸入文字及移動插入點

在表格中要輸入文字時，只要將滑鼠游標移至表格內的儲存格，按一下**滑鼠左鍵**，就可將插入點移至該儲存格中，接著就可以直接輸入文字。

在表格中想要移動插入點的位置時，可以直接用滑鼠點選儲存格，或是使用快速鍵來移動，使用方法參考右表所列。

移動位置	按鍵
上一列	↑
下一列	↓
移至插入點位置的右方儲存格	Tab
移至插入點位置的左方儲存格	Shift + Tab
移至該列的第一格	Alt + Home
移至該列的最後一格	Alt + End
移至該欄的第一格	Alt + Page Up
移至該欄的最後一格	Alt + Page Down

了解如何在表格中輸入文字後，請在文件的表格中輸入相關內容如下。

我的在校成績

	一年級上	一年級下	二年級上	二年級下	三年級上	三年級下	平均
國文	80	85	84	87	79	91	
英文	95	90	91	81	85	86	
數學	82	85	79	87	87	93	
商業概論	93	78	84	85	86	80	
程式語言	79	83	86	92	81	87	
電腦網路原理	86	89	98	88	84	90	

TIPS

新增欄、列及儲存格

要在現有表格中加入一欄或一列時，可將滑鼠游標移至要插入欄或列的位置上，在表格工具的**「版面配置→列與欄」**群組中，選擇要插入**上方列**、**插入下方列**、**插入左方欄**、**插入右方欄**等。

也可以直接將滑鼠游標移至左側或上方框線，此時會出現 + 符號，按下後便會在指定位置新增一欄或一列。若要新增多欄或多列時，先選取要新增欄數或列數，再將滑鼠游標移至左側框線，按下 + 符號，即可新增出多欄或多列。

一年級上	一年級下
80	85
95	90

設定儲存格的文字對齊方式

　　表格中的文字對齊方式預設為**對齊左上方**，接下來要將儲存格的文字對齊方式設定為**對齊中央**。

1 按下表格左上角的 ⊞ **全選方塊**，選取整個表格。

2 接著按下表格工具的「**版面配置→對齊方式**」群組中的 ▤ **置中對齊**按鈕，文字就會對齊中央。

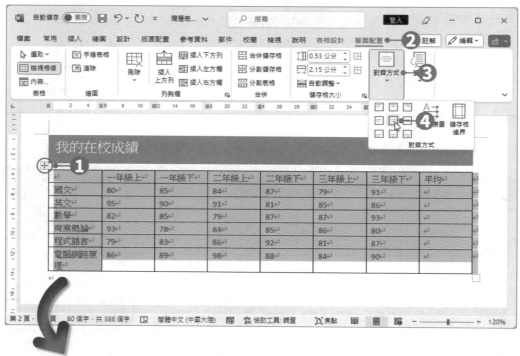

↵	一年級上	一年級下	二年級上	二年級下	三年級上↵	三年級下↵	平均
國文↵	80↵	85↵	84↵	87↵	79↵	91↵	↵
英文↵	95↵	90↵	91↵	81↵	85↵	86↵	↵
數學↵	82↵	85↵	79↵	87↵	87↵	93↵	↵
商業概論↵	93↵	78↵	84↵	85↵	86↵	80↵	↵
程式語言↵	79↵	83↵	86↵	92↵	81↵	87↵	↵
電腦網路原理	86↵	89↵	98↵	88↵	84↵	90↵	↵

調整欄寬及列高

要調整欄寬及列高時，可以手動調整，或是在表格工具的「**版面配置→儲存格大小**」群組中，使用各種調整儲存格大小的工具。

1 將滑鼠游標移至要調整欄寬的框線上，按住滑鼠左鍵不放並往右拖曳，將欄寬加寬。

↵	一年級上	一年級下↵	二年級
國文↵	80↵	85↵	84↵
英文↵	95↵	90↵	91↵
數學↵	82↵	85↵	79↵
商業概論↵	93↵	78↵	84↵
程式語言↵	79↵	83↵	86↵
電腦網路原理	86↵	89↵	98↵

↵	一年級上	一年級下↵	二年級
國文↵	80↵	85↵	84↵
英文↵	95↵	90↵	91↵
數學↵	82↵	85↵	79↵
商業概論↵	93↵	78↵	84↵
程式語言↵	79↵	83↵	86↵
電腦網路原理	86↵	89↵	98↵

❶ 將滑鼠游標移至框線上，按住滑鼠左鍵不放。

❷ 往右拖曳即可將欄寬加寬。

2 表格第 1 欄調整好後，接著選取第 2~8 欄，按下表格工具的「**版面配置→儲存格大小→ 平均分配欄寬**」按鈕，即可將選取的欄設定為等寬。

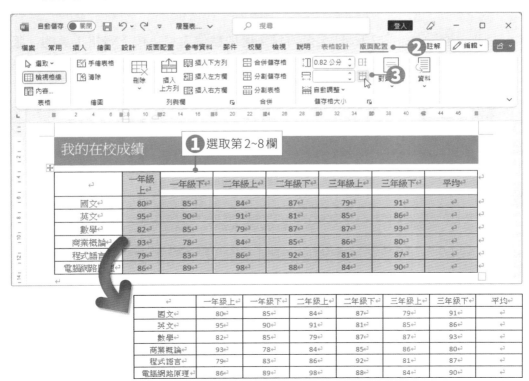

3 將滑鼠游標移至表格的最後一列框線上，按住滑鼠左鍵不放並往下拖曳調整列高。

	一年級上	一年級下	二年級上	二年級下	三年級上	三年級下	平均
國文	80	85	84	87	79	91	
英文	95	90	91	81	85	86	
數學	82	85	79	87	87	93	
商業概論	93	78	84	85	86	80	
程式語言	79	83	86	92	81	87	
電腦網路原理	86	89	98	88	84	90	

	一年級上	一年級下	二年級上	二年級下	三年級上	三年級下	平均
國文	80	85	84	87	79	91	
英文	95	90	91	81	85	86	
數學	82	85	79	87	87	93	
商業概論	93	78	84	85	86	80	
程式語言	79	83	86	92	81	87	
電腦網路原理	86	89	98	88	84	90	

4 列高調整好後，按下 ⊞ 全選方塊，選取整個表格，按下表格工具的「版面配置→儲存格大小→ 平均分配列高」按鈕，即可將選取的列高設定為等高。

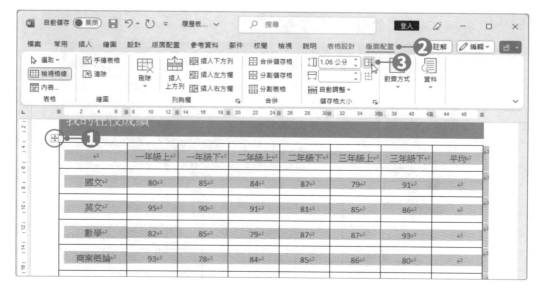

3-3 美化成績表

善用表格樣式、網底、框線等來改變表格外觀，可以讓表格更易於閱讀。

套用表格樣式

在表格工具的「**表格設計→表格樣式**」群組中，提供了各種多樣化的表格樣式，可以快速改變表格外觀。

1. 將插入點移至表格內，在「**表格工具→設計→表格樣式**」群組中所提供的表格樣式上按下滑鼠右鍵，點選**套用並保留格式設定**，這樣就可以保留原來所設定的文字格式，只套用表格樣式；若是直接點選要套用的樣式，那麼原先所進行的格式設定會被套用成所選擇的表格樣式格式。

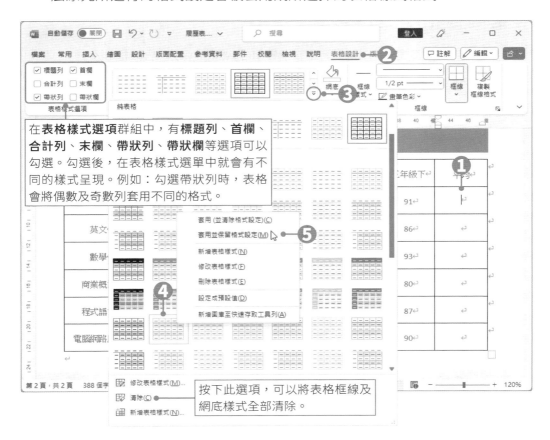

在**表格樣式選項**群組中，有**標題列、首欄、合計列、末欄、帶狀列、帶狀欄**等選項可以勾選。勾選後，在表格樣式選單中就會有不同的樣式呈現。例如：勾選帶狀列時，表格會將偶數及奇數列套用不同的格式。

按下此選項，可以將表格框線及網底樣式全部清除。

②點選後，表格就會套用所選的樣式，而先前所進行的文字對齊方式等設定都會被保留。

↵	一年級上↵	一年級下↵	二年級上↵	二年級下↵	三年級上↵	三年級下↵	平均↵
國文↵	80↵	85↵	84↵	87↵	79↵	91↵	↵
英文↵	95↵	90↵	91↵	81↵	85↵	86↵	↵
數學↵	82↵	85↵	79↵	87↵	87↵	93↵	↵
商業概論↵	93↵	78↵	84↵	85↵	86↵	80↵	↵
程式語言↵	79↵	83↵	86↵	92↵	81↵	87↵	↵
電腦網路原理↵	86↵	89↵	98↵	88↵	84↵	90↵	↵

變更儲存格網底色彩

將表格套用樣式後，接著要改變標題列的網底色彩，凸顯標題列。

①選取表格的第 1 列，按下表格工具的「**表格設計→表格樣式→網底**」下拉鈕，在開啟的色盤中選擇想要套用的網底色彩。

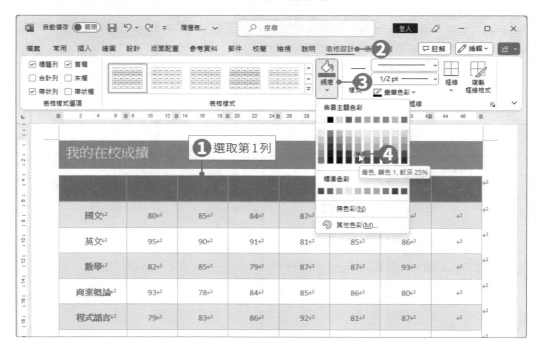

Word 2021

②　現在標題列的網底色彩與文字色彩設定為相同色，因此按下「**常用→字型 →　　字型色彩**」按鈕，於選單中點選**白色**，文字便可顯現出來。

	一年級上	一年級下	二年級上	二年級下	三年級上	三年級下	平均
國文	80	85	84	87	79	91	
英文	95	90	91	81	85	86	
數學	82	85	79	87	87	93	
商業概論	93	78	84	85	86	80	
程式語言	79	83	86	92	81	87	
電腦網路原理	86	89	98	88	84	90	

為表格加上粗外框線

　　為表格加上較粗的外框線，可以讓表格在視覺上看起來更有份量。

①　按下表格左上角的 ⊞ **全選方塊**，選取整個表格，再至表格工具的「**表格 設計→框線**」群組中，設定框線的樣式、粗細、色彩等。

②　框線設定好後，按下**框線**下拉鈕，於選單中點選**外框線**，即可將表格的外 框線變更設定為剛剛所設定的樣式。

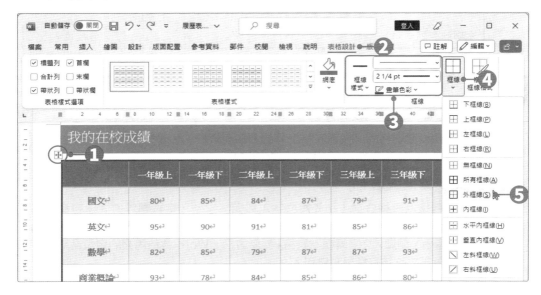

在儲存格內加入對角線

接著要在表格最左上角的儲存格中，加上左上至右下的對角線。

1️⃣ 將插入點移至表格左上角的儲存格中，**快按滑鼠三下**，選取該儲存格。

2️⃣ 接著在表格工具的**「表格設計→框線」**群組中，設定框線的樣式、粗細、色彩等樣式。

3️⃣ 框線設定好後，按下**框線**按鈕，於選單中點選**左斜框線**，即可在儲存格中加入對角線。

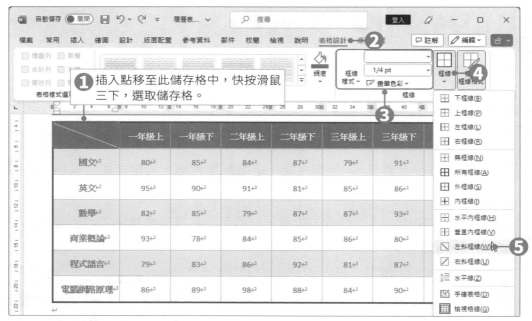

TIPS

將表格轉換為一般文字

將插入點移至表格內，按下表格工具的**「版面配置→資料→轉換為文字」**按鈕，即可將表格轉換為文字，還可選擇要以何種符號區隔文字。

將文字轉換為表格

將文字轉換為表格之前，須先將文字以段落、逗號、定位點等方式進行欄位區隔。接著選取要轉換為表格的段落文字，按下**「插入→表格→表格→文字轉換為表格」**指令，開啟「文字轉換為表格」對話方塊，Word 會依內文的定位點數量，自動判斷表格應該有幾欄和幾列。

表格文字格式設定

表格都設定好後，接著要修改表格內的文字字型及大小。

按下表格左上角的 ⊞ **全選方塊**，選取整個表格，進入**「常用→字型」**群組中，將字級大小設定為**11級**、字型設定為**微軟正黑體**。

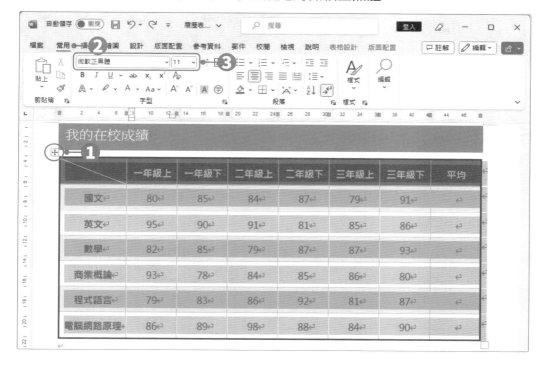

3-4 表格的數值計算

在表格中可以利用**公式**功能，進行一些簡單的計算，例如：加總(SUM)、平均(AVERAGE)、最大值(MAX)、最小值(MIN)等。

加入公式

在此範例中，要在「平均」儲存格中，使用**AVERAGE**函數建立公式，計算出每科的總平均。

① 將插入點移至要加入公式的儲存格中，按下表格工具的「**版面配置→資料→公式**」按鈕，開啟「公式」對話方塊。

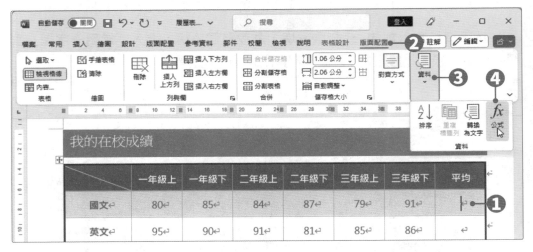

② 將公式中預設的 SUM 函數刪除，再按下**加入函數**下拉鈕，於選單中點選 AVERAGE 函數。

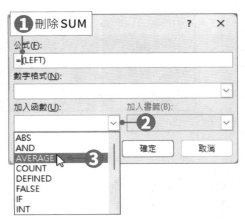

TIPS

在表格中加入公式時，Word 預設會自行判斷要加總的數值有哪些儲存格，原則上儲存格中只要是數值，大多會被加總起來。因此 Word 會自動在表格中插入一個「=SUM(ABOVE)」公式，這個公式的意思就是：「將儲存格上面屬於數值的儲存格資料加總」；若要加總的是從左到右的儲存格時，那麼儲存格的公式就是「=SUM(LEFT)」。

幾個常用的資料範圍表示方法：**LEFT** 表示儲存格左邊的所有儲存格、**RIGHT** 表示儲存格右邊的所有儲存格、**ABOVE** 表示儲存格上面的所有儲存格。

Word 2021

③ AVERAGE 函數加入後，按下**數字格式**下拉鈕，在選單中選擇想要使用的格式，都設定好後按下**確定**按鈕。

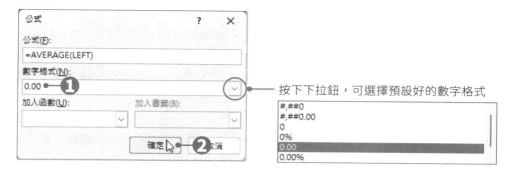

按下下拉鈕，可選擇預設好的數字格式

④ 設定好後，儲存格就會計算出該科的平均。

	一年級上	一年級下	二年級上	二年級下	三年級上	三年級下	平均
國文	80	85	84	87	79	91	84.33
英文	95	90	91	81	85	86	
數學	82	85	79	87	87	93	
商業概論	93	78	84	85	86	80	
程式語言	79	83	86	92	81	87	
電腦網路原理	86	89	98	88	84	90	

TIPS

檢視儲存格中的公式

運用公式完成表格計算時，儲存格中所顯示的是運算結果數字。若想檢視儲存格中的公式，可以按下 **Alt+F9** 快速鍵；再次按下 **Alt+F9** 快速鍵，即可還原顯示計算結果。

	一年級上	一年級下	二年級上	二年級下	三年級上	三年級下	平均
國文	80	85	84	87	79	91	=AVERAGE(LEFT) \# "0.00"

複製公式

在表格中建立好公式後，可以利用**複製/貼上**的動作，將公式複製至其他儲存格。但在執行複製公式時，必須要特別執行**「更新功能變數」**指令，計算出的結果才會是正確的。

1 選取第 8 欄第 2 列儲存格的內容，按下**「常用→剪貼簿→複製」**按鈕，或按下 Ctrl+C 快速鍵。

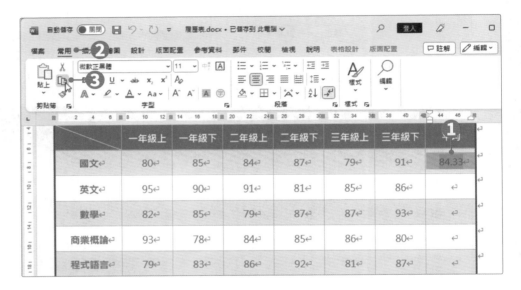

2 接著將第 8 欄的第 3 列至第 7 列儲存格選取起來，按下**「常用→剪貼簿→貼上」**按鈕，或按下 Ctrl+V 快速鍵，將公式貼上。此時這些儲存格中皆會顯示第 8 欄第 2 列儲存格的計算結果。

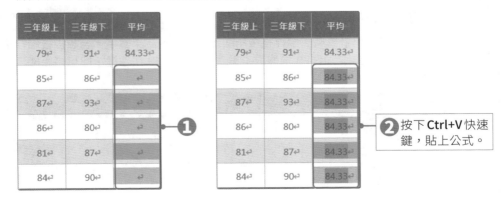

③ 接著將插入點移至第 8 欄第 3 列儲存格中（計算結果會呈現灰底狀態），按下滑鼠右鍵，於選單中選擇**更新功能變數**，讓第 8 欄第 3 列儲存格重新計算英文科目的正確結果。

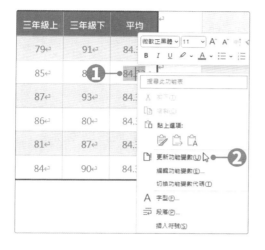

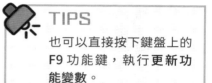

TIPS

也可以直接按下鍵盤上的 **F9** 功能鍵，執行**更新功能變數**。

④ 最後再利用相同方式，將其他儲存格內的公式都重新計算。

	一年級上	一年級下	二年級上	二年級下	三年級上	三年級下	平均
國文↵	80↵	85↵	84↵	87↵	79↵	91↵	84.33↵
英文↵	95↵	90↵	91↵	81↵	85↵	86↵	88.00↵
數學↵	82↵	85↵	79↵	87↵	87↵	93↵	85.50↵
商業概論↵	93↵	78↵	84↵	85↵	86↵	80↵	84.33↵
程式語言↵	79↵	83↵	86↵	92↵	81↵	87↵	84.67↵
電腦網路原理↵	86↵	89↵	98↵	88↵	84↵	90↵	89.17↵

3-5 加入作品集、自傳及封面頁

履歷表的基本資料製作完成後，接著可在後方加入個人作品集及自傳等資料，最後再利用Word提供的封面頁功能，加入專業的封面，讓履歷表更完整。

加入作品集

若有任何作品或是重大發表內容，可以將它編入履歷表中。在此範例中，直接將個人作品加入至成績表下方，可依個人喜好設計此內容的編排。

加入個人自傳

在此範例中，要將自傳放在第3頁，所以在第2頁最後，按下Ctrl+Enter快速鍵，在文件中新增第3頁，再進行自傳的文字輸入。

加入封面頁

　　Word 提供許多已設計好的封面頁，可以直接加入在文件的第1頁，省去設計及製作封面的時間。

1　要於文件中加入封面頁時，按下**「插入→頁面→封面頁」**下拉鈕，開啟封面頁選單，於選單中點選要插入的封面頁。

TIPS
移除封面頁

加入封面頁後，若想從文件中移除封面頁，只要點選**「插入→頁面→封面頁」**下拉鈕，於選單中點選**移除目前的封面頁**選項即可。

2　文件的第 1 頁就會插入所選擇的封面頁。插入封面頁後，即可在預設的文字方塊控制項中輸入相關的文字，並設定文字格式。若選擇有圖片的封面頁，還可以替換封面頁中的圖片。

3-6 更換佈景主題色彩及字型

使用佈景主題可以快速將整份文件設定統一的格式，包括**色彩**、**字型**、**效果**等。要使用佈景主題時，直接按下「**設計→文件格式設定→佈景主題**」下拉鈕，在選單中點選想要套用的佈景主題即可。在此範例中，要來更換佈景主題色彩及字型。

更換佈景主題色彩

當文件的佈景主題設定好後，還可以更換主題色彩，讓文件立即呈現另一種色調。要更換色彩時，按下「**設計→文件格式設定→色彩**」下拉鈕，於選單中點選要使用的色彩，文件的色彩就會被更換為所選擇的色彩。

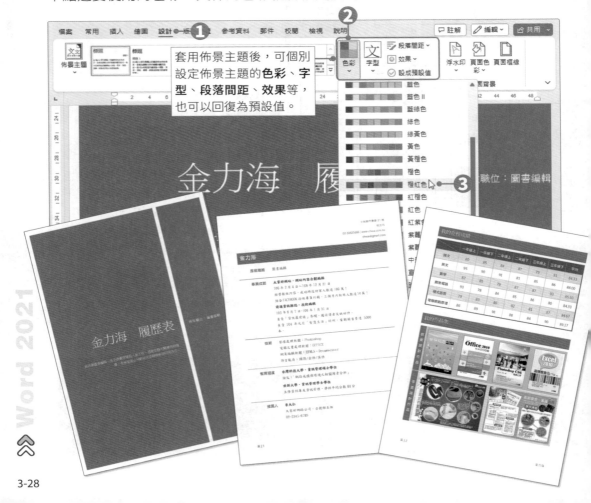

套用佈景主題後，可個別設定佈景主題的**色彩**、**字型**、**段落間距**、**效果**等，也可以回復為預設值。

更換佈景主題字型

Word 的每組佈景主題都有預設的字型組合，但也可以個別選擇其他想要的字型組合。要更換字型時，按下「設計→文件格式設定→字型」下拉鈕，即可於選單看到各種字型組合，直接點選想要使用的組合，文件內原先套用佈景主題字型的文字字型就會被更改過來。

若預設的選項中沒有適用的組合時，可以按下自訂字型選項，開啟「建立新的佈景主題字型」對話方塊，自行設定想要的字型組合。

到這裡，履歷表就製作完成囉！最後再檢查看看有哪裡還要修改或調整的地方，若沒問題，就將檔案儲存起來吧！

選擇題

(　　)1. 要在 Word 中插入表格時，應進入下列哪一個索引標籤中？ (A) 常用　(B) 插入　(C) 版面配置　(D) 檢視。

(　　)2. 在 Word 的表格中輸入文字時，若要跳至右方的下一個儲存格，可以使用下列哪一個按鍵？ (A)Shift　(B)Ctrl　(C)Tab　(D)Alt。

(　　)3. 在 Word 中，若想要在插入點位置上進行強迫分頁時，可按下鍵盤上的何組快速鍵？ (A)Ctrl+Alt　(B)Ctrl+Shift　(C)Ctrl+Tab　(D)Ctrl+Enter。

(　　)4. 若用 Microsoft Word 軟體編輯一份文件時，希望第 1 頁之頁面方向採直向，而其之後的頁面方向都採橫向。應該在第 1 頁末尾插入什麼符號，再設定前後頁的直向／橫向？ (A) 分行符號　(B) 分節符號　(C) 分頁符號　(D) 分欄符號。

(　　)5. 在 Word 中，若要檢視儲存格內的公式時，可以按下下列何組快速鍵？ (A)Alt+F9　(B)Ctrl+F9　(C)Shift+F9　(D)Tab+F9。

(　　)6. 若要在 Word 的表格中進行「平均值」的計算，可以使用下列哪一個函數？ (A)AVERAGE　(B)SUM　(C)IF　(D)MAX。

(　　)7. 若要在 Word 的表格中進行「加總」的計算，可以使用下列哪一個函數？ (A)AVERAGE　(B)SUM　(C)IF　(D)MAX。

(　　)8. 想在右圖的 Word 表格中計算食、衣、住、行各項目的加總金額，應於「總計」列的儲存格中建立下列何項公式，才能計算出正確加總結果？ (A)=SUM(ABOVE)　(B)=AVERAGE(ABOVE)　(C)=SUM(LEFT)　(D)=AVERAGE(LEFT)

食	$2520
衣	$4280
住	$5200
行	$1250
總計	

(　　)9. Microsoft Word 的佈景主題是一系列的格式設定選項，套用佈景主題可以快速設定整份文件的格式，下列何者不是「佈景主題」所包含的格式設定？ (A) 色彩　(B) 效果　(C) 字型　(D) 圖片。

(　　)10. 在 Word 中，若要在文件第一頁加入封面頁時，可以進入下列哪一個群組中執行插入封面頁指令？ (A) 常用→頁面　(B) 插入→頁面　(C) 版面配置→頁面　(D) 檢視→頁面。

☺實作題

1. 開啟「範例檔案→ Word → Example03 →行事曆.docx」檔案，進行以下設定。

- 在文件中插入一個「7×6」的表格，表格大小請依版面自行調整。
- 在表格內輸入相關文字，並將表格套用一個自己喜歡的表格樣式。
- 將佈景主題字型更改為「Tw Cen MT，微軟正黑體，微軟正黑體」組合。

2. 開啟「範例檔案→Word→Example03→成績單.docx」檔案,進行以下設定。

● 將標題以下的文字以定位點為區隔轉換為表格,並將表格內的資料「對齊中央」。

● 將表格欄寬由左到右分別設定為:3、3、1.8、1.8、1.8、1.8、1.8、2.5,單位為公分。

● 將外框線設定為 2 1/4pt 單線外框,框線色彩為綠色;將內框線設為 1/4pt 單線,框線色彩為灰色。

● 在標題列上加入網底顏色為綠色,文字為白色粗體。

● 在表格最後加入一列,將前面二個儲存格合併為一個,在欄位中輸入「各科平均」,文字設定為「分散對齊」,網底色彩設定為「15% 灰色」。

● 計算所有同學的總分,數字格式為 0.00。

● 在「各科平均」的欄位中設定公式,分別計算出國文、英文、數學、歷史、地理、總分等欄位的平均,數字格式為 0.00。

全華高職 資二乙成績單							
學號	姓名	國文	英文	數學	歷史	地理	總分
10202301	周映君	72	70	68	81	90	381.00
10202302	李慧茹	75	66	58	67	75	341.00
10202303	郭欣怡	92	82	85	91	88	438.00
10202304	李素玲	80	81	75	85	78	399.00
10202305	鄭一成	61	77	78	73	70	359.00
10202306	林慧玲	82	80	60	58	55	335.00
10202307	金城曦	56	80	58	65	60	319.00
10202308	梁永心	78	74	90	74	78	394.00
10202309	羅翔玉	88	85	85	91	88	437.00
10202310	王小桃	81	69	72	85	80	387.00
10202311	王宏樂	94	96	71	97	94	452.00
10202312	劉語桐	85	87	68	65	72	377.00
各 科 平 均		78.67	78.92	72.33	77.67	77.33	384.92

04

旅遊導覽手冊

Word 長文件的編排

學習目標

文件格式設定 / 套用樣式 /
頁首頁尾的設定 /
尋找與取代 / 插入註腳 /
大綱模式的應用 / 製作目錄

● **範例檔案** (範例檔案\Word\Example04)

旅遊導覽手冊.docx
偶數頁刊設.png
奇數頁刊設.png

● **結果檔案** (範例檔案\Word\Example04)

旅遊導覽手冊-OK.docx

在編排報告、論文、企劃書、旅遊手冊等長文件資料時，可善用Word所提供的樣式、頁首頁尾、註腳等功能，進行文件的編排。而在「旅遊導覽手冊」範例中，將會運用到樣式、頁首頁尾、大綱模式、目錄等功能，來進行文件編排。

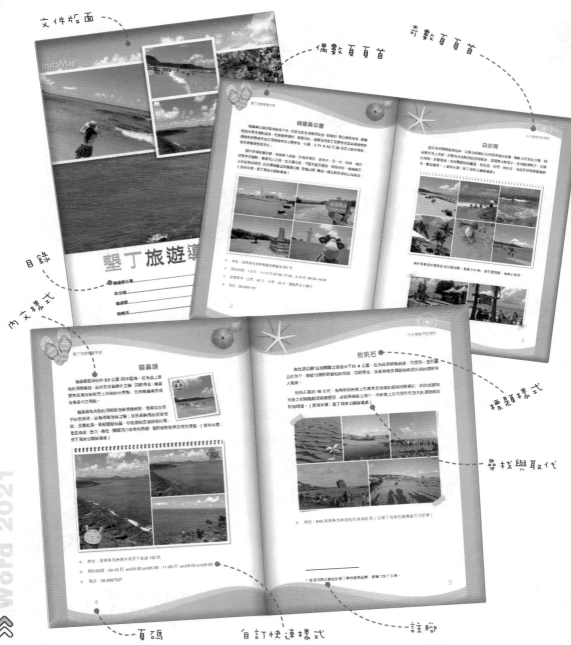

文件版面

偶數頁頁首

奇數頁頁首

目錄

內文樣式

標題樣式

尋找與取代

頁碼

自訂快速樣式

註腳

4-1 文件格式與樣式設定

　　Word 提供了預設的文件格式，可以直接套用於文件中。本範例文件也已事先預設好各種樣式，點選後，文件就會立即套用該樣式。

文件格式的設定

　　開啟「範例檔案→Word→Example04→旅遊導覽手冊.docx」，在此範例中，要先讓內容套用設定好的樣式，接著再進行樣式的修改與調整。

① 在「設計→文件格式設定」群組的樣式選單中，選擇想要套用的樣式。

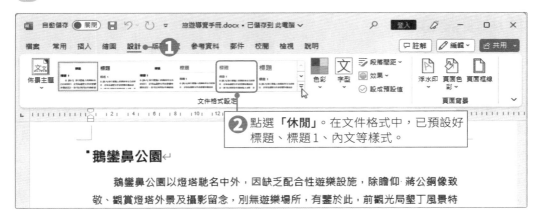

點選「休閒」。在文件格式中，已預設好標題、標題1、內文等樣式。

② 點選後，文件中的內文就會套用所選擇的文件格式設定，而在「常用→樣式」群組中，即可看到該文件格式中所設定的各種樣式清單。

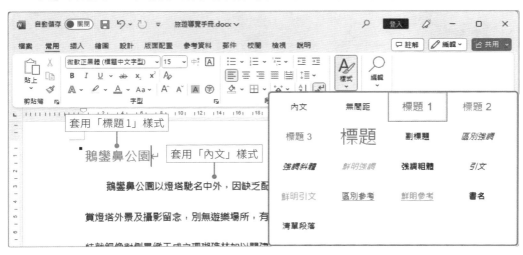

套用「標題1」樣式

套用「內文」樣式

認識樣式

「樣式」是文字的特定顯示效果，使用樣式可以一次指定文件或文字中一系列格式的設定，以確保整篇文件視覺編排上具有一致性。透過「樣式」，可以設定文字的所有格式，像是字型、效果、定位點、項目符號、框線等，設定好後，將這個「樣式」設定一個名稱，以便使用及對照。

在編排一份長篇文件或報告時，通常會將文件中的標題、內文等格式，直接設定為「樣式」，只要將文字套用樣式，就可以輕鬆完成文件的編排。此外，設定「樣式」還有一個優點，就是只要修改某一樣式格式，所有套用該樣式的文字都會自動更新，而不需要一一去修改。

套用預設樣式

Word 有提供一些預設樣式可以直接套用，只要按下 **「常用→樣式」** 群組中的預設樣式，文字就會自動套用該樣式所預設的各種格式。按下 **「常用→樣式」** 群組右下角的 鈕 按鈕，即可開啟「樣式」工作窗格，在這裡預設是顯示建議使用的樣式，可更便於套用樣式。

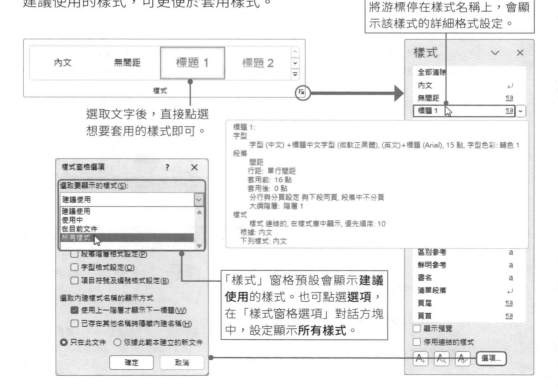

將游標停在樣式名稱上，會顯示該樣式的詳細格式設定。

選取文字後，直接點選想要套用的樣式即可。

「樣式」窗格預設會顯示**建議使用**的樣式。也可點選**選項**，在「樣式窗格選項」對話方塊中，設定顯示**所有樣式**。

修改內文及標題1樣式

在此範例中，已事先將標題文字套用**標題1**樣式，內文則套用**內文**樣式，所以當設定文件格式時，文件內的文字便會自動更新所套用的文件格式樣式。但某些設定還是無法符合需求，此時便可修改已設定好的樣式。

① 在**內文**樣式上按下滑鼠右鍵，於選單中選擇**修改**，開啟「修改樣式」對話方塊。

② 將字級設定為 11 級、**左右對齊**，再按下**格式**按鈕，於選單中點選**段落**，開啟「段落」對話方塊，進行段落的設定。

③ 將縮排指定方式設定為**第一行位移 2 字元**，與前段距離設定為 **0.5 行**，與後段距離設定為 **0**，行距設定為**單行間距**，將**文件格線被設定時，貼齊格線**選項勾選取消，都設定好後按下**確定**按鈕。

④ 回到「修改樣式」對話方塊後，再按下**確定**按鈕。

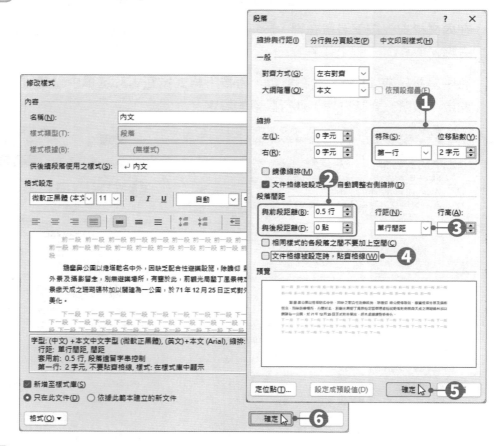

⑤ 回到文件中，套用內文樣式的內文就會套用修改後的樣式。

> ▪ 鵝鑾鼻公園
>
> 　　鵝鑾鼻公園以燈塔馳名中外，因缺乏配合性遊樂設施，除瞻仰· 蔣公銅像致敬、觀賞燈塔外景及攝影留念，別無遊樂場所，有鑑於此，前觀光局墾丁風景特定區管理處特就銅像對側景緻天成之珊瑚礁林加以闢建為一公園，於 71 年 12 月 25 日正式對外開放，經本處繼續整修美化。
>
> 　　園內步道縱橫交錯，宛如身入迷宮，計有好漢石、滄海亭、又一村、虯榕、幽谷、迎賓亭等據點，處處引人入勝。在公園北望，可看到藍天碧海、綠樹白砂、嶙峋礁石、以及台地尖峰等，此外還有矗立的瓊麻花軸，穿插其間，構成一幅壯闊多姿的山海圖畫。
>
> (資料來源：墾丁國家公園管理處)

6. 內文樣式修改好後，於**標題 1** 樣式上按下滑鼠右鍵，在選單中選擇**修改**，開啟「修改樣式」對話方塊。

7. 標題 1 樣式原本設定是根據內文樣式，按下**樣式根據**下拉鈕，於選單中點選 (**無樣式**)，這樣當內文樣式修改時，標題 1 樣式才不會跟著變動。

8. 接著更換一個字型，文字大小設定為 **18 級**，並將段落設定為**置中對齊**，再按下**格式**按鈕，於選單中點選**段落**，開啟「段落」對話方塊，進行段落的設定。

9. 將縮排指定方式設定為 (**無**)；與前段距離設定為 0，與後段距離設定為 0；行距設定為**單行間距**；將**文件格線被設定時，貼齊格線**選項勾選取消，都設定好後按下**確定**按鈕。

10. 回到「修改樣式」對話方塊後，再按下**確定**按鈕。

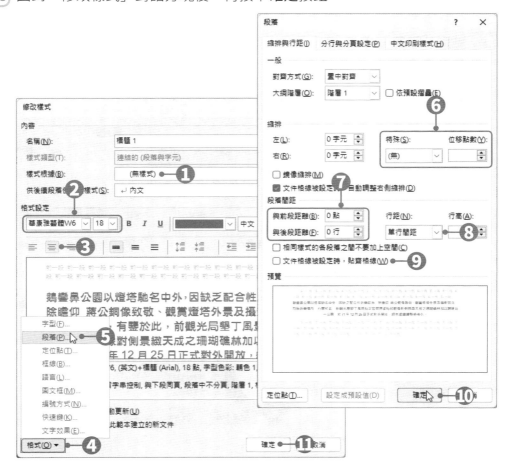

⑪ 回到文件中，套用**標題 1** 樣式的標題就會套用修改後的樣式。

鵝鑾鼻公園

鵝鑾鼻公園以燈塔馳名中外，因缺乏配合性遊樂設施，除瞻仰 蔣公銅
燈塔外景及攝影留念，別無遊樂場所，有鑒於此，前觀光局墾丁風景特定
銅像對側景緻天成之珊瑚礁林加以關建為一公園，於 71 年 12 月 25 日
經本處繼續整修美化。

> 若發現並沒有套用修改後的
> 樣式時，可在**標題1**樣式上
> 按下滑鼠右鍵，於選單中點
> 選**更新標題1以符合選取範
> 圍**，即可更新樣式。

自訂快速樣式

除了使用預設的樣式外，也可以自行建立樣式。在此範例中，要自訂一個
編輯格式，並將它設定為「項目清單」樣式。

① 先將段落文字的所有格式設定完成，再選取該段落文字。

② 點選「**常用→樣式**」群組中的樣式下拉鈕，點選**建立樣式**選項，開啟「從
格式建立新樣式」對話方塊。

③ 於**名稱**欄位中輸入「**項目清單**」，輸入好後按下**確定**按鈕。

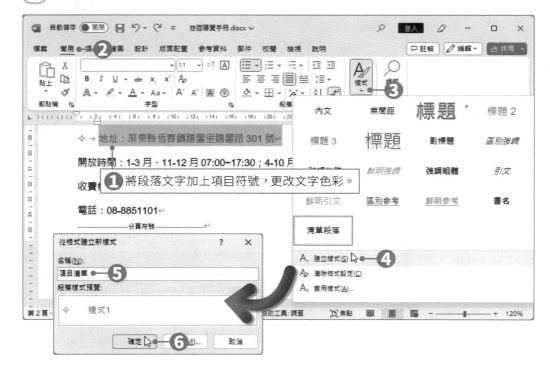

④ 新增好樣式後，在樣式選單中就會出現該樣式名稱。若要將段落套用該樣式時，先選取段落或將插入點移至該段落上，按下選單中的樣式即可進行套用。

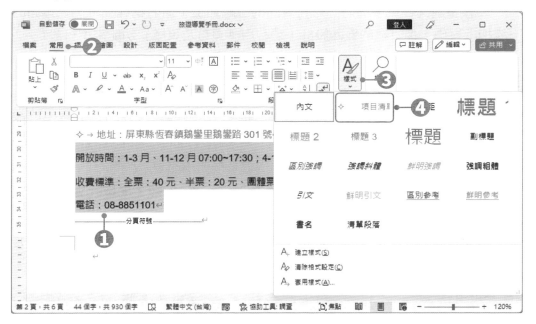

⑤ 接著再利用相同方式，將文件中的相關段落都套用**項目清單**樣式。

TIPS
刪除樣式

若想將樣式清單中的樣式移除，只要在樣式選項上按下滑鼠右鍵，於選單中點選**從樣式庫移除**選項，即可將樣式刪除。

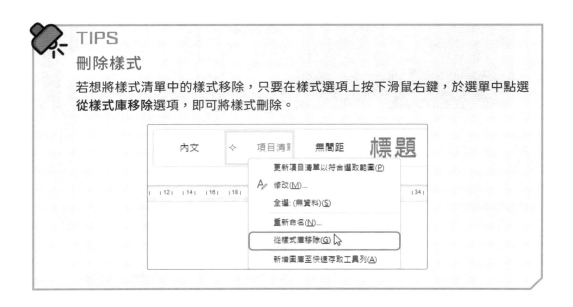

4-2 在文件中加入頁首頁尾

製作長篇文件或手冊時，可在頁面的上緣加上手冊名稱或圖片，在頁面的下緣加上頁碼，像這樣的頁面設計，須利用「**頁首及頁尾**」功能來進行設定。

頁首頁尾的設定

在此範例中，要將第一頁設定為封面頁，該封面頁不套用頁首頁尾的設定，而奇數頁與偶數頁則會使用不同的頁首頁尾。因此，在製作頁首頁尾內容時，須設定**奇偶頁不同**、**第一頁不同**等選項，並設定頁首頁尾與頁緣距離。

1. 按下「**版面配置→版面設定**」群組右下角的 🗔 按鈕，開啟「版面設定」對話方塊。

2. 點選**版面配置**標籤，將**奇偶頁不同**與**第一頁不同**的選項勾選，再將頁首及頁尾與頁緣距離設定為 2.2 公分及 1.75 公分，都設定好後按下**確定**按鈕。

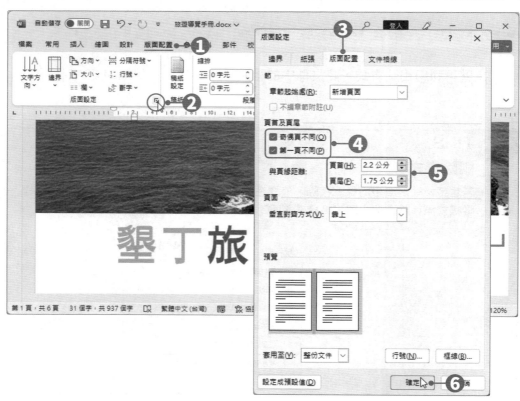

設定奇偶數頁的頁首及頁尾

編輯頁首及頁尾時，除了文字之外，也可以加入圖片、圖案、線上圖片、文字藝術師、框線等物件，當然也可以直接使用 Word 所提供的頁首頁尾。在此範例中，要在偶數頁及奇數頁中加入已製作好的圖片，再輸入相關的頁首文字，並於頁尾加入頁碼。

1　進入文件的第 2 頁，將滑鼠游標移至頁面左上角，並**雙擊滑鼠左鍵**，或按下「**插入→頁首及頁尾→頁首**」按鈕，於選單中點選**編輯頁首**，進入頁首及頁尾的編輯模式中。

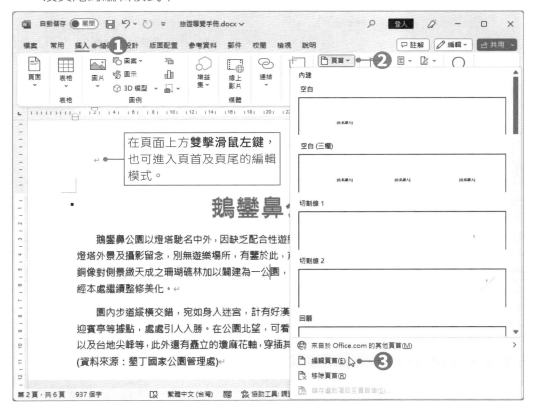

2　先將插入點移至**偶數頁頁首**區域中，按下「**頁首及頁尾→插入→圖片**」按鈕，開啟「插入圖片」對話方塊。

③ 選擇要插入的圖片，按下**插入**按鈕。

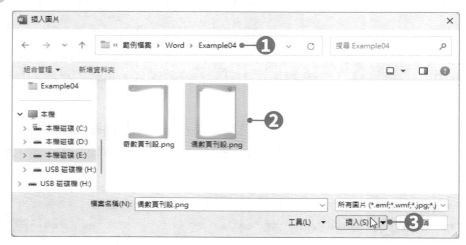

④ 圖片插入後，進入「**圖片格式→大小**」群組中，將圖片寬度設定為 21 公分，高度就會自動等比例調整。

⑤ 按下「**圖片格式→排列→自動換行**」下拉鈕，於選單中點選**文字在前**。

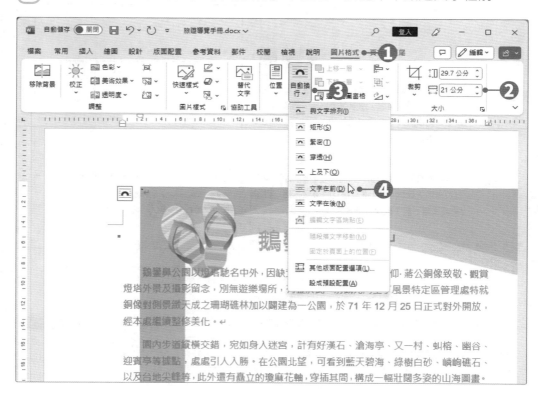

6 按下「圖片格式→排列→位置」下拉鈕，於選單中點選**其他版面配置選項**，
開啟「版面配置」對話方塊，設定圖片的水平及垂直位置，設定好後按下
確定按鈕，圖片就會自動於頁面中水平置中及垂直靠上對齊了。

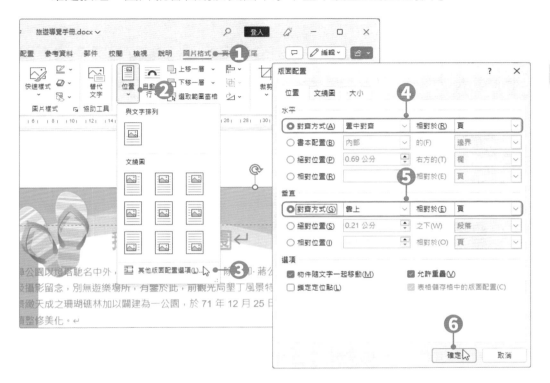

7 接著將插入點移至**偶數頁頁首**區域中，輸入要設定的頁首文字，並進行文
字格式設定。

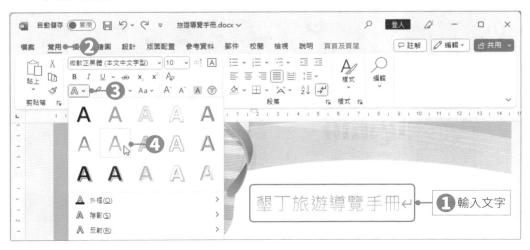

⑧ 偶數頁頁首設定好後，按下「**頁首及頁尾→導覽→移至頁尾**」按鈕，切換到「偶數頁頁尾」中。

⑨ 按下「**頁首及頁尾→頁首及頁尾→頁碼**」下拉鈕，於選單中選擇「**目前位置→純數字**」格式。

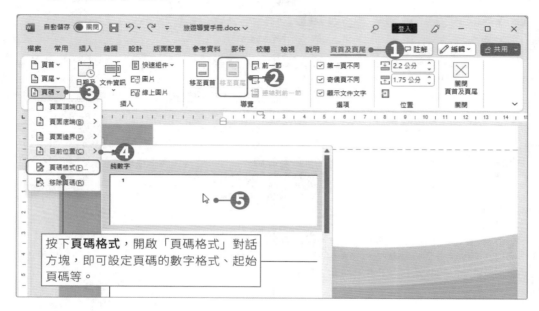

⑩ 於頁尾的插入點所在位置，即可看到新增的頁碼。接著選取頁碼，進行文字格式的設定 (字型大小 18 級、字型色彩為灰色)。

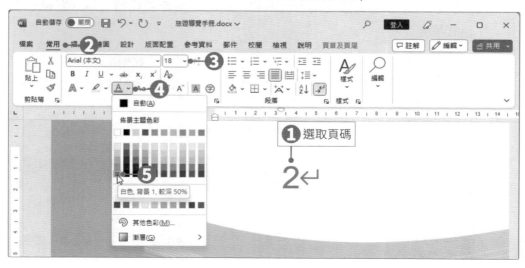

11. 偶數頁的頁首及頁尾都設定好後，再設定奇數頁的頁首及頁尾。按下「**頁首及頁尾→導覽→下一節**」按鈕，將頁面切換到「奇數頁頁尾」；再按下「**頁首及頁尾→導覽→移至頁首**」按鈕，將頁面切換到「奇數頁頁首」。

12. 奇數頁頁首的設定方式與偶數頁相同，請在奇數頁插入**奇數頁刊設.png**圖片，並輸入相關文字，將文字**靠右對齊**。

13. 頁首設定好後，按下「**頁首及頁尾→導覽→移至頁尾**」按鈕，切換到「奇數頁頁尾」中。

14. 按下「**頁首及頁尾→頁首及頁尾→頁碼**」下拉鈕，於選單中選擇「**目前位置→純數字**」格式。於頁尾的插入點所在位置，即可看到新增的頁碼。接著選取頁碼，進行文字格式的設定，並將頁碼**靠右對齊**。

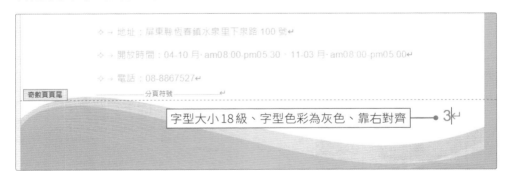

15. 頁首頁尾都完成設定好後，按下「**頁首及頁尾→關閉→關閉頁首及頁尾**」按鈕，離開頁首及頁尾編輯模式。

16 回到文件編輯模式後，可以看到設定好的頁首及頁尾。按下「**檢視→縮放→多頁**」按鈕，即可一次檢視多頁內容。

17 或按下「**檢視→檢視→閱讀模式**」按鈕，使用**閱讀模式**來檢視文件內容。閱讀模式會暫時隱藏功能表及頁首頁尾，為頁面保留更多空間以便閱讀。另外也會自動調整欄寬和字體，以自動配合閱讀裝置的版面配置。

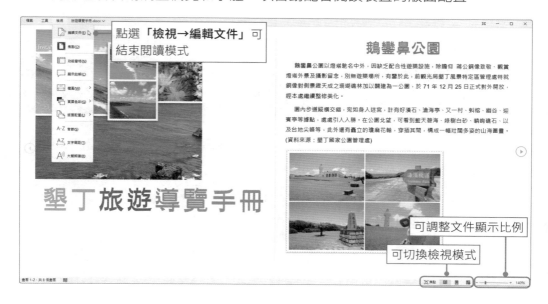

TIPS

文件檢視模式

Word 提供**整頁模式**、**閱讀模式**、**Web 版面配置**、**大綱模式**及**草稿**等文件檢視模式。要切換文件的檢視模式時,可以直接按下視窗右下角的檢視工具鈕,或是在「**檢視→檢視**」索引標籤中設定檢視模式。

檢視模式		說明
整頁模式		會顯示最完整的版面,包含所有設定的格式、編輯頁首及頁尾、調整邊界等。
閱讀模式		目的是要讓文件更便於閱讀,會以一頁一頁的方式呈現文件,且可依閱讀習慣調整文字大小,以利閱讀。
Web 版面配置		在此模式下,可以建立一份網頁文件及編輯出網頁之外貌。
大綱模式		將文件中的內容依大綱為主軸,呈現文章的架構,可以有效率地進行建構、舖陳、重組等編輯,但在這個模式下不會顯示邊界、頁首及頁尾、圖形、背景。
草稿		會簡化版面顯示的內容,只顯示文件中的文字內容,而忽略圖片、圖表、文字方塊等物件,同時也不會顯示頁面的章首章尾、註腳及多欄的編排效果,主要用於文件內文尚在初擬及編修的階段。

4-3 尋找與取代

文字的尋找

利用 Word 的**尋找**功能，可於文件中尋找特定的文字、符號等。

1. 按下「**常用→編輯→尋找**」按鈕，或按下 **Ctrl+F** 快速鍵，開啟**導覽**窗格。

2. 在**導覽**欄位中輸入要尋找的關鍵字。輸入時，Word 會同步將文件中所有找到的關鍵字，以黃色醒目提示標示出來。在搜尋結果清單中也會列出符合該關鍵字的段落，點選該段落，便會跳至該段落的所在位置。

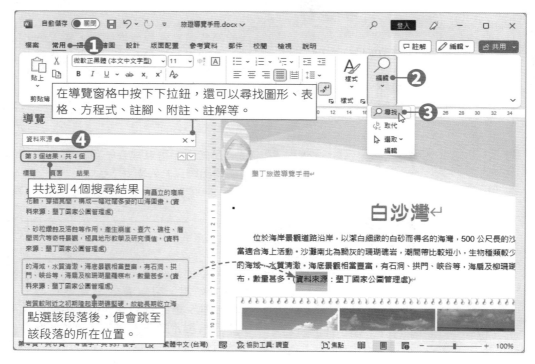

文字的取代

在文件中若有大量相同的文字需要修改，或是要套用相同格式時，可以使用**取代**功能來進行修改。在此範例中，要將文件中所有的半形括號「()」，改為全形括號「（）」。

4-18

1 按下「**常用→編輯→取代**」按鈕，或 Ctrl+H 快速鍵，開啟「尋找及取代」對話方塊。

2 在**尋找目標**欄位中輸入「(」，在**取代為**欄位中輸入「（」，設定好後，按下**全部取代**按鈕，文件便會開始進行取代的動作，取代完成後，按下**確定**按鈕。

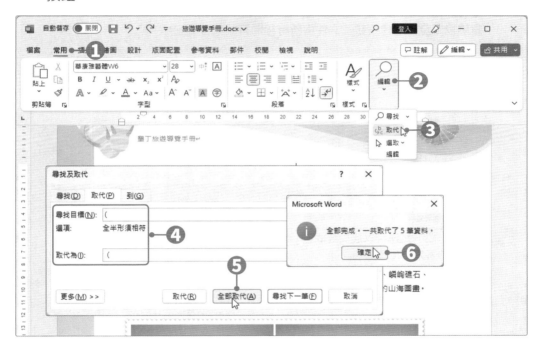

3 接著再於**尋找目標**欄位中輸入「)」，在**取代為**欄位中輸入「）」，設定好後，按下**全部取代**按鈕，文件便會開始進行取代的動作，取代完成後，按下**確定**按鈕。

4 最後按下**關閉**按鈕，關閉「尋找及取代」對話方塊即可。

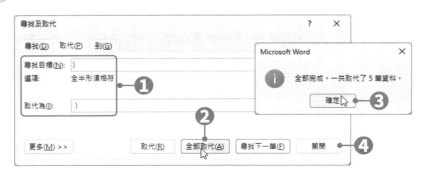

TIPS

特殊符號的取代

當文件中有一些空白、分行符號、段落標記、定位點、大小寫要轉換時，都可以使用**取代**功能來完成。

舉例來說，在「尋找及取代」對話方塊中，先將插入點移至**尋找目標**欄位中，按下**特殊**按鈕，在選單中選擇要取代的符號；而**取代為**欄位中不須輸入任何文字，直接按下**全部取代**按鈕，文件中所有相關符號就會被刪除。

在**特殊**選單中有許多標記符號可供選擇

按下此鈕可以展開或收合下方的搜尋選項

要取代特殊符號時，也可以直接於**尋找目標**欄位中輸入相對應的符號，來進行取代的動作。

段落標記	定位字元	分行符號	剪貼簿內容	任一字元	任一數字
^p	^t	^l	^c	^?	^#

4-4 插入註腳

在文件中有些需要補充說明的文字或內容，可以使用**註腳**功能，將說明文字附註在該頁面的下緣，以便讀者參考。

1. 選取欲建立註腳的文字，按下「**參考資料→註腳**」群組右下角的 ⌐ 按鈕，開啟「註腳及章節附註」對話方塊。

2. 設定註腳位置於**本頁下緣**，亦可設定註腳的**數字格式**，設定完成後，按下**插入**按鈕。

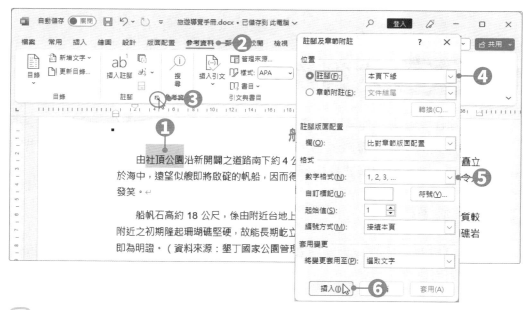

3. 回到文件中，該頁的下緣就會出現註腳，接著輸入註腳文字，文字輸入完後還可以進行文字格式及段落的設定。

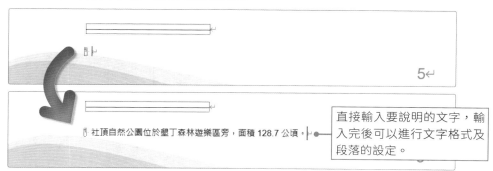

直接輸入要說明的文字，輸入完後可以進行文字格式及段落的設定。

④ 當文件中的名詞插入註腳後，該名詞後方會增加一個註腳編號，對應至頁面下方的註腳內容。若要查看註腳內容，只要在名詞後方的註腳編號上**雙擊滑鼠左鍵**，即可直接跳到註腳內容上；同樣地，在註腳內容的編號上**雙擊滑鼠左鍵**，也可切換至文件中的名詞所在位置喔！

> ■
>
> 船帆石↵
>
> 由社頂公園①沿新開闢之道路南下約 4 公里，在海岸珊瑚礁前緣
> 立於海中，遠望似艘即將啟碇的帆船，因而得名，近看則像美國前總
> 人發笑。↵

W｜4-5 大綱模式的應用

在 Word 中編排文件時，大多是在**整頁模式**下進行編排，這種模式能檢視文件所有格式的設定，是較適合的編輯模式。但是，若要對文件的內文、階層進行調整時，使用**大綱模式**會更便利喔！

進入大綱模式

按下「**檢視→檢視→大綱模式**」按鈕，即可將文件切換到大綱模式，同時開啟**大綱**索引標籤。

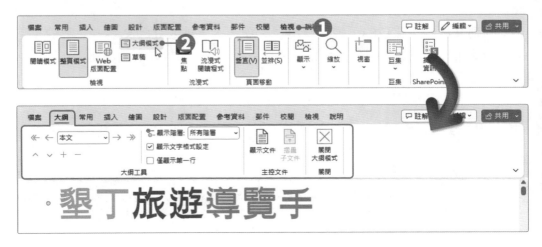

在大綱模式檢視內容

　　大綱模式預設是顯示「**所有階層**」，若是只想看到某個階層以下的內容，可設定**顯示階層**工具鈕選單，來選擇欲顯示的階層內容。

1 假設想要顯示階層 1 的內容，只要按下「**大綱→大綱工具→顯示階層**」下拉鈕，在選單中點選**階層 1**，文件就只會將階層 1 的段落文字顯示出來。

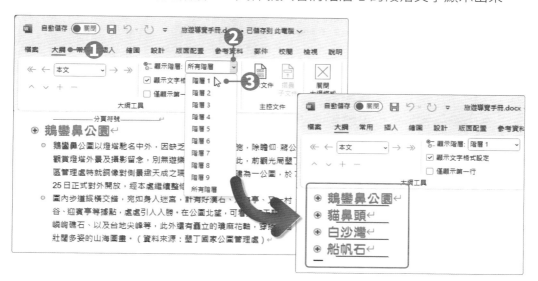

2 在前方的 ⊕ 大綱符號上**雙擊滑鼠左鍵**，即可將其下隱藏的內容顯示出來。

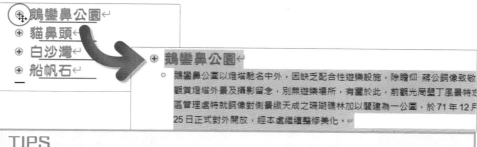

> **TIPS**
>
> **大綱符號**
>
> 當文件處於大綱模式下，每個段落之前都會顯示一個「大綱符號」，並依照段落的層次順序縮排，以顯示文章的大綱結構。各大綱符號說明如下：
>
> ◆ ⊕ 表示此段落為大綱架構中的一個層次，且其下還有其他更小的層級或本文。
> ◆ ⊖ 表示此段落為大綱架構中的一個層次，且其下並無其他更小的層級。
> ◆ ○ 表示此段落為本文，沒有層級之分。

③ 此外，如果只想顯示每個段落文字的第一行，則將**僅顯示第一行**的選項勾
選起來，這樣在文件中就只會顯示每個段落的第一行。

調整文件架構

在大綱模式下可以更輕易地調整文件架構，或重新排列文件內容。例如：
若想將範例中的「白沙灣」內容整段移至「貓鼻頭」內容之前，只要將插入點
移至「白沙灣」標題段落中，按下「**大綱→大綱工具→ ∧ 上移**」按鈕，或按
下 Alt+Shift+↑ 快速鍵，即可將「白沙灣」標題及其下段落內容移至「貓鼻
頭」標題及其下段落內容之前。

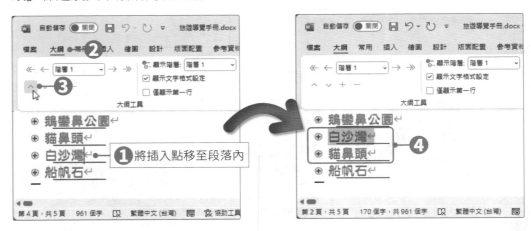

若想將內容往下移時，可以按下「**大綱→大綱工具→ ∨ 下移**」按鈕，或按
下 Alt+Shift+↓ 快速鍵。

關閉大綱檢視

按下「**大綱→關閉→關閉大綱檢視**」按鈕，即可離開大綱檢視模式，回到
原先的整頁模式下進行編輯。

4-6 目錄的製作

　　文件編排完成後，可以為文件加上目錄，讓文件更易於檢索閱讀。在製作文件目錄時，Word 會將文件中有套用標題樣式的文字自動歸類為目錄，例如：套用「標題1」樣式的文字，會被視為第一個階層的目錄；套用「標題2」則會被視為第二個階層的目錄。

建立目錄

　　在此範例中，要在旅遊手冊的第1頁製作一個包含**階層1**的目錄。

1 將插入點移至第 1 頁的標題文字下，按下「**參考資料→目錄→目錄**」下拉鈕，點選選單中的**自訂目錄**，開啟「目錄」對話方塊，即可進行設定。

2 按下**格式**下拉鈕，選擇
目錄要使用的格式，再
將**顯示階層**設定為 1，
都設定好後按下**確定**按
鈕。

3 回到文件中，就可以看到自動建立的文件目錄。此時便可選取目錄進行文
字格式及段落的設定。

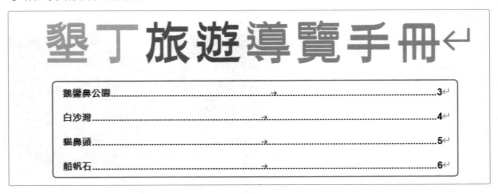

4 若將滑鼠游標移至目錄標題上，按住 Ctrl 鍵不放，再按下滑鼠左鍵，即可
跳至文件中該標題所在的頁面。

TIPS
設定樣式階層

在設定自訂樣式時，最好也將樣式的階層一併設定好，如此一來，在製作目錄時，Word 才會自動抓取要顯示的階層。

要設定樣式的階層時，可以在「段落」對話方塊中，點選**縮排與行距**標籤頁，於**大綱階層**選項中，即可設定樣式的階層。

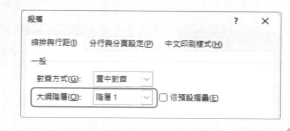

更新目錄

若文件中的頁次有所調整，或是內容有增刪時，就要進行「更新目錄」的動作。先選取目錄，或將滑鼠游標移至目錄上，按下滑鼠右鍵，於選單中選擇**更新功能變數**；或是按下「**參考資料→目錄→更新目錄**」按鈕；或者直接按下鍵盤上的 F9 功能鍵，皆可開啟「更新目錄」對話方塊，進行更新目錄的動作。

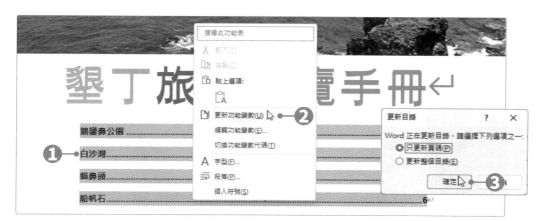

移除目錄

若想要移除文件中的目錄，可以按下「**參考資料→目錄→目錄**」下拉鈕，於選單中點選**移除目錄**，即可將目錄從文件中移除。

☀ 選擇題

(　　) 1. 小怡負責編排分組學期報告，每當有同學建議更換標題的文字樣式，小怡就必須重新調整每一個標題文字的格式。你建議她可以使用 Word 的哪一項功能，來省去一一設定的麻煩？ (A) 中英文拼字檢查　(B) 樣式　(C) 項目符號　(D) 亞洲方式配置。

(　　) 2. 在 Word 中，若想使封面頁的頁首及頁尾與其他頁面不同，應進行下列哪一項操作？ (A) 在首頁的最後一段之後插入一個「下一頁」分節符號　(B) 直接編輯首頁的頁首及頁尾文字或物件　(C) 將「頁首及頁尾」設定中的「第一頁不同」選項勾選起來　(D) 將「頁首及頁尾」設定中的「奇偶頁不同」選項勾選起來。

(　　) 3. 在 Word 中，下列哪個方式無法進入「頁首及頁尾」索引標籤中？　(A) 插入→頁首及頁尾→頁首→編輯頁首　(B) 插入→頁首及頁尾→頁尾→編輯頁尾　(C) 插入→頁首及頁尾→頁碼→頁碼格式　(D) 在文件的頁首或頁尾區域中雙擊滑鼠左鍵。

(　　) 4. 在 Word 中開啟「導覽」窗格搜尋特定字串的過程時，文件會有何變化？ (A) 找到的字串會標示黃色的醒目提示　(B) 找到的字串會以紅色粗體文字樣式標示　(C) 除找到的字串之外，其餘字串會改以淡灰色呈現，以突顯欲尋找的字串　(D) 若找不到字串，Word 會自動關閉文件檔案。

(　　) 5. 小桃想將 Word 文件中所有出現的「重要」文字，都改以紅色粗體文字樣式呈現，請問她可以使用下列何項功能，快速完成這項工作？ (A) 取代　(B) 尋找　(C) 字型色彩　(D) 合併列印。

(　　) 6. 想在 Word 文件中建立註腳，應該要在下列哪一個索引標籤中進行設定？ (A) 常用　(B) 插入　(C) 版面配置　(D) 參考資料。

(　　) 7. 在 Word 中，欲使用層級功能來檢視檔案內容，應於下列哪一種檢視模式下進行？ (A) 草稿　(B) 大綱模式　(C) 整頁模式　(D) 閱讀模式。

(　　) 8. 在 Word 中完成目錄的製作後，若文件的章節名稱有所調整須更新目錄，可以按下下列哪個快速鍵進行設定？ (A)F9　(B)F5　(C)F7　(D)Word 會自動更新目錄內容。

✿實作題

1. 開啟「範例檔案→ Word → Example04 →企劃案.docx」檔案,進行以下設定。

● 為文件加入頁首及頁尾(第1頁不套用),頁首文字為「數位內容產品企劃案」,頁尾須包含頁碼,格式請自行設計。

● 將標題1的文字格式修改為:文字大小20、粗體、置中對齊。

● 標題1段落文字皆由各頁的第一行開始。

● 將文件中的 ※ 符號全數刪除。

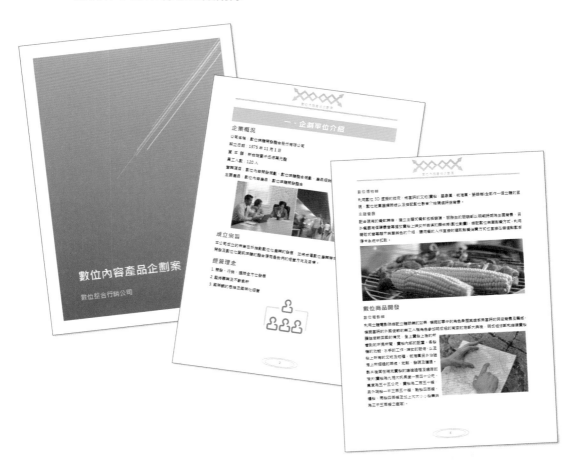

2. 開啟「範例檔案→Word→Example04→推甄備審資料.docx」檔案,進行以下設定。

- 在第1頁加入目錄,目錄階層設定到階層1,目錄文字格式請自行設計。
- 將「專題製作」文字加入註腳,並自行輸入說明文字。
- 新增頁面框線,框線格式自選。

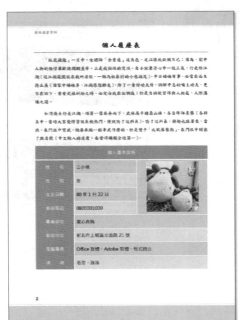

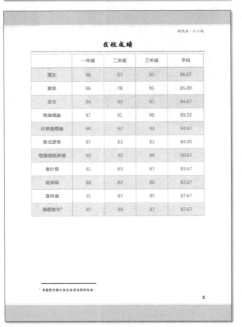

05

喬遷茶會邀請函

Word 合併列印

學習目標

認識合併列印 /

合併列印的設定 / 地址標籤 /

插入合併列印規則 /

資料篩選與排序 / 信封製作 /

合併列印到印表機 /

建立單一標籤及信封

● **範例檔案** (範例檔案\Word\Example05)

邀請函.docx
客戶名單.docx
客戶名單.xlsx
底圖.png

● **結果檔案** (範例檔案\Word\Example05)

邀請函 - 合併檔.docx
邀請函 - 文件檔.docx
地址標籤 - 合併檔.docx
地址標籤 - 文件檔.docx
信封 - 合併檔.docx
信封 - 文件檔.docx

在企業中常常會製作一些邀請函、地址標籤、套印信封等，而這些看似重複而繁瑣的文件，只要利用 Word 所提供的「合併列印」功能，就可以既輕鬆又簡單地完成。在「喬遷茶會邀請函」範例中，要先製作大量的邀請函文件，再印製地址標籤及信封。

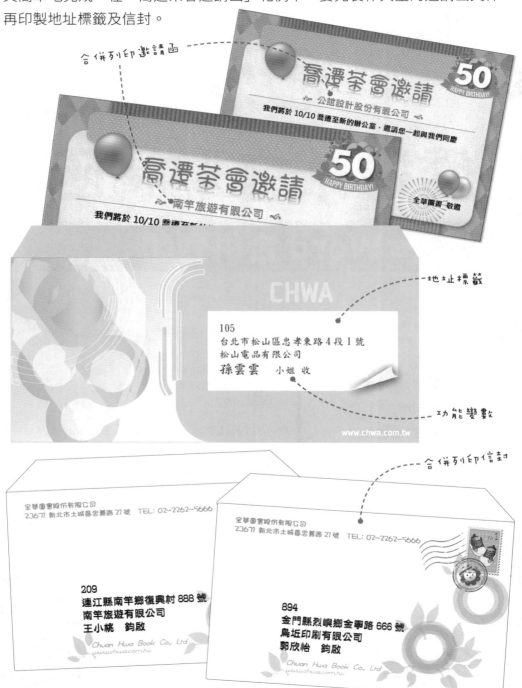

5-1 認識合併列印

當一份相同的資料要寄給十個不同的人時，作法可能是直接利用影印機印出十份，然後再分別將每個人的名字寫上，最後分寄給每個人。在 Word 中並不需要那麼麻煩，只須利用**合併列印**功能，就可以完成這份工作。在進行合併列印前，需要先準備**主文件**檔案與**資料**檔案，其架構如下圖所示。

- **主文件檔案**：是指用 Word 製作好的文件檔案，例如：要寄一封信函給多人時，就可以先將信函的內容製作成 Word 檔案，而這份文件就是主文件。

- **資料檔案**：就是資料來源，或是資料庫檔案。資料檔案可以是：**Word、Excel、Access、Outlook 連絡人**等檔案。在製作這類檔案時，是有一定格式規範的。例如：資料來源如果是 Word 檔，通常會以表格方式呈現，不僅欄、列固定，而且檔案的開頭就是表格，不要加入其他的文字列；若是使用 Excel 製作資料檔案時，也需要遵守這些規定。

班級	姓名	性別	備註
101	王小桃	女	
102	郭小怡	女	

正確的樣式：文件開頭就是表格

愛心學院學生通訊錄

班級	姓名	性別	備註
101	王小桃	女	
102	郭小怡	女	

不正確的樣式：文件開頭不能有標題文字

	A	B	C	D	E	F	G
1	班級	姓名	性別	備註			
2	101	王小桃	女				
3	102	郭小怡	女				

Excel 正確的樣式：工作表開頭就是表格，通常每一列就代表一筆紀錄

5-2 大量邀請函製作

當要製作大量的信件、邀請函、通知單或是廣告宣傳單時，可以使用**合併列印**功能來完成。在此範例中，將利用合併列印功能，將套印後的邀請函文件利用電子郵件寄給收件人，讓每個連絡人都可以收到屬於自己的邀請函。

合併列印的設定

在進行大量文件製作時，要先於主文件中加入資料檔的相關欄位，這樣主文件才會自動產生相關的資料。

1 開啟主文件檔案 (邀請函 .docx)，按下「**郵件→啟動合併列印→啟動合併列印→信件**」按鈕。

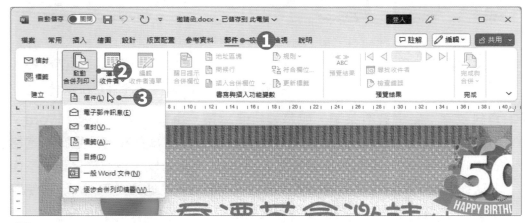

2 啟動合併列印功能後，按下「**郵件→啟動合併列印→選取收件者→使用現有清單**」按鈕，開啟「選取資料來源」對話方塊。

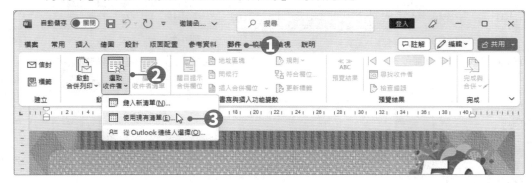

③ 點選**客戶名單 .docx** 檔案，選擇好後按下**開啟**按鈕。

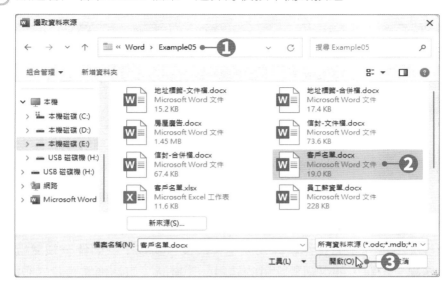

④ 資料來源設定好後，即可開始進行「插入合併欄位」的動作，這裡要在文件中分別插入相對應的欄位。先將插入點移至要插入欄位的位置，按下「**郵件→書寫與插入功能變數→插入合併欄位**」下拉鈕，於選單中點選想要插入的欄位。

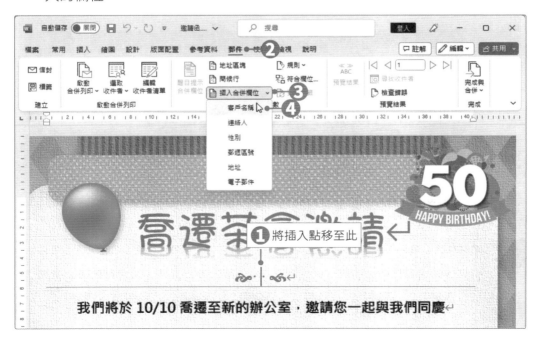

⑤ 將欄位插入到相關位置後，位置上就會顯示該欄位的名稱。

被加入的欄位名稱會以 **<<欄位名稱>>** 符號標示

⑥ 到這裡，合併列印的工作就算完成了，最後只要按下「**郵件→預覽結果→預覽結果**」按鈕，即可預覽合併的結果。預覽時，可切換要預覽的紀錄。

此處可切換要預覽的紀錄

TIPS

若想查看資料檔中的資料，可以按下「**郵件→啟動合併列印→編輯收件者清單**」按鈕，會開啟「合併列印收件者」對話方塊，即可查看所有的收件者資料，也可以在此新增或移除合併列印中的收件者。

完成與合併

完成合併列印設定後，即可進行**完成與合併**的動作。按下「**郵件→完成→完成與合併**」下拉鈕，於選單中會有**編輯個別文件、列印文件、傳送電子郵件訊息**等選項，分別介紹如下：

編輯個別文件

執行「**編輯個別文件**」，或按下 Alt+Shift+N 快速鍵後，會開啟「合併到新文件」對話方塊，即可選擇要合併哪些記錄，選擇好後按下**確定**按鈕，Word 會開啟一份新文件來存放這些被合併的資料。假設資料檔中有20筆資料，那麼在新文件中就會有20頁不同資料的文件，可針對每頁資料進行個別編輯，或是直接將文件儲存起來。

📍 列印文件

執行「**列印文件**」選項,或按下Alt+Shift+M
快速鍵,會開啟「合併到印表機」對話方塊,從中
選擇要列印哪些資料,按下**確定**按鈕即可將文件從
印表機中印出。

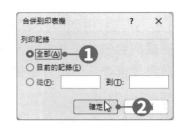

📍 傳送電子郵件訊息

執行「**傳送電子郵件訊息**」選項時,有一點須特別注意,就是在資料檔案
中必須包含存放**電子郵件地址**的欄位,這樣才會依據欄位中的電子郵件地址進
行合併的動作。

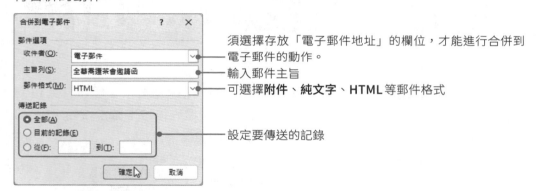

須選擇存放「電子郵件地址」的欄位,才能進行合併到
電子郵件的動作。

輸入郵件主旨

可選擇**附件**、**純文字**、**HTML**等郵件格式

設定要傳送的記錄

TIPS

開啟合併檔案

開啟一個有進行合併列印設定的檔案時,會先開啟一個警告視窗,當遇到這個視
窗時,請直接按下**是**按鈕,才能順利開啟該檔案。

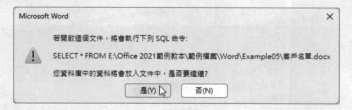

如果按下之後仍顯示找不到來源資料的訊息,此時請按下**尋找資料來源**按鈕,開
啟「選取資料來源」對話方塊,選擇正確的檔案位置即可。

5-3 地址標籤的製作

完成邀請函的製作後，接下來將利用**標籤**功能，來製作客戶的地址標籤。

合併列印的設定

利用合併列印除了可以套印文件，還可以快速製作出地址、商品等標籤。進行標籤製作時，必須確認標籤紙的規格，以及每一個標籤的尺寸大小，以便精確完成標籤設定。

1. 開啟一份空白文件，按下「**郵件→啟動合併列印→啟動合併列印**」下拉鈕，於選單中點選**標籤**，開啟「標籤選項」對話方塊，進行標籤的設定。

2. 在**印表機資訊**中，選擇印表機類型，設定**標籤廠商**，在**標籤編號**中選擇要使用的標籤規格，都設定好後按下**確定**按鈕。

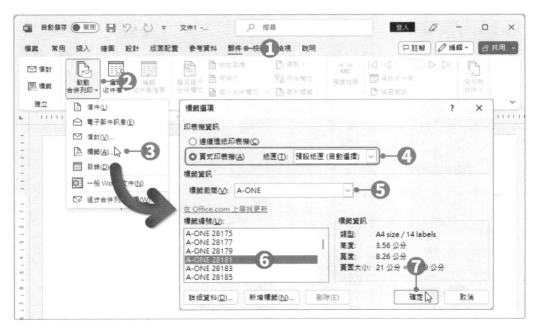

TIPS

Word 預設了許多不同的標籤樣式，可以在這些樣式中尋找是否有符合需求的標籤。若沒有可使用的規格時，可按下**新增標籤**按鈕，自行設定標籤的大小。

③ 回到文件中，文件的版面已被設定成所選擇的標籤樣式了。

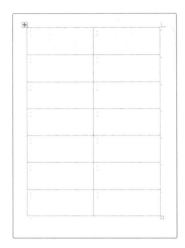

TIPS

文件中的標籤是以表格製作而成。若沒有顯示格線，可以按下表格工具的「**版面配置→表格→檢視格線**」按鈕，顯示表格的格線。

④ 接著按下「**郵件→啟動合併列印→選取收件者**」下拉鈕，點選選單中的**使用現有清單**。

⑤ 在開啟的「選取資料來源」對話方塊中選取標籤資料來源。本例選擇**客戶名單 .xlsx** 檔案做為「資料檔」，選擇好後按下**開啟**按鈕。

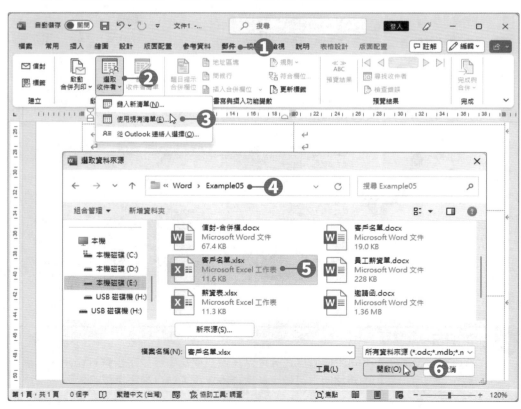

6 在「選取表格」對話方塊，選擇要使用檔案中的哪一個工作表。這裡請選擇**工作表 1\$**，將**資料的第一列包含欄標題**勾選（若工作表第一列非標題列時，請勿勾選此選項），按下**確定**按鈕（若檔案來源是 Word 格式的檔案時，就不會有這個步驟）。

7 資料來源選擇好後，接下來就可以在標籤中插入相關的欄位。先將插入點移至左上角第一個表格中，按下「**郵件→書寫與插入功能變數→插入合併欄位**」按鈕，選擇要插入的欄位，這裡請依序插入**郵遞區號**、**地址**、**客戶名稱**、**連絡人**等欄位。

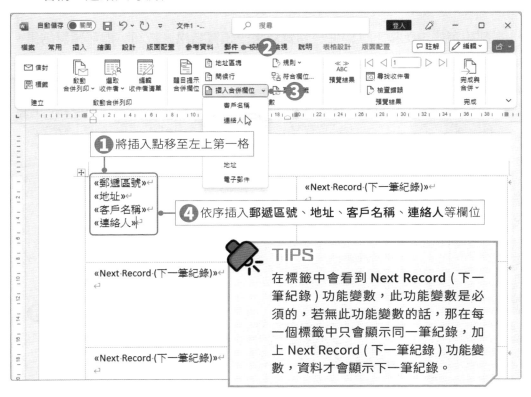

⑧ 欄位都插入後，選取所有欄位名稱，進行文字格式的設定。

⑨ 格式設定好後，按下「郵件→書寫與插入功能變數→更新標籤」按鈕，即可將第一個標籤中的欄位套用到其他標籤中。

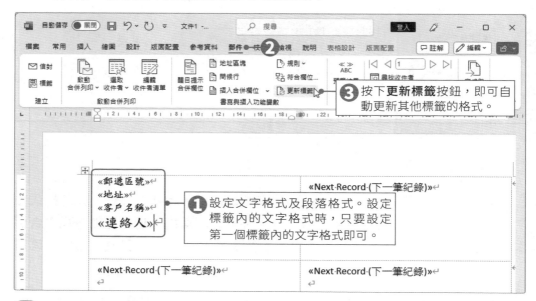

⑩ 都設定好後，按下「郵件→預覽結果→預覽結果」按鈕，即可預覽結果。再按一次「預覽結果」按鈕，就可回到標籤編輯狀態。

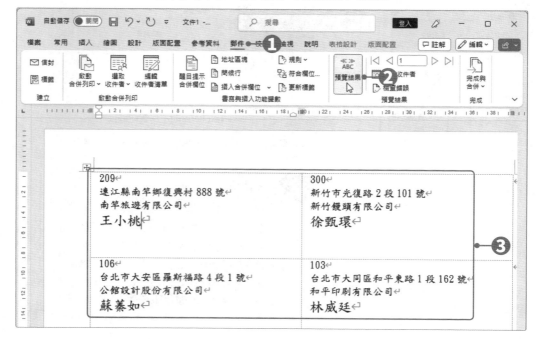

使用規則加入稱謂

在合併列印中提供了許多不同的「規則」，利用這些「規則」，可以協助我們完成一些工作，規則的使用說明如下表所列。

規則	說明
Ask	可以設定書籤名稱，並提供提示文字。
Fill-in	可以設定提示文字。
If…Then…Else	可以設定條件。
Merge Record	可以在文件中加入資料的紀錄編號。
Merge Sequence	可以設定進行合併列印時顯示紀錄編號。
Next Record	設定將下一筆紀錄合併到目前的文件。
Next Record If	設定當條件符合時，將下一筆紀錄合併到目前文件。
Set BookMark	設定書籤名稱。
Skip Record If	設定當條件符合時，不要將下一筆紀錄合併到目前文件。

接下來的範例中，我們要使用「If…Then…Else」規則，在「連絡人」後方自動依**性別**加入「小姐 收」或「先生 收」文字。

1 將插入點移至 << 連絡人 >> 欄位後，先輸入兩個空白，再按下**「郵件→書寫與插入功能變數→規則」**下拉鈕，於選單中點選 If…Then…Else (以條件評估引數) 規則，開啟「插入 Word 功能變數：IF」對話方塊，進行條件的設定。

2 將條件設定為：若**性別等於女**時，插入「**小姐 收**」文字；否則插入「**先生收**」文字，設定好後按下**確定**按鈕。

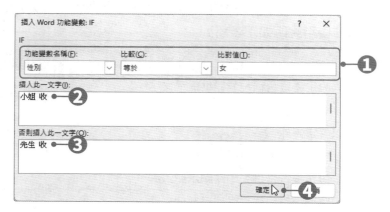

3 回到文件中，就會依據**性別**欄位，自動判斷是要加入「先生 收」或「小姐收」文字了。

4 文字加入後，即可選取該文字並進行文字格式設定。

5 最後按下「**郵件→書寫與插入功能變數→更新標籤**」按鈕，即可將第一個標籤中的設定套用到其他標籤中。

209← 連江縣南竿鄉復興村 888 號← 南竿旅遊有限公司← **王小桃** · · 小姐 · 收←	300← 新竹市光復路 2 段 101 號← 新竹饅頭有限公司← **徐甄環** · · 小姐 · 收←
106← 台北市大安區羅斯福路 4 段 1 號← 公館設計股份有限公司← **蘇蓁如** · · 小姐 · 收←	103← 台北市大同區和平東路 1 段 162 號← 和平印刷有限公司← **林威廷** · · 先生 · 收←

資料篩選與排序

在執行合併列印之前,可先對資料進行篩選或排序的動作,再進行合併。

資料篩選

在此範例中,從檔案中篩選出連絡人性別為「女」的客戶。

1. 按下「郵件→啟動合併列印→編輯收件者清單」按鈕,開啟「合併列印收件者」對話方塊。

2. 按下篩選選項,開啟「篩選與排序」對話方塊,將條件設定為性別等於女,設定好後按下確定按鈕。

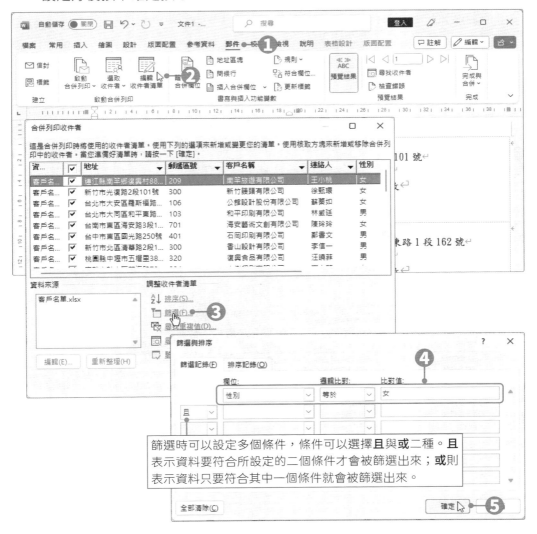

篩選時可以設定多個條件,條件可以選擇且與或二種。且表示資料要符合所設定的二個條件才會被篩選出來;或則表示資料只要符合其中一個條件就會被篩選出來。

3 回到「合併列印收件者」對話方塊後，會發現資料原來有 32 筆，經過篩選後，只剩下符合性別欄位為「女」的資料共 20 筆，最後按下**確定**按鈕，完成篩選的動作。

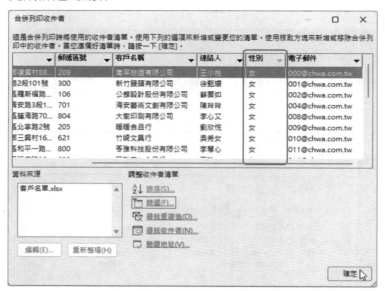

TIPS
取消篩選

若要取消篩選結果，在「篩選與排序」對話方塊中按下**全部清除**按鈕，即可取消篩選結果；或者是在「合併列印收件者」對話方塊中，按下有進行篩選的欄位下拉鈕，在選單中選擇 (**全部**) 選項，此時資料就會全部顯示出來，而此動作也就表示取消了篩選的設定。

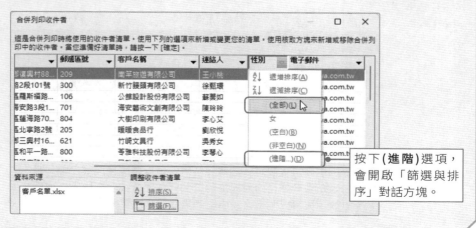

按下 (**進階**) 選項，會開啟「篩選與排序」對話方塊。

📍 資料排序

透過排序功能，可以讓資料依照指定的順序排列。

① 按下「**郵件→啟動合併列印→編輯收件者清單**」按鈕，開啟「合併列印收件者」對話方塊，按下**排序**選項，開啟「篩選與排序」對話方塊。

② 將**排序方式**條件設定為「**郵遞區號**」以「**遞增**」排序；**次要鍵**條件設定為「**地址**」以「**遞增**」排序，設定好後按下**確定**按鈕。

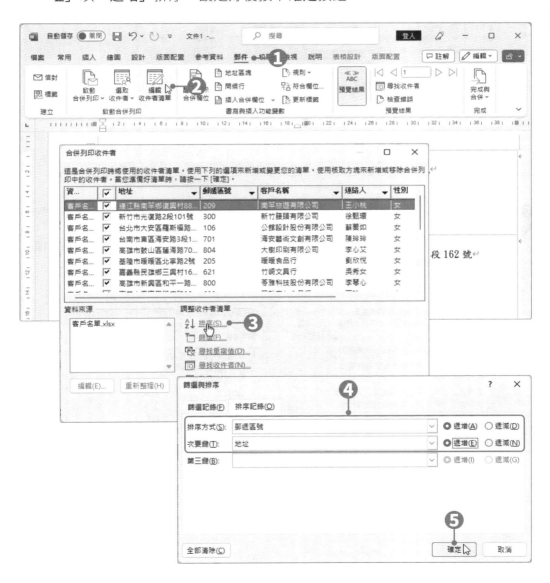

3 回到「合併列印收件者」對話方塊後，資料就會依照**郵遞區號**進行排序，若遇到相同時，則會依照**地址**排序，最後按下**確定**按鈕，完成排序的動作。

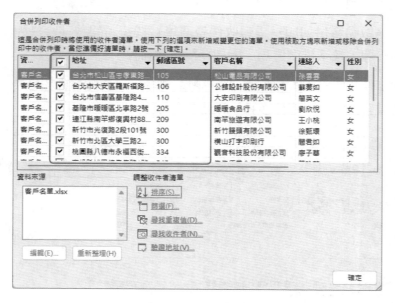

TIPS

要進行排序時，也可以直接按下要排序的欄位選單鈕，於選單中即可選擇要**遞增**排序或**遞減**排序。

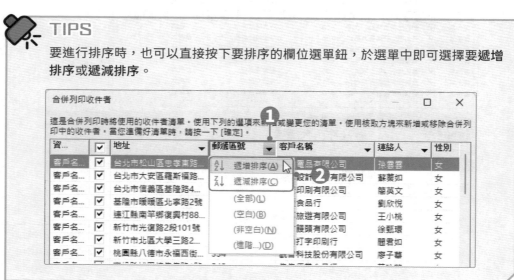

列印地址標籤

當資料篩選排序好後，即可將地址標籤從印表機中印出。若要列印時，請先將標籤紙放置於印表機中，再按下「郵件→完成→完成與合併→列印文件」按鈕，進行列印。

在列印標籤時，有可能會發生列印位置不對的情形，此時可以依據列印結果再調整文字位置、文字段落等。標籤列印好後，即可將標籤黏貼至邀請函或是信封上。

最後別忘了將檔案儲存起來，如此一來，下次要使用時，就可以直接開啟使用。在開啟檔案時，最好確認來源資料檔案也存放在相同資料夾中，才不會發生找不到資料檔的狀況。

5-4 信封的製作

　　如果想要快速印出大量收件者的郵寄信封，可以利用 Word 的**合併列印**功能，在現有信封上直接列印出所有收件者的資料，就不用一封一封編輯設定，十分方便。

合併列印設定

1 開啟一份新文件，按下**「郵件→啟動合併列印→啟動合併列印」**下拉鈕，於選單中點選**信封**，開啟「信封選項」對話方塊。

2 點選「信封選項」對話方塊的**信封選項**標籤，在**信封大小**選單中選擇想要套用的信封尺寸。若找不到適合的信封尺寸，則點選選單中的**自訂大小**，開啟「信封大小」對話方塊自訂信封尺寸。

3 在「信封大小」對話方塊中輸入信封的**寬度**和**高度**，設定完成後，按下**確定**按鈕，回到「信封選項」對話方塊。

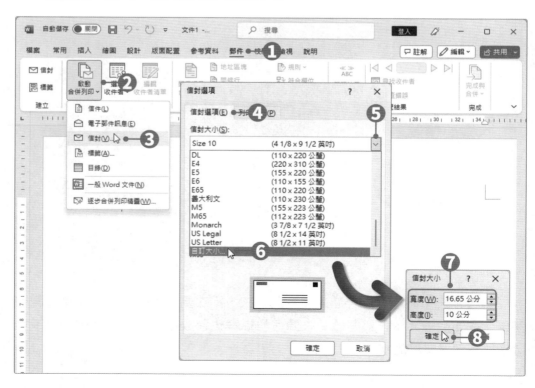

④ 信封大小設定好後，按下**列印選項**標籤，在**進紙方式**中設定印表機的進紙方式，並設定**紙張來源**，最後按下**確定**按鈕完成設定。

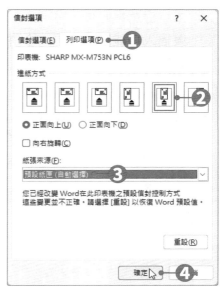

⑤ 回到文件中，文件版面就會調整成所設定的信封大小。接著按下「**郵件→啟動合併列印→選取收件者**」下拉鈕，於選單中點選**使用現有清單**，選擇資料來源。

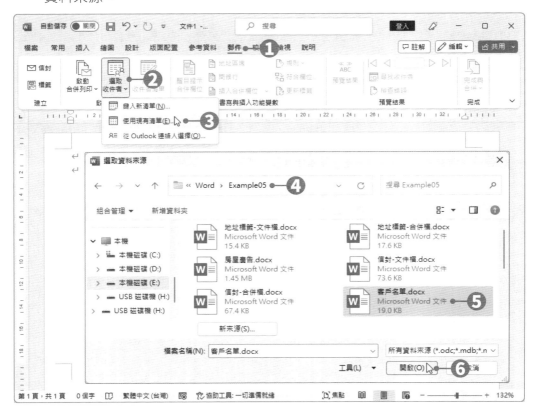

6 資料檔選擇好後，將插入點移至收件者圖文框中，接著按下「**郵件→書寫與插入功能變數→插入合併欄位**」下拉鈕，分別將郵遞區號、地址、客戶名稱、連絡人欄位一一插入至文字方塊中。

1 將插入點移至收件者圖文框中

7 都設定好後，按下「**郵件→預覽結果→預覽結果**」按鈕，即可預覽結果。

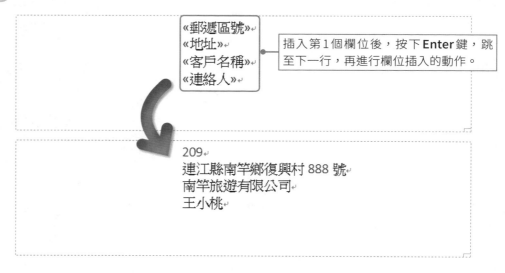

«郵遞區號»
«地址»
«客戶名稱»
«連絡人»

插入第1個欄位後，按下 **Enter** 鍵，跳至下一行，再進行欄位插入的動作。

209
連江縣南竿鄉復興村 888 號
南竿旅遊有限公司
王小桃

信封版面設計

為了讓信封的版面更美觀，接下來除了要加入寄件者的資料，也要進行文字格式及版面的設定。

◉ 加入寄件者地址

將插入點移至文件最上方的段落中，輸入寄件者的資訊。輸入後，於「**常用→字型**」群組中，進行文字格式的設定。

TIPS

若常使用到信封的合併列印時，可以按下「**檔案→選項**」功能，開啟「Word 選項」視窗，點選**進階**標籤，將自己的寄件地址及資訊輸入到**地址**欄位中，日後在設定合併列印時，就會直接在寄件處顯示該段文字，而不必一直重複編輯寄件資訊的內容。

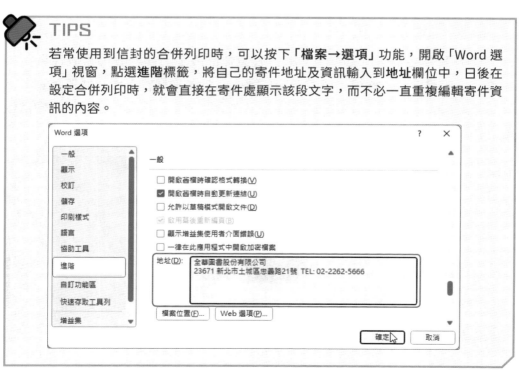

收件者文字格式並加入啟封詞

我們要在收件者的「連絡人」欄位後，統一加入啟封詞。當將信封合併到新文件或是印表機時，所有印出來的信封也會自動加上所輸入的啟封詞。

1. 選取圖文框，於「**常用→字型**」群組中進行文字格式設定。

2. 將插入點移至「連絡人」欄位後方，輸入要加上的啟封詞文字即可（或是使用 If...Then...Else 規則來自動判斷要加入的稱謂）。

調整收件者位置

信封的收件者資料是以**圖文框**方式製作而成，因此若要調整收件者資料位置，可在圖文框的框線上按下滑鼠左鍵，此時圖文框會出現八個控制點，接著在圖文框的框線按下滑鼠左鍵不放並拖曳滑鼠，便可將圖文框搬移至適當位置，搬移好後放掉滑鼠左鍵，即可完成位置的調整。

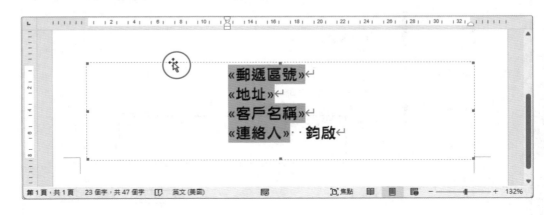

⭐ 縮排設定

　　Word 會依據橫式信封的書寫位置，自動為收件者資料建立縮排，我們也可以手動調整收件者資料的縮排設定。

① 將收件者資料一併選取，接著將滑鼠游標移至尺規上的**左邊縮排**鈕上。

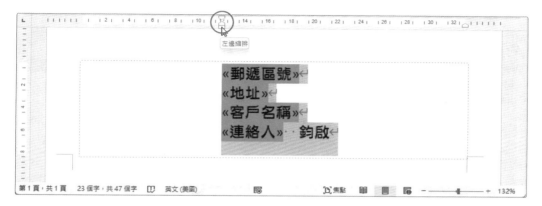

② 按住滑鼠左鍵不放並往左拖曳，就能將左邊縮排位置往前挪移。

📍 加入圖片

　　我們要在信封右下角加上一張圖片，加入後，將信封進行合併列印，該圖片就會自動顯示在所有的信封上。

1. 將插入點移至文件的文字段落中，按下「**插入→圖例→圖片→此裝置**」按鈕，開啟「插入圖片」對話方塊，選擇要插入的圖片。

2. 圖片插入後，將圖片的文繞圖方式設定為**文字在前**。

③ 接著將圖片搬移至信封的右下角位置，完成信封的製作。

合併至印表機

信封設計好後，接下來要將資料合併到印表機，將編輯好的信封內容直接從印表機中列印出來。

① 按下「郵件→完成→完成與合併→列印文件」按鈕，開啟「合併到印表機」對話方塊。

② 接著即可選擇要列印全部記錄、目前的記錄、從第幾筆記錄到第幾筆記錄，設定好後按下確定按鈕。

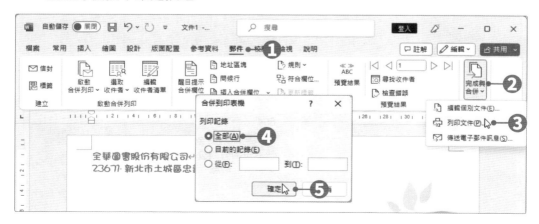

③ 開啟「列印」對話方塊，進行列印的相關設定。設定完成後，按下**確定**按鈕，即可進行列印工作。

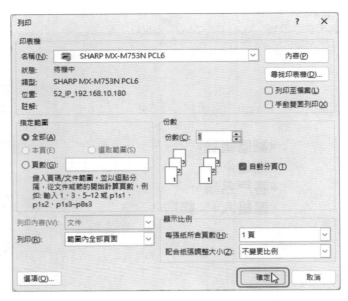

列印時別忘了要按照之前設定的進紙方向，將信封放入印表機中，若列印位置不正確時，可再回到文件中調整文字及圖文框的位置。

TIPS

建立單一標籤及信封

使用合併列印功能可以製作大量的個別標籤或信封，但若只想製作單一內容的標籤及信封時，可以按下「**郵件→建立**」群組中的**標籤按鈕**或**信封按鈕**，進行單一標籤或信封的製作。

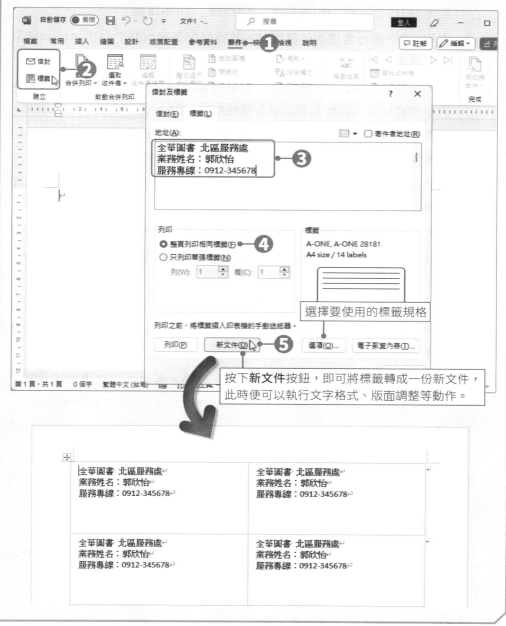

按下**新文件**按鈕，即可將標籤轉成一份新文件，此時便可以執行文字格式、版面調整等動作。

喬遷茶會邀請函 ∕ Word 合併列印

☼ 選擇題

(　　)1.　Word 所提供的「合併列印」功能，可說是文書處理與下列何項功能的結合？ (A)統計圖表　(B)資料庫　(C)簡報　(D)多媒體。

(　　)2.　在 Word 中進行合併列印設定時，其資料來源可以是？ (A)Outlook 連絡人　(B)Excel 工作表　(C)Access 資料庫　(D)以上皆可。

(　　)3.　下列有關「合併列印」之敘述，何者有誤？ (A)若以 Word 表格作為合併列印的資料檔，表格上方必須有標題文字　(B)一定要有資料來源檔案，才能執行合併列印功能　(C)可以將合併列印的結果合併到新的文件　(D)在開啟合併列印檔案時，必須保存並連結至其資料來源檔才得以開啟。

(　　)4.　在 Word 中進行合併列印時，可以將最後結果合併至？ (A)新文件　(B)印表機　(C)電子郵件　(D)以上皆可。

(　　)5.　在 Word 中進行合併列印時，若要在文件中加入資料的紀錄編號時，可以使用以下哪個規則？ (A)If…Then…Else　(B)Ask　(C)Merge Record (D)Next Record。

(　　)6.　在 Word 中進行合併列印時，要設定將下一筆紀錄合併到目前的文件，可以使用以下哪個規則？ (A)If…Then…Else　(B)Ask　(C)Merge Record (D)Next Record。

(　　)7.　在 Word 中進行合併列印時，若要設定條件，可以使用以下何項規則？ (A)If…Then…Else　(B)Ask　(C)Merge Record　(D)Next Record。

(　　)8.　在 Word 中要製作大量且相同的名牌時，最好使用下列何種方式進行設定？ (A)信封　(B)標籤　(C)目錄　(D)文件。

(　　)9.　在 Word 中，若要以一個預先建置完成的通訊錄檔案來大量製作信封上的郵寄標籤，下列哪一種製作方法最為簡便？ (A)合併列印　(B)範本　(C)版面設定　(D)表格。

(　　)10.　在 Word 中，若要使用合併列印的「更新標籤」功能，必須將主文件設定為下列哪一種類型？ (A)信封　(B)信件　(C)表格　(D)標籤。

✪ 實作題

1. 將「範例檔案→Word→Example05→房屋廣告.docx」檔案設定為合併列印的資料來源，進行以下操作。

   - 製作一個房屋廣告標籤，標籤規格請選擇Word內建的「A-ONE 28447」標籤紙。
   - 分別插入相關欄位，文字格式請自行設定，標籤欄位順序如右圖所示。
   - 將設定好的結果合併至新文件，如下圖所示。

2. 開啟「範例檔案→Word→Example05→員工薪資單.docx」檔案,進行以下操作。

- 設定「薪資表.xlsx」為資料來源檔。
- 於表格中插入相關的欄位。
- 執行合併列印之前,先依照員工部門進行遞減排序,若員工部門相同,再依員工編號進行遞增排序。
- 將設定好的結果合併至新文件。

員工編號	《員工編號》	員工姓名	《姓名》
員工部門	《部門》		
本月薪資			
本□□薪	津貼加給	伙食費	加班費	健保費
《本薪》	《津貼加給》	《伙食費》	《加班費》	《健保費》
薪資合計	《薪資合計》		
備□□註	以上若有任何問題請洽管理部。		

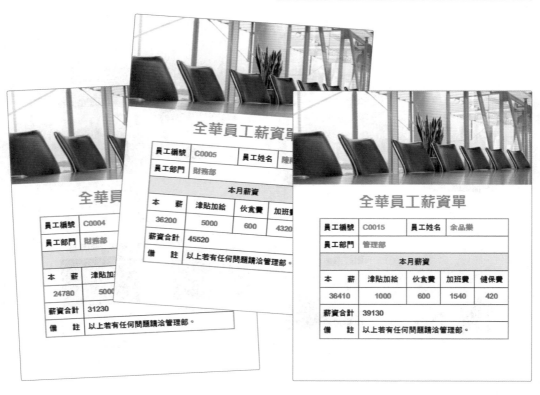

Excel
2021

01

報價單

Excel 基本操作

學習目標

活頁簿的開啟與關閉 /
輸入資料 / 自動填滿 /
儲存格調整 / 儲存格格式設定
資料格式的設定 /
認識運算符號及運算順序
輸入公式 / 修改公式 / 複製公式
加總函數的使用 / 加入附註 /
設定凍結窗格 / 活頁簿的儲存

● 範例檔案 (範例檔案\Excel\Example01)

報價單 .xlsx

報價單 - 設計 .xlsx

● 結果檔案 (範例檔案\Excel\Example01)

報價單 -OK.xlsx

在製作表單時，若需要運用到計算功能，可以使用 Excel 試算表軟體來完成。Excel 具有計算、統計、分析等功能，只要將資料輸入並進行相關設定，便可立即計算出結果，還可以減少人為計算錯誤的發生。

在「報價單」範例中，將學習如何進行文字格式、儲存格、工作表等基本操作，除此之外，還會學習到如何讓報價單具有計算的功能，以及如何藉由凍結窗格功能，讓工作表在視覺與功能上，更適合閱讀與查看。

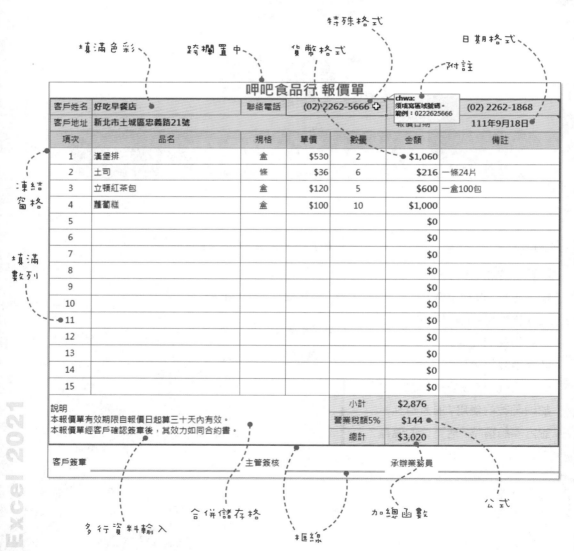

1-1 建立報價單內容

在「報價單」範例中已先在工作表中建立部份文字內容，但有些基本檔案操作及輸入技巧是不可不知的，這裡就來學習如何開啟檔案及輸入資料吧！

啟動Excel並建立新活頁簿

安裝好 Office 應用軟體後，先按下 ▦ 開始鈕，點選所有應用程式，接著在程式選單中點選 Excel，即可啟動 Excel 應用程式。

啟動 Excel 時，會先進入開始畫面，在畫面下方會顯示最近曾開啟的檔案，直接點選即可開啟該檔案；按下左側的開啟選項，即可選擇其他要開啟的 Excel 活頁簿。

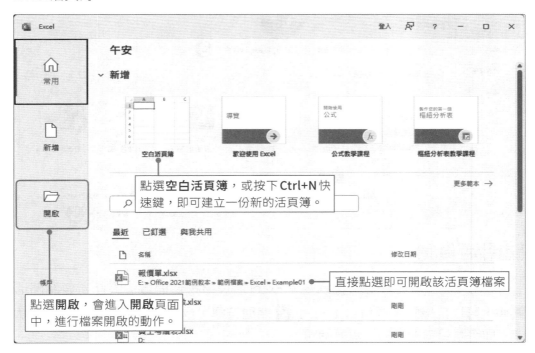

點選空白活頁簿，或按下 Ctrl+N 快速鍵，即可建立一份新的活頁簿。

直接點選即可開啟該活頁簿檔案

點選開啟，會進入開啟頁面中，進行檔案開啟的動作。

開啟舊有的活頁簿

欲開啟已存在的 Excel 檔時，只要直接在 Excel 檔案圖示上雙擊滑鼠左鍵，即可開啟該檔案。

報價單.xlsx

在檔案上雙擊滑鼠左鍵，即可開啟該檔案。

若已在 Excel 操作視窗時，可以按下 **「檔案→開啟」** 功能；或按下 Ctrl+O 快速鍵，進入**開啟**頁面中，進行檔案開啟的動作。

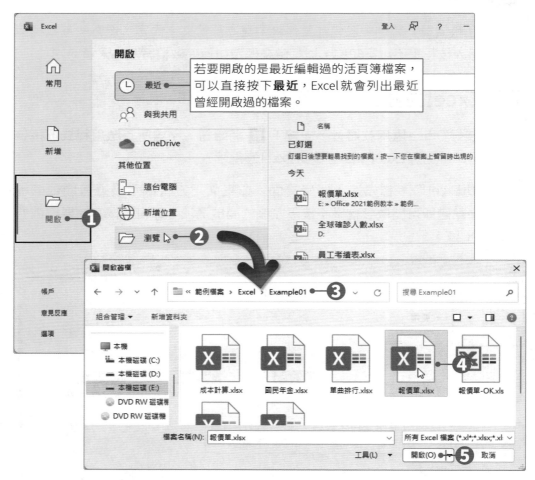

關閉活頁簿

一份 Excel 活頁簿會單獨以一個 Excel 活頁簿視窗開啟，因此若要關閉活頁簿，可以直接點選視窗右上角的 ✕ **關閉**按鈕，或是按下 **「檔案→關閉」** 功能，即可將目前開啟的活頁簿關閉。

在關閉活頁簿之前，Excel 會先判斷檔案中的變更是否已經儲存，如果尚未儲存，Excel 會顯示對話視窗，詢問是否要儲存檔案後再進行關閉。

於儲存格中輸入資料

工作表是由一個個格子所組成的，這些格子稱為「**儲存格**」，當滑鼠點選其中一個儲存格時，該儲存格會有一個粗黑的邊框，而這個儲存格即稱為「**作用儲存格**」，表示將對此儲存格進行操作。

要在儲存格中輸入文字時，須先選定一個作用儲存格，選定後就可以直接進行輸入文字的動作，輸入完後按下 Enter 鍵，即可完成儲存格內容的輸入。

若在同一儲存格要輸入多行文字時，可以按下 Alt+Enter 快速鍵，進行換行的動作。若要到其他儲存格中輸入文字時，可以按下鍵盤上的 ↑、↓、←、→ 及 Tab 鍵，移動到上方、下方、左邊、右邊的儲存格。

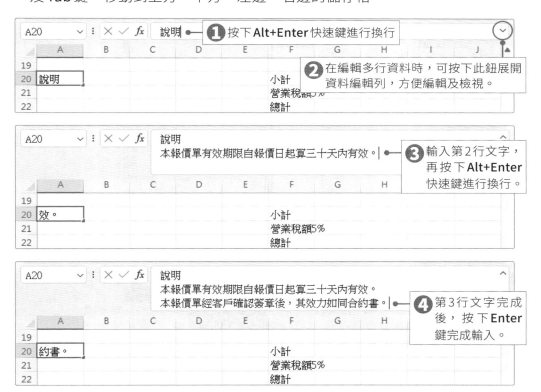

TIPS

修改儲存格內容

要修改儲存格的資料時，直接雙擊儲存格，或是先選取儲存格，將插入點移至資料編輯列中，即可修改儲存格的內容。

使用填滿功能輸入資料

在選取儲存格時,於儲存格的右下角有個黑點,稱為**填滿控點**,利用該控點可以依據一定的規則,快速填滿大量的資料。在本範例中,於**項次**欄位下要輸入1~15的數字,而輸入時可以不必一個一個輸入,只要使用填滿功能的等差級數方式輸入即可。

1️⃣ 先在 A5 及 A6 兩個儲存格中,輸入 1 和 2,表示起始值是 1,間距是 1。

2️⃣ 選取這兩個儲存格,將滑鼠游標移至**填滿控點**,並拖曳填滿控點到 A19 儲存格,即可產生間距為 1 的遞增數列。

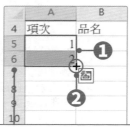

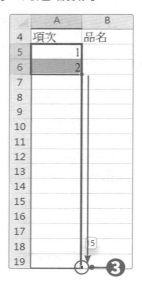

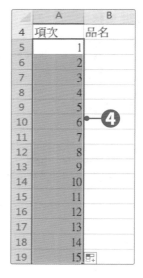

在工作表的上方是**欄標題**,以A、B、C等表示;左方則是**列標題**,以1、2、3等表示。

TIPS

使用填滿控點複製儲存格資料時,在儲存格的右下角會有個 📊▾ **填滿智慧標籤**圖示,點選此圖示後,即可在選單中選擇要填滿的方式。

○	複製儲存格(C)
◉	以數列填滿(S)
○	僅以格式填滿(F)
○	填滿但不填入格式(O)
○	快速填入(F)

◆ **複製儲存格**:會將資料與資料的格式一併填滿。

◆ **以數列方式填滿**:預設值,會依照數字順序依序填滿。

◆ **僅以格式填滿**:只會填滿資料的格式,而不會將該儲存格的資料填滿。

◆ **填滿但不填入格式**:會將資料填滿至其他儲存格,但是不會套用該儲存格所設定的格式。

◆ **快速填入**:會自動分析資料表內容,判斷要填入的資料,例如:想要將含有區碼的電話分成區碼及電話兩個欄位時,就可以利用快速填入來進行。

TIPS

填滿功能的使用

利用填滿控點還能輸入具有順序性的資料，例如：日期、星期、序號、等差級數等，分別說明如下。

◆ **填滿重複性資料**：當要在工作表中輸入多筆相同資料時，利用填滿控點，即可把目前儲存格的內容快速複製到其他儲存格中。

◆ **填滿序號**：若要產生連續性的序號，先在儲存格中輸入一個數值，在拖曳**填滿控點**時，同時按下 **Ctrl** 鍵，向下或向右拖曳，資料會以**遞增**方式 (1、2、3……) 填入；向上或向左拖曳，則資料會以**遞減**方式 (5、4、3……) 填入。

◆ **等差級數**：可依照自行設定的間距值產生數列。假設在兩個儲存格中分別輸入 1 和 3，表示起始值是 1，間距是 2，選取這兩個儲存格，將滑鼠游標移至填滿控點，並拖曳填滿控點到其他儲存格，即可產生間距為 2 的遞增數列。

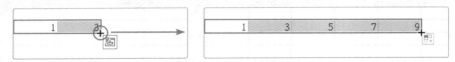

◆ **填滿日期**：若要產生一定差距的日期序列時，只要輸入一個起始日期，拖曳填滿控點到其他儲存格中，即可產生連續日期。

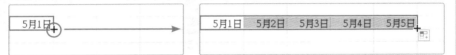

◆ **其他**：在 Excel 中預設了一份填滿清單，所以輸入某些規則性的文字，例如：星期一、一月、第一季、甲乙丙丁、子丑寅卯、Sunday、January 等文字時，利用自動填滿功能，即可在其他儲存格中填入規則性的文字。若要查看 Excel 預設了哪些填滿清單，可按下「**檔案→選項**」功能，在「Excel 選項」視窗中，點選**進階**標籤，於**一般選項**裡，按下**編輯自訂清單**按鈕，開啟「自訂清單」對話方塊，即可查看預設的填滿清單或自訂填滿清單項目。

除了使用填滿控點進行填滿的動作外，還可以按下「**常用→編輯→填滿**」下拉鈕，在選單中選擇要填滿的方式。

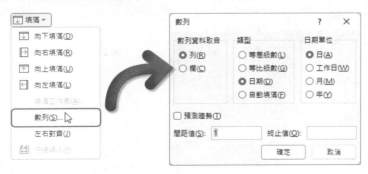

1-2 儲存格的調整

資料都建立好後，接著就要進行儲存格的列高、欄寬等調整。

欄寬與列高調整

在輸入文字資料時，若文字超出儲存格範圍，儲存格中的文字會無法完整顯示；而輸入的是數值資料時，若欄寬不足，則儲存格會出現「######」字樣，此時，可以直接拖曳欄標題或列標題之間的分隔線，或是在分隔線上雙擊滑鼠左鍵，改變欄寬，以便容下所有的資料。

在此範例中，要將列高都調成一樣大小，而欄寬則依內容多寡分別調整。

① 按下工作表左上角的 ◢ **全選方塊**，或 Ctrl+A 快速鍵，選取整份工作表。

② 將滑鼠游標移到列與列標題之間的分隔線，按住滑鼠左鍵不放，往下拖曳即可增加列高。

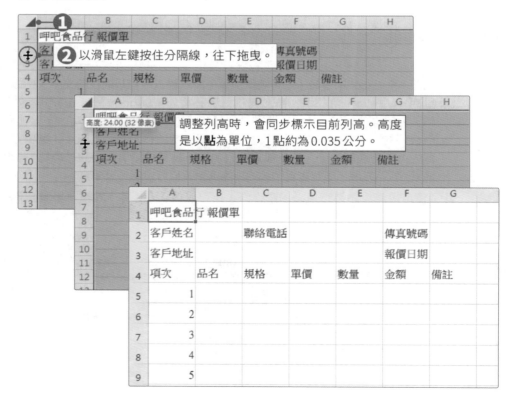

③ 列高調整好後，將滑鼠移到要調整的欄標題之間的分隔線，按住滑鼠左鍵不放，往右拖曳即可增加欄寬；往左拖曳則縮小欄寬。

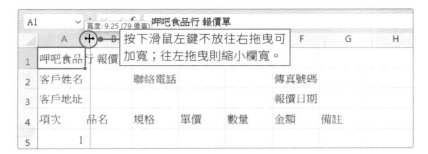

④ 利用相同方式將所有要調整的欄寬都調整完成。

TIPS

調整欄寬或列高

要調整欄寬或列高時，也可以按下「常用→儲存格→格式」下拉鈕，於選單中點選**自動調整欄寬**，儲存格就會依所輸入的文字長短，自動調整儲存格的寬度；若要自行設定儲存格的列高或欄寬時，可以點選**列高**或**欄寬**選項。

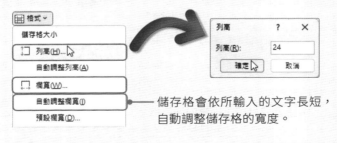

儲存格會依所輸入的文字長短，
自動調整儲存格的寬度。

跨欄置中及合併儲存格的設定

　　報價單的標題文字輸入於A1儲存格中，現在要利用**跨欄置中**功能，使它與表格齊寬，且文字還會自動置中對齊；還要再利用**合併儲存格**功能，將一些相連的儲存格合併，以維持報價單的美觀。

1. 選取 A1:G1 儲存格，按下「**常用→對齊方式→跨欄置中**」下拉鈕，於選單中選擇**跨欄置中**，文字就會自動置中。

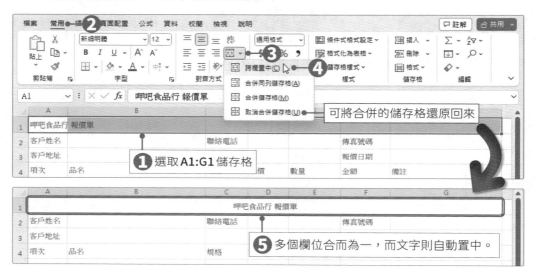

2. 選取 D2:E2、B3:E3 及 D24:E24 儲存格，再按下「**常用→對齊方式→跨欄置中**」下拉鈕，於選單中選擇**合併同列儲存格**，位於同列的儲存格就會合併為一個。

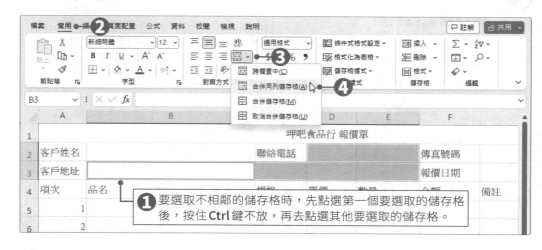

3 選取 A20:D22 儲存格，按下「**常用→對齊方式→跨欄置中**」下拉鈕，於選單中選擇**合併儲存格**，被選取的儲存格就會合併為一個。

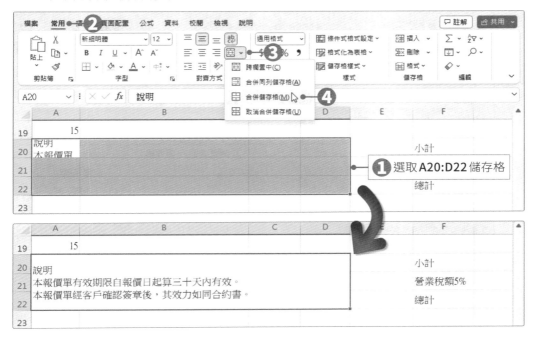

1-3 儲存格的格式設定

若要美化工作表時，可以為儲存格進行文字格式、對齊方式、外框樣式、填滿效果等格式設定，讓工作表更為美觀。

文字格式設定

要變更儲存格文字樣式時，可以運用「**常用→字型**」群組中的各項指令按鈕，來變更文字樣式。若按下群組右下角的 ⤵ **對話方塊啟動鈕**，可開啟「儲存格格式」對話方塊，進行更進階的文字格式設定。

1 按下工作表左上角的 ◢ **全選方塊**，或 Ctrl+A 快速鍵，選取整份工作表。
接著進入「**常用→字型**」群組中，更換字型。

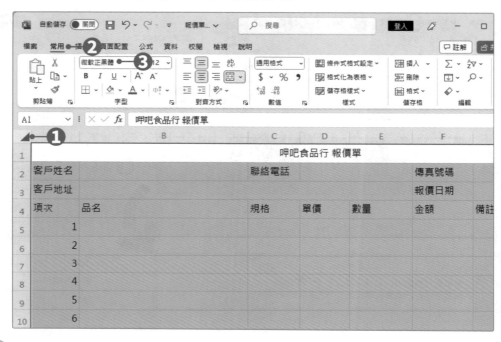

2 選取 A1 儲存格，進入「**常用→字型**」群組中，進行文字格式的設定。

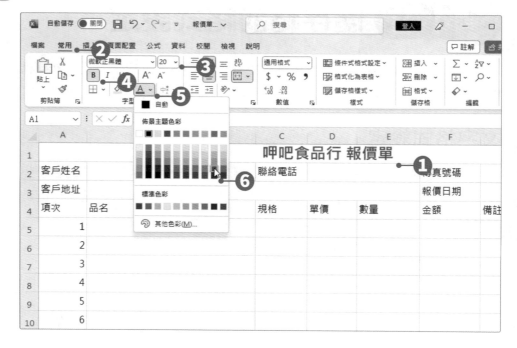

對齊方式的設定

使用「**常用→對齊方式**」群組中的指令按鈕，可以進行文字對齊方式的變更，操作方式如下表所列。

按鈕	功能	範例
☰ 靠上對齊 ☰ 置中對齊 ☰ 靠下對齊	可以設定文字在儲存格中垂直對齊方式。	垂直靠上對齊 垂直置中對齊 垂直靠下對齊
☰ 靠左對齊 ☰ 置中 ☰ 靠右對齊	可以設定文字在儲存格中水平對齊方式。	靠左對齊 置中 靠右對齊
🔁 自動換行	可以讓儲存格中的文字資料自動換行。	郭欣怡零用金支出 郭欣怡零用金支出 明細表
⊟ 減少縮排	可以減少儲存格中框線和文字之間的邊界。	零用金支出明細
⊞ 增加縮排	可以增加儲存格中框線和文字之間的邊界。	零用金支出明細
✒ ∨ ✒ 逆時針角度(O) ✒ 順時針角度(L) ↓ᵃ 垂直文字(V) ↑ 文字由下至上排列(U) ↓ 文字由上至下排列(D) ✒ 儲存格對齊格式(M)	可以設定文字的顯示方向。	順時針角度 郭欣怡 垂直文字 郭 欣 怡

了解了各項對齊方式指令按鈕之後，即可將儲存格內的文字進行各種對齊方式設定。

將對齊方式設定為**置中**。可以按住 **Ctrl** 鍵不放，同時選取不相鄰的儲存格，一起進行設定。

框線樣式與填滿色彩的設定

要美化工作表中的資料內容時，除了設定文字格式外，還可以幫儲存格套用不同的框線及填滿效果。儲存格的框線及填滿效果，可在「**常用→字型**」群組中進行設定。按下群組右下角的 ⏷ **對話方塊啟動鈕**，可開啟「儲存格格式」對話方塊，進行更進階的框線及填滿色彩設定。

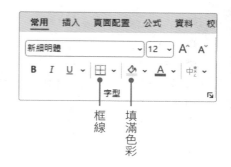

📍 框線樣式的設定

在原始工作表上所看到灰色框線是**格線**，在列印時並不會印出，所以若想印出框線以便區隔資料，可以自行設定框線。

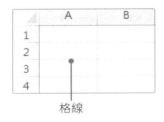

格線

1. 選取 A2:G22 儲存格，按下「**常用→字型→ 田▾ 框線**」按鈕，於選單中選擇**其他框線**選項，開啟「儲存格格式」對話方塊。

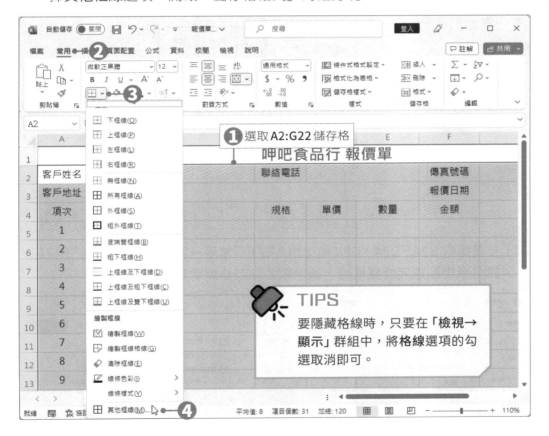

2. 在**樣式**中選擇線條樣式；在**色彩**中選擇框線色彩，選擇好後按下**內線**按鈕，即可將內線的框線套用所設定的樣式。

3. 接著設定外框要使用的線條樣式，再按下**外框**按鈕。都設定好後按下**確定**按鈕，回到工作表中，被選取的儲存格就會加入所設定的框線。

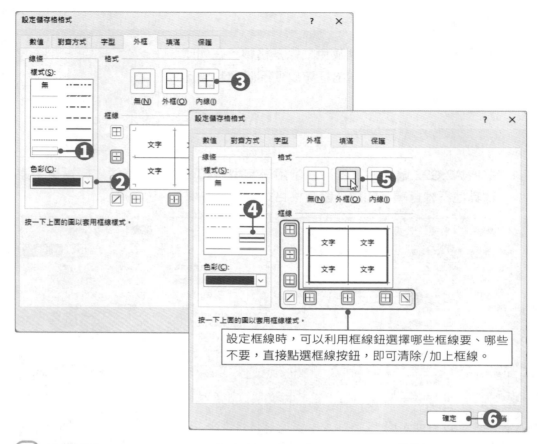

設定框線時，可以利用框線鈕選擇哪些框線要、哪些不要，直接點選框線按鈕，即可清除/加上框線。

④ 接著選取 B24、D24、G24 儲存格，按下「常用→字型→田 ∨ 框線」下拉鈕，於選單中點選**底端雙框線**，被選取的儲存格就會加入底端雙框線。

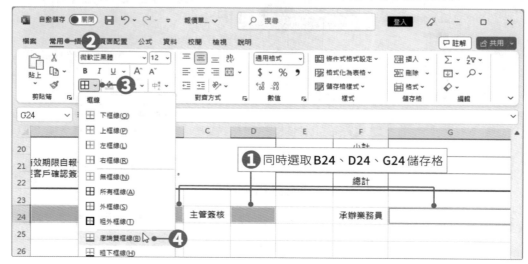

① 同時選取 B24、D24、G24 儲存格

✪ 改變儲存格填滿色彩

接著要將客戶基本資料加入填滿色彩，以便跟下方的報價資料有所區隔。

① 選取 A2:G3 儲存格，按下「**常用→字型→ ◌ ∨ 填滿色彩**」下拉鈕，於開啟的色盤中點選想要填入的色彩即可。

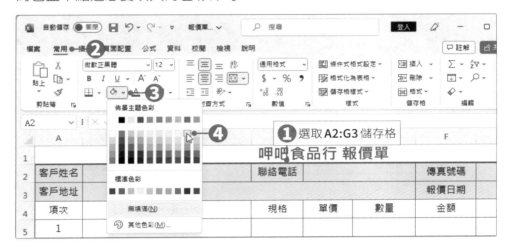

② 接著選取 A4:G4 儲存格，按下「**常用→字型→ ◌ ∨ 填滿色彩**」下拉鈕，於開啟的色盤中點選要填入的色彩。

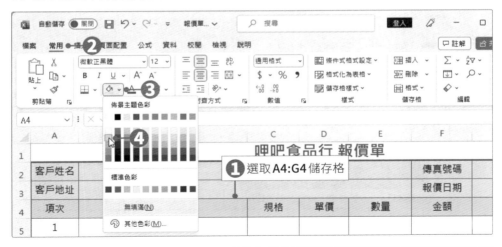

TIPS

清除格式

在工作表中進行了各項格式設定之後，若想將格式回復到最原始狀態，可以按下「**常用→編輯→清除**」下拉鈕，於選單中選擇**清除格式**，即可將所有的格式清除。

3 接著選取 E20:G22 儲存格，按下「常用→字型→ 填滿色彩」下拉鈕，於開啟的色盤中點選要填入的色彩。

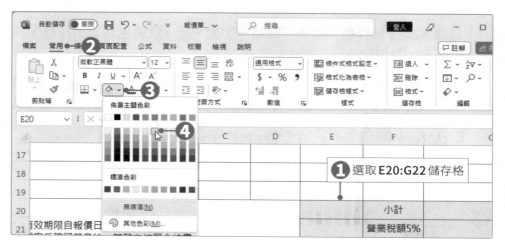

TIPS

複製格式

設定好儲存格的字型、框線樣式及填滿色彩等格式後，若想將相同格式套用至其他儲存格上，可以使用「常用→剪貼簿→ 複製格式」按鈕，進行格式的複製，這樣就不用再重新設定一遍了。

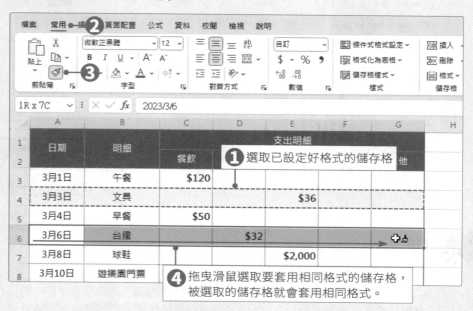

Excel 2021

1-4 儲存格的資料格式

在編輯工作表時，可以依照儲存格所存放的內容，為儲存格設定適當的資料格式，例如：文字、數字、日期、貨幣等，各資料類型都有其專屬的輸入方法。在進行資料格式設定前，先來認識這些資料格式，並學習如何輸入正確的資料格式。

文字格式

在 Excel 中，非數字或是數字摻雜文字 (例如：身分證號碼)，都會被視為文字資料。在輸入文字格式的資料時，文字預設會**靠左對齊**。若想將純數字變成文字格式，假設想在儲存格中輸入手機號碼，只要在數字前面加上「'」(**單引號**) 即可，例如：'0912345678。

日期及時間

在 Excel 中，日期格式的資料預設會**靠右對齊**。要輸入日期時，要用「-」(破折號) 或「/」(斜線) 區隔年、月、日。年是以西元計，小於等於29的值，會被視為西元20××年；大於29的值，會被當作西元19××年，例如：輸入00到29的年份，會被當作2000年到2029年；輸入30到99的年份，則會被當作1930年到1999年，這是在輸入時需要注意的地方。

在輸入日期時，若只輸入月份與日期，Excel 會自動加上當時的年份，例如：輸入10/10，Excel 在資料編輯列中，就會自動顯示為「2023/10/10」，表示此儲存格為日期資料，而其中的年份會自動顯示為當年的年份。

輸入「10/10」時，會自動轉為日期，並顯示成「10 月 10 日」。

在儲存格中要輸入時間時，要用「:」(冒號) 隔開。系統預設為24小時制，若要使用12小時制，要在輸入的時間後按一個空白鍵，加上「am」(上午) 或「pm」(下午)。例如：「3:24 pm」是下午3點24分。

數值格式

在 Excel 中，數值格式資料預設為**靠右對齊**。數值是進行計算的重要元件，Excel 對於數值的內容有很詳細的設定。首先來看看在儲存格中輸入數值的各種方法，如下表所列。

數值類型	範例	輸入說明
正數	55980	直接輸入數值
負數	-6987	前面加上「-」(負號)
小數	134.463	整數與小數之間加上「.」(小數點)
分數	4 1/2	整數與分數之間加上一半形空白

除了不同的輸入方法，也可以使用**「常用→數值→數值格式」**按鈕，進行變更的動作。而在**「數值」**群組中，還列出了一些常用的數值按鈕，可以快速變更數值格式，如下表所列。

按鈕	功能	範例
$ ▾	加上會計專用格式，會自動加入貨幣符號、小數點及千分位符號。按下下拉鈕，還可以選擇英磅、歐元及人民幣等貨幣格式。 若輸入以「$」開頭的數值資料，如 $3600，會將該資料自動設定為貨幣類別，並自動顯示為「$3,600」。	12345 → $12,345.00
%	加上百分比符號，在儲存格中輸入百分比樣式的資料，如 66%，必須先將儲存格設定為百分比格式，再輸入數值 66，若先輸入 66，再設定百分比格式，則會顯示為「6600%」。 要將數值轉換為百分比時，可以按下 **Ctrl+Shift+%** 快速鍵。	0.66 → 66%
﹐	加上千分位符號，會自動加入「.00」。	12345 → 12,345.00
⁺.⁰⁰	增加小數位數。	666.45 → 666.450
.⁰⁰→	減少小數位數，減少時會自動四捨五入。	888.45 → 888.5

特殊格式設定

在此範例中，要將「聯絡電話」與「傳真號碼」兩欄位的儲存格格式設定為「特殊」格式中的「一般電話號碼」格式，設定後，只要在聯絡電話儲存格中輸入「0222625666」，儲存格就會自動將資料轉換為「(02)2262-5666」。

1 選取 D2 及 G2 儲存格，按下「**常用→數值**」群組的 ⌐ **對話方塊啟動鈕**，或按下 Ctrl+1 快速鍵，開啟「儲存格格式」對話方塊。

2 開啟「設定儲存格格式」對話方塊，點選**數值**標籤，於類別選單中選擇**特殊**，再於類型選單中選擇**一般電話號碼 (8 位數)**，選擇好後按下**確定**按鈕，即可完成特殊格式的設定。

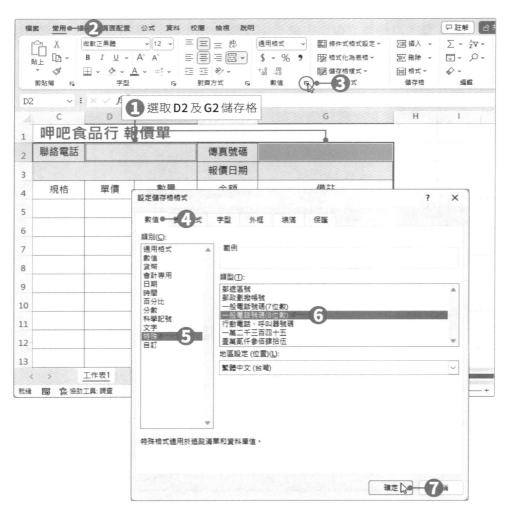

③ 於儲存格中輸入「0222625666」電話號碼，輸入完後按下 Enter 鍵，儲存格內的文字就會自動變更為「(02)2262-5666」。

| 聯絡電話 | 0222625666 | - - - - - - - - - - - - -▶ | 聯絡電話 | (02) 2262-5666 |

日期格式設定

接著要將「報價日期」的儲存格格式，設定為日期格式。

① 選取 G3 儲存格，按下「常用→數值」群組的 ⏏ 對話方塊啟動鈕，開啟「設定儲存格格式」對話方塊。

② 點選數值標籤，於類別選單中選擇日期，先於行事曆類型選單中選擇中華民國曆，再於類型選單中選擇 101 年 3 月 14 日，選擇好後按下確定按鈕，即可完成日期格式的設定。

 TIPS

輸入日期時，若想要直接以中國民國曆顯示日期，可在輸入的日期前加上「r」，例如：r112/10/10，就會識別為日期格式。

貨幣格式設定

在報價單範例中，單價、金額、小計、營業稅額、總計等資料是屬於貨幣格式，所以要將相關的儲存格設定為貨幣格式。

1. 選取 D5:D19 及 F5:F19 儲存格，按下**「常用→數值」**群組的 **◪ 對話方塊啟動鈕**，開啟**「設定儲存格格式」**對話方塊。

2. 點選**數值**標籤，於**類別**選單中選擇**貨幣**，將小數位數設為 0，再將符號設定為 $，再選擇 -$1,234 為負數表示方式，選擇好後按下**確定**按鈕，即可完成貨幣格式的設定。

⊞ 1-5 建立公式

Excel的公式跟一般數學方程式一樣，也是由「=」建立而成。Excel的公式是這麼解釋的：等號左邊的值，是存放計算結果的儲存格；等號右邊的算式，是實際計算的公式。建立公式時，會選取一個儲存格，然後從「=」開始輸入。只要在儲存格中輸入「=」，Excel就知道這是一個公式。

認識運算符號

在 Excel 中最重要的功能，就是利用公式進行計算。而在 Excel 的儲存格中建立的公式，與日常使用的計算公式非常類似。以下先來認識各種運算符號。

算術運算符號

算術運算符號的使用，與平常所使用的運算符號(如：加、減、乘、除等)是一樣的，例如：輸入「=(5-3)^6」，會先計算括號內的 5 減 3 等於 2，然後再計算 2 的 6 次方，常見的算術運算符號如下表所列。

+	-	*	/	%	^
加	減	乘	除	百分比	乘冪
6+3	5-2	6*8	9/3	15%	5^3
6加3	5減2	6乘以8	9除以3	百分之15	5的3次方

比較運算符號

比較運算符號主要用來進行邏輯判斷，例如：「10>9」為真(True)；「8=7」為假(False)。比較運算符號通常會與 IF 函數搭配使用，根據判斷結果做選擇，下表所列為各種比較運算符號。

=	>	<	>=	<=	<>
等於	大於	小於	大於等於	小於等於	不等於
A1=B2	A1>B2	A1<B2	A1>=B2	A1<=B2	A1<>B2

參照運算符號

在 Excel 中有「:」、「,」、「空格」等參照運算符號。「:」符號表示一個範圍，例如：「B2:C4」表示從 B2 到 C4 儲存格，也就是包含了 B2、B3、B4、C2、C3、C4 等儲存格；而「,」符號表示好幾個範圍的集合，就像是不連續選取了多個儲存格範圍一樣；「空格」則可以得到不同範圍重疊的部分。

符號	說明	範例
:(冒號)	連續範圍：兩個儲存格間的所有儲存格。	B2:C4
,(逗號)	聯集：多個儲存格範圍的集合。	B2:C4,D3:C5,A2,G:G
空格(空白鍵)	交集：擷取多個儲存格範圍交集的部分。	B1:B4 A3:C3

文字運算符號

使用文字運算符號，可以連結兩個值，產生一個連續的文字，而文字運算符號是以「&」為代表。例如：輸入「="台北市"&"中山區"」，會得到「台北市中山區」結果；輸入「=123&456」會得到「123456」結果。

運算順序

在 Excel 中的各種運算符號中，其運算順序為：**參照運算符號＞算術運算符號＞文字運算符號＞比較運算符號**。而運算符號只有在公式中才會發生作用，如果直接在儲存格中輸入，則會被視為普通的文字資料。

直接輸入公式

先選取欲存放運算結果的儲存格，輸入「=」及數值、運算子等計算式，輸入完畢後按下鍵盤上的 Enter 鍵，或按下資料編輯列上的 ✓ **輸入**按鈕，運算結果就會直接顯示在該儲存格中。

在報價單範例中，分別要在金額、營業稅額、總計等儲存格加入公式，公式加入後，只要輸入「數量」與「單價」，即可計算出「金額」；再計算「小計」，即可計算出「營業稅額」，最後就可以知道「總計」金額了。

這裡可以開啟「**報價單-設計.xlsx**」檔案，進行公式及後續的函數練習，該檔案已先輸入了一些基本的資料及格式設定，方便接下來的公式設定。

1. 選取 **F5** 儲存格，輸入「**=D5*E5**」公式，輸入完後，按下 Enter 鍵，即可計算出金額。

	C	D	E	F	G
2	聯絡電話	(02) 2262-5666		傳真號碼	(02) 2262-1868
3				報價日期	111年9月18日
4	規格	單價	數量	金額	備註
5	盒	$530	2	=D5*E5	
6	條	$36	6		一條24片
7	盒	$120	5		在建立公式時，運算元與儲存格的框線會使用相同色彩，主要是讓我們可以清楚辨識他們的對應關係。
8	盒	$100	10		
9					

② 公式建立好後，儲存格就會自動計算出 D5*E5 的結果。

③ 選取 F21 儲存格，輸入「=F20*0.05」公式，輸入完後按下 Enter 鍵，完成公式的建立。

	C	D	E	F	G
19					
20			小計		
21			營業稅額5%	=F20*0.05	
22			總計		

XLOOKUP ⌄ ： ✕ ✓ ƒx =F20*0.05

④ 選取 F22 儲存格，輸入「=F20+F21」公式，輸入完後按下 Enter 鍵，完成公式的建立。

	C	D	E	F	G
19					
20			小計		
21			營業稅額5%	$0	
22			總計	=F20+F21	
23					
24	主管簽核			承辦業務員	
25					

XLOOKUP ⌄ ： ✕ ✓ ƒx =F20+F21

TIPS

選取儲存格來建立公式

在公式中常常須使用到某些儲存格的值做為運算元。在建立公式時，除了直接輸入該儲存格位址之外，也可以直接以滑鼠點選要進行運算的儲存格，來取代手動輸入，公式中就會自動加入該儲存格位址，如此可避免儲存格位址輸入錯誤。

修改公式

　　若公式有錯誤，或儲存格位址變動時，就必須要進行修改公式的動作，而修改公式就跟修改儲存格的內容是一樣的，直接雙擊公式所在的儲存格，即可進行修改的動作。也可以在資料編輯列上按一下**滑鼠左鍵**，進行修改。

複製公式

　　在一個儲存格中建立公式後，可以將公式直接複製到其他儲存格使用。選取 F5 儲存格，將滑鼠游標移至**填滿控點**，並拖曳填滿控點到 F19 儲存格中，即可完成公式的複製。在複製的過程中，公式會自動調整參照位置。

	A	B	C	D	E	F	
1			**呷吧食品行 報價單**				
2	客戶姓名	好吃早餐店	聯絡電話	(02) 2262-5666		傳真號碼	(0
3	客戶地址	新北市土城區忠義路21號				報價日期	1
4	項次	品名	規格	單價	數量	金額	
5	1	漢堡排	盒	$530	2	$1,060	
6	2	土司	條	$36	6	$216	一條24片
7	3	立頓紅茶包		公式已複製至其他儲存格		$600	一盒100
8	4	蘿蔔糕	盒	$100	10	$1,000	
9	5					$0	

TIPS

選擇性貼上

在複製公式時還可以使用「**選擇性貼上**」的方式，點選含有公式的儲存格後，按下 Ctrl+C 快速鍵，複製該儲存格的公式，接著再選取要貼上的儲存格，再按下「**常用→剪貼簿→貼上**」下拉鈕，於選單中選擇**公式**選項，即可將公式複製到被選取的儲存格中。

TIPS

認識儲存格參照

建立公式時若填入儲存格位址，公式會根據儲存格內容進行計算，而非直接輸入儲存格資料，這種方式叫做**參照**。參照的功能在於可提供即時的資料內容，當參照儲存格的資料有變動時，公式會即時更新運算結果，這就是電子試算表的重要功能—**自動重新計算**。

◆ 相對參照

在公式中參照儲存格位址，預設使用相對參照的方式。它最主要的優點在於可**重複使用公式**，只要將建立好的公式複製到其他儲存格，其他儲存格都會根據相對位置調整公式中的儲存格參照，並計算各自的結果。

將「=B2-C2+D2」公式複製到E3 及 E4 儲存格時，會得到不同的結果，這是因為公式中使用了相對參照，所以公式會自動調整參照的儲存格位址

E2	▾	:	×	✓	*fx*	=B2-C2+D2

◢	A	B	C	D	E
1	單位：箱	上週庫存	賣出	進貨	本週庫存
2	桃子	23	15	32	**40**
3	櫻桃	67	24	10	**53**
4	芒果	36	10	7	**33**

E2	=B2-C2+D2
E3	=B3-C3+D3
E4	=B4-C4+D4

◆ 絕對參照

若不希望公式隨著儲存格位置而改變參照位址時，則可在儲存格位址前加上「$」符號，將儲存格位址設定為**絕對參照**，在複製公式時，被設定為絕對參照的儲存格位址就不會調整參照位址。

絕對參照可以只固定欄或只固定列，沒有固定的部分，仍然會依據相對位置調整參照，例如：B2 儲存格的公式為「=B$1*$A2」，公式移動到 C2 儲存格時，會變成「=C$1*$A2」；如果移到儲存格 B3 時，公式會變為「=B$1*$A3」。

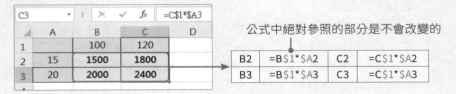

C3	▾	:	×	✓	*fx*	=C$1*$A3

◢	A	B	C	D
1		100	120	
2	15	**1500**	**1800**	
3	20	**2000**	**2400**	

公式中絕對參照的部分是不會改變的

B2	=B$1*$A2	C2	=C$1*$A2
B3	=B$1*$A3	C3	=C$1*$A3

◆ 相對參照與絕對參照的轉換

想將儲存格位址設定為絕對參照時，要在儲存格位址前輸入「$」符號，這樣一一輸入的動作或許有些麻煩，此時可以善用切換相對參照與絕對參照的小技巧：在資料編輯列上選取要轉換的儲存格位址，選取好後再按下 **F4** 鍵，即可將選取的位址進行相對參照與絕對參照的轉換。

TIPS

立體參照位址

立體參照位址是指參照到**其他活頁簿或工作表中**的儲存格位址,例如:活頁簿 1 要參照到活頁簿 2 中的工作表 1 的 B1 儲存格,則公式會顯示為:

$$= \quad [活頁簿2.xlsx] \quad 工作表1! \quad B1$$

參照的活頁簿檔名,以中括　　參照的工作表名稱,　　參照的儲存格
號表示　　　　　　　　　　以驚嘆號表示

1-6 加總函數的使用

Excel 將一些常用的運算功能簡化為「**函數**」,它就像是一組事先定義好的公式,方便使用者用以處理龐大的資料,或複雜的計算過程。

認識函數

使用函數可以不需要輸入冗長或複雜的計算公式,例如:當要計算 A1 到 A10 的總和時,若使用公式的話,必須輸入「=A1+A2+A3+A4+A5+A6+A7+A8+A9 +A10」;若使用函數的話,只要輸入 =SUM(A1:A10) 即可將結果運算出來。

函數跟公式一樣,由「=」開始輸入,函數名稱後面有一組括弧,括弧中間放的是**引數**,也就是函數要處理的資料,而不同的引數,要用「, (逗號)」隔開,函數語法的意義如下所示:

函數名稱　　　　　引數:函數計算時要處理的資料

$$= \quad SUM \quad (\quad A1:A10,B5,C3:C16 \quad)$$

括弧

函數中的引數,可以使用數值、儲存格參照、文字、名稱、邏輯值、公式、函數,如果使用文字當引數,文字的前後必須加上「"」符號。函數中可以使用多個引數,但最多只可以用到255個。函數裡又包著函數,例如: =SUM(B2:F7,SUM(B2:F7)),稱作**巢狀函數**。

加入SUM函數

在此範例中，要使用SUM加總函數計算出「小計」金額。

① 選取 F20 儲存格，按下「公式→函數庫→自動加總」或「常用→編輯→自動加總」下拉鈕，於選單中選擇加總。

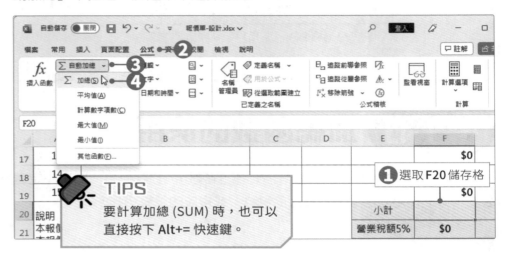

TIPS
要計算加總 (SUM) 時，也可以直接按下 Alt+= 快速鍵。

② 此時 Excel 會自動產生「=SUM(F5:F19)」函數和閃動的虛線框框，表示會計算虛框內的總和。確定範圍沒有問題後，按下 Enter 鍵，完成計算。

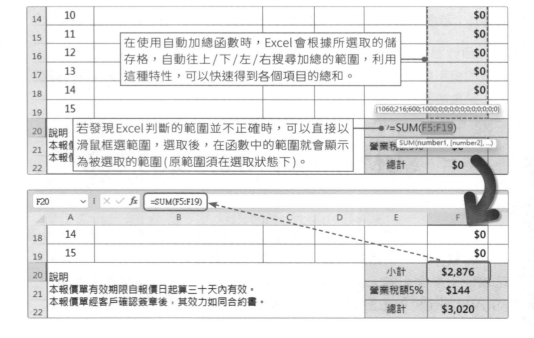

在使用自動加總函數時，Excel會根據所選取的儲存格，自動往上/下/左/右搜尋加總的範圍，利用這種特性，可以快速得到各個項目的總和。

若發現Excel判斷的範圍並不正確時，可以直接以滑鼠框選範圍，選取後，在函數中的範圍就會顯示為被選取的範圍(原範圍須在選取狀態下)。

TIPS

自動加總

在「**常用→編輯→自動加總**」及「**公式→函數庫→自動加總**」按鈕中,提供了幾種常用的函數,這些函數的功能及語法如下表所列。

加總	SUM	功能	可以計算多個數值範圍的總和。
		語法	SUM(數值範圍,數值範圍,…)
平均	AVERAGE	功能	可以快速地計算出指定範圍內的平均值。
		語法	AVERAGE(數值範圍,數值範圍,…)
計數	COUNT	功能	可以在一個範圍內,計算包含數值資料的儲存格數目。
		語法	COUNT(數值範圍,數值範圍,...)
最大值	MAX	功能	可以快速地取得指定範圍內的最大值。
		語法	MAX(數值範圍,數值範圍,...)
最小值	MIN	功能	可以快速地取得指定範圍內的最小值。
		語法	MIN(數值範圍,數值範圍,...)

公式與函數的錯誤訊息

在建立函數及公式時,可能會遇到 ⊞ 圖示,當此圖示出現時,表示建立的公式或函數可能有些問題,此時可以按下 ⊞ 圖示,開啟選單來選擇要如何修正公式。若發現公式並沒有錯誤時,選擇**忽略錯誤**即可。

除了會出現錯誤訊息的智慧標籤外,在儲存格中也會因為公式錯誤而出現某些文字,以下列出常見的錯誤訊息。

錯誤訊息	說明
#N/A	表示公式或函數中有些無效的值。
#NAME?	表示無法辨識公式中的文字。
#NULL!	表示使用錯誤的範圍運算子或錯誤的儲存格參照。
#REF!	表示被參照到的儲存格已被刪除。
#VALUE!	表示函數或公式中使用的參數錯誤。

1-7 建立附註

「附註」不是儲存格的內容，它只是儲存格的輔助說明，只有當游標移到儲存格上時，附註才會出現。在此範例中要於 D2、G2、G3 等儲存格加入附註，讓輸入資料的人能即時掌握表格輸入規則。

1️⃣ 點選 **D2** 儲存格，按下「**校閱→附註→附註**」下拉鈕，於選單中選擇**新增附註**，即可在出現的黃色區域中輸入附註內容。

2️⃣ 註解內容輸入完成後，在工作表上任一位置按下滑鼠左鍵即可。

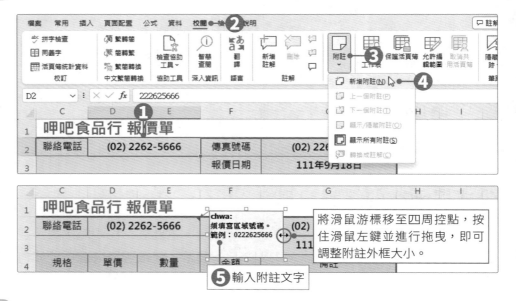

3️⃣ 接著再利用相同方式將 **G2** 及 **G3** 儲存格也加入附註。附註都加入後，可以按下「**校閱→附註→附註**」下拉鈕，於選單中選擇**顯示所有附註**，即可切換顯示或隱藏所有附註。

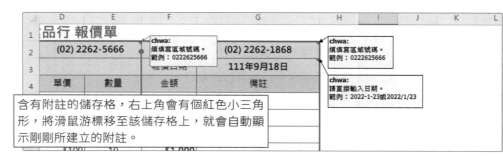

④ 在有建立附註的儲存格上按下滑鼠右鍵，點選**編輯附註**可修改附註內容；
點選**刪除附註**則可清除該儲存格的附註。

TIPS

在儲存格中直接按下 **Shift+F2** 快速鍵，可以
快速新增附註；若該儲存格已有附註時，按下
Shift+F2 快速鍵，則可編輯該附註內的文字。

1-8 設定凍結窗格

在資料量很多的情況下，當移動捲軸檢視下方的資料時，便看不到最上方
的標題列。此時可利用**凍結窗格**功能將標題凍結在上方，無論捲軸如何移動，
都可以看得到標題。

① 首先選取標題和資料交界處的儲存格，也就是 **A5** 儲存格；按下「**檢視→
視窗→凍結窗格**」下拉鈕，於選單中選擇**凍結窗格**。

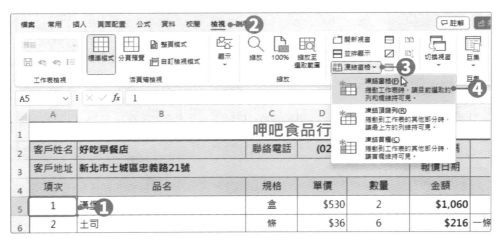

2 完成凍結窗格的設定後，乍看之下好像沒什麼不一樣，但在選取的儲存格上方和左方就會出現凍結線，你可以捲動縱向捲軸，會發現上方的標題列固定在頂端不動，捲動的只是下方的資料列而已。

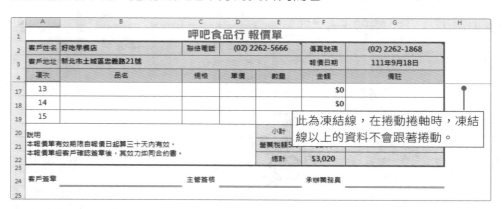

此為凍結線，在捲動捲軸時，凍結線以上的資料不會跟著捲動。

TIPS

分割視窗

如果想要同時對照同一工作表中的兩筆資料，但兩者距離很遠，無法在同一螢幕畫面中一起檢視，這時可利用「分割視窗」功能，將視窗分割成二或四個不同視窗，以便同時檢視不同區域的儲存格範圍。

點選要進行分割設定的儲存格，按下「**檢視→視窗→⊟分割**」按鈕，會將視窗以目前儲存格為中心，分割成四個小視窗。分割後，會出現一個十字分割軸，可在四個不同視窗分別捲動工作表，檢視不同範圍的工作表內容。

可用滑鼠左鍵拖曳分割軸，調整四個視窗的大小。

	A	B	C	D	E	F	G		I	J	K	L	M	N
3	西元	1月	2月	3月	4月	5月	6月		8月	9月	10月	11月	12月	
4	1992	76	76	78	78	80	78		76	78	79	79	81	
5	1993	82	77	82	82	82	82		83	82	83	83	84	
6	1994	81.9	81	83.2	82.9	84.7	82.7		82.2	81.1	82.1	81.6	82.1	
25	2013	77.5	78.3	79.6	79.2	78.9	78.9		78.8	79	79	78.9	79.1	
26	2014	78.9	76.5	79.1	79	79.1	79.1		79	79.4	79.6		80	
27	2015	80	77.4		81	80.2	81		80.8	81	81	80.2	79.8	
28	2016	76.2	77.7	78.6	76.2	76.7	75.6		75	75.1	76.2	76	75.7	
29														

工作表1　＋

共有四個捲軸用來控制四個視窗各自的檢視區域

1-9 活頁簿的儲存

Excel 活頁簿檔案的預設檔案格式為 .xlsx，也可以儲存為範本檔(xltx)、網頁(htm、html)、PDF、XPS文件、CSV、RTF格式、XML、純文字檔(txt)、OpenDocument試算表(ods) 等檔案類型。

儲存檔案

從未存檔過的活頁簿，可以按下**快速存取工具列**上的 🖫 **儲存檔案**按鈕；或是按下「**檔案→儲存檔案**」功能；也可以直接按下Ctrl+S快速鍵，進入**另存新檔**頁面中，進行儲存的設定。同樣的檔案進行第二次儲存時，就會直接儲存，不會再進入**另存新檔**頁面中。

另存新檔

若不想覆蓋原有的檔案內容，或是想將檔案儲存成其他格式時，按下「**檔案→另存新檔**」功能，進入**另存新檔**頁面中，進行存檔設定；或按下**F12**鍵，開啟「另存新檔」對話方塊，即可重新命名及選擇要存檔的類型。

1
報價單／Excel 基本操作

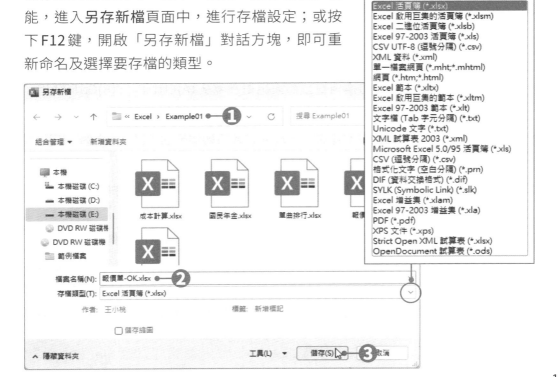

按下**存檔類型**下拉鈕，可選擇要儲存的檔案類型。

Excel 活頁簿 (*.xlsx)
Excel 啟用巨集的活頁簿 (*.xlsm)
Excel 二進位活頁簿 (*.xlsb)
Excel 97-2003 活頁簿 (*.xls)
CSV UTF-8 (逗號分隔) (*.csv)
XML 資料 (*.xml)
單一檔案網頁 (*.mht;*.mhtml)
網頁 (*.htm;*.html)
Excel 範本 (*.xltx)
Excel 啟用巨集的範本 (*.xltm)
Excel 97-2003 範本 (*.xlt)
文字檔 (Tab 字元分隔) (*.txt)
Unicode 文字 (*.txt)
XML 試算表 2003 (*.xml)
Microsoft Excel 5.0/95 活頁簿 (*.xls)
CSV (逗號分隔) (*.csv)
格式化文字 (空白分隔) (*.prn)
DIF (資料交換格式) (*.dif)
SYLK (Symbolic Link) (*.slk)
Excel 增益集 (*.xlam)
Excel 97-2003 增益集 (*.xla)
PDF (*.pdf)
XPS 文件 (*.xps)
Strict Open XML 試算表 (*.xlsx)
OpenDocument 試算表 (*.ods)

☀選擇題

(　　)1. 在Excel的單一儲存格中進行多行文字的輸入，可在儲存格中按下下列何組快速鍵來進行換行的動作？ (A)Enter　(B)Alt+Enter　(C)Shift+Enter (D)Tab。

(　　)2. 在Excel中，使用「填滿」功能時，可以填入哪些規則性資料？ (A)等差級數　(B)日期　(C)等比級數　(D)以上皆可。

(　　)3. 在Excel中，下列何者不可能出現在「填滿智慧標籤」的選項中？ (A)複製儲存格　(B)複製圖片　(C)以數列填滿　(D)僅以格式填滿。

(　　)4. 在Excel中，要設定文字的格式與對齊方式時，須進入哪個索引標籤中？ (A)常用　(B)版面配置　(C)資料　(D)檢視。

(　　)5. 在Excel中，要將輸入的數字轉換為文字時，輸入時須於數字前加上哪個符號？ (A)逗號　(B)雙引號　(C)單引號　(D)括號。

(　　)6. 在Excel中，輸入「27-12-8」，是代表幾年幾月幾日？ (A)1927年12月8日　(B)1827年12月8日　(C)2127年12月8日　(D)2027年12月8日。

(　　)7. 在Excel中，如果想輸入分數「二分之一」，應該如何輸入？ (A)1/2 (B)0 1/2　(C)0 1/2 0　(D)1/2 0。

(　　)8. 下列何組按鍵可切換相對參照與絕對參照？ (A)Ctrl+F4　(B)Ctrl+Shift (C)Ctrl+Space　(D)F4。

(　　)9. 在Excel儲存格中建立函數時，應先輸入下列哪一個符號？ (A) %　(B) = (C)！　(D) @。

(　　)10. 在Excel中，欲新增儲存格的附註，應進入哪個索引標籤中進行設定？ (A)常用　(B)插入　(C)校閱　(D)檢視。

(　　)11. 下列哪一項Excel功能，在當捲動視窗捲軸檢視Excel的表格時，能將標題列固定在工作表的最上方，以便對照表格標題？ (A)分割視窗　(B)分頁預覽　(C)凍結窗格　(D)強迫分頁。

(　　)12. Excel的分割視窗功能，最多可分割成幾個小視窗？ (A)2　(B)3　(C)4 (D)6。

( )13. 在 Excel 中，按下哪組快速鍵可以儲存活頁簿？ (A)Ctrl+A (B)Ctrl+N (C)Ctrl+S (D)Ctrl+O。

( )14. 在 Excel 中，下列鍵盤上的哪一個功能鍵可執行「另存新檔」功能？ (A) F1 (B)F4 (C)F8 (D)F12。

✪ 實作題

1. 開啟「Excel → Example01 → 單曲排行 .xlsx」檔案，進行以下設定。

- 將各欄調整至適當大小，將列高調整為「22」。
- 將 B2:B11 儲存格文字設定為「水平靠左對齊」；F2:F11 儲存格文字設定為「水平靠右對齊」；其餘儲存格文字皆設定為「水平置中對齊」，再將所有儲存格設定為「垂直置中對齊」。
- 將日期格式改為「14-Mar-12」；將金額加上日幣的貨幣符號。
- 自行設計框線及填滿色彩。

	A	B	C	D	E	F
1	張數	單曲名稱	發售日期	排行榜最高名次	進榜次數	價格
2	1	A・RA・SHI	3-Nov-14	1	14	¥971.00
3	2	SUNRISE日本	5-Apr-14	1	7	¥971.00
4	3	Typhoon Generation	12-Jul-14	3	9	¥971.00
5	4	感謝感激雨嵐	8-Nov-14	2	10	¥971.00
6	5	因為妳所以我存在	18-Apr-13	1	6	¥971.00
7	6	時代	1-Aug-14	1	9	¥971.00
8	7	a Day in our Life	6-Feb-14	1	11	¥500.00
9	8	心情超讚	17-Apr-14	1	6	¥500.00
10	9	PIKANCHI	17-Oct-14	1	14	¥500.00
11	10	不知所措	13-Feb-14	2	11	¥1,200.00

2. 開啟「Excel → Example01 → 國民年金.xlsx」檔案，進行以下設定。

● 將出生年月日欄位資料格式修改為日期格式中的「101年3月14日」。

● 將聯絡電話欄位資料格式修改為特殊格式中的「一般電話號碼(8位數)」。

● 將薪資、月投保金額、A式、B式等欄位的資料格式修改為「貨幣」，並加上二位小數點。

● 在A式欄位中加入「(月投保金額 × 保險年資 ×0.65%)+3,000元」公式。

● 在B式欄位中加入「月投保金額 × 保險年資 ×1.3%」公式。

● 在G3與H3儲存格加入公式說明的附註。

● 將第1、2、3列儲存格設定凍結。

員工姓名	出生年月日	聯絡電話	薪資	月投保金額	保險年資	A式	B式
			國民年金 - 老年年金給付 試算表				
						試算結果	
						A式	B式
孫玲玲	49年2月8日	2987-4531	$76,500.00	$17,280.00	20	$5,246.40	$4,492.80
王孟飛	59年1月23日	2654-7854	$19,200.00	$17,280.00	18	$5,021.76	$4,043.52
謝宣智	59年7月16日	2764-8854	$24,000.00	$17,280.00	25	$5,808.00	$5,616.00
李天貴	36年4月25日	2465-8745	$26,400.00	$17,280.00	20	$5,246.40	$4,492.80
范偉良	33年5月7日	2657-4854	$27,600.00	$17,280.00	30	$6,369.60	$6,739.20
周孟維	52年5月11日	2145-9874	$25,200.00	$17,280.00	30	$6,369.60	$6,739.20
洪國興	55年12月30日	2675-4841	$27,600.00	$17,280.00	20	$5,246.40	$4,492.80
施永成	56年7月10日	2465-8754	$28,800.00	$17,280.00	20	$5,246.40	$4,492.80
楊鄭喜	58年3月8日	2678-7485	$30,300.00	$17,280.00	30	$6,369.60	$6,739.20
張玲巧	57年12月21日	2986-4157	$21,900.00	$17,280.00	30	$6,369.60	$6,739.20
伍昆瑜	58年12月1日	2465-8754	$18,300.00	$17,280.00	25	$5,808.00	$5,616.00
王淑麗	49年8月17日	2987-6548	$48,200.00	$17,280.00	25	$5,808.00	$5,616.00
趙政翔	50年9月1日	2755-4814	$40,100.00	$17,280.00	15	$4,684.80	$3,369.60
林瑋之	56年5月14日	2765-8417	$42,000.00	$17,280.00	15	$4,684.80	$3,369.60
徐靖齡	50年2月17日	2976-5454	$17,400.00	$17,280.00	20	$5,246.40	$4,492.80

王小桃：
A式=(月投保金額×保險年資×0.65%)+3000元

王小桃：
B式=月投保金額×保險年資×1.3%

02

員工考績表

Excel 函數應用

學習目標

YEAR 函數 / MONTH 函數 /
DAY 函數 / DATEDIF 函數 /
IF 函數 / COUNTA 函數 /
動態陣列公式 /
LOOKUP 函數 / RANK.EQ 函數 /
XLOOKUP 函數 / 隱藏資料 /
條件式格式設定

● **範例檔案** (範例檔案\Excel\Example02)

員工考績表 .xlsx

區間標準 .xlsx

● **結果檔案** (範例檔案\Excel\Example02)

員工考績表 -OK.xlsx

員工考績表 -DATEDIF 函數 .xlsx

公司在接近年底的時候，都會忙著考核員工的年度績效並計算年終獎金。雖然每家公司對於員工考績的核算以及獎金發放的標準不一，但如果能夠善用 Excel 的各項函數，同樣能夠輕鬆完成這項年度大事。

在「員工考績表」範例中，包含了「員工年資表」、「111年考績表」以及「查詢年終獎金」等三個工作表，我們將依序完成這個活頁簿中的各項函數設定，以利各項數值的計算。

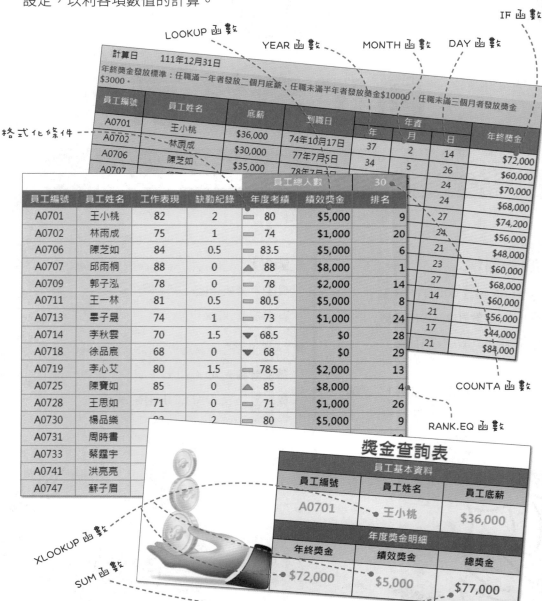

LOOKUP 函數

YEAR 函數　　MONTH 函數　　DAY 函數

IF 函數

格式化條件

計算日	111年12月31日						
年終獎金發放標準：任職滿一年者發放二個月底薪，任職未滿半年者發放獎金$10000，任職未滿三個月者發放獎金$3000。							
員工編號	員工姓名	底薪	到職日	年資			年終獎金
				年	月	日	
A0701	王小桃	$36,000	74年10月17日	37	2	14	$72,000
A0702	林雨成	$30,000	77年7月5日	34	5	26	$60,000
A0706	陳芝如	$35,000	78年7月3日			24	$70,000
A0707						24	$68,000
						27	$74,200
						24	$56,000
						21	$48,000
						23	$60,000
						27	$68,000
						14	$60,000
						21	$56,000
						17	$44,000
						21	$84,000

				員工總人數	30	
員工編號	員工姓名	工作表現	缺勤紀錄	年度考績	績效獎金	排名
A0701	王小桃	82	2	80	$5,000	9
A0702	林雨成	75	1	74	$1,000	20
A0706	陳芝如	84	0.5	83.5	$5,000	6
A0707	邱雨桐	88	0	▲ 88	$8,000	1
A0709	郭子泓	78	0	78	$2,000	14
A0711	王一林	81	0.5	80.5	$5,000	8
A0713	畢子晟	74	1	73	$1,000	24
A0714	李秋雲	70	1.5	▼ 68.5	$0	28
A0718	徐品宸	68	0	▼ 68	$0	29
A0719	李心艾	80	1.5	78.5	$2,000	13
A0725	陳寶如	85	0	▲ 85	$8,000	4
A0728	王思如	71	0	71	$1,000	26
A0730	楊品樂		2	80	$5,000	9
A0731	周時書					
A0733	蔡霆宇					
A0741	洪亮亮					
A0747	蘇子眉					

COUNTA 函數

RANK.EQ 函數

XLOOKUP 函數

SUM 函數

獎金查詢表

員工基本資料

員工編號	員工姓名	員工底薪
A0701	王小桃	$36,000

年度獎金明細

年終獎金	績效獎金	總獎金
$72,000	$5,000	$77,000

2-1 年資及年終獎金的計算

Excel預先定義了許多函數,每一個函數功能都不相同,而函數依其特性,大致分為財務、日期與時間、數學與三角函數、統計、查閱與參照、資料庫、文字、邏輯、資訊、工程等類別。要使用函數時,可以至「**公式→函數庫**」群組中,按下各**函數類別**下拉鈕,從選單中選擇要使用的函數。

用YEAR、MONTH、DAY函數計算年資

在「員工年資表」工作表中,記錄每位員工的到職日期以及底薪,這是計算年終獎金的兩個必要元素。在計算年終獎金之前,必須先完成年資的計算。

依照公司的規定,到職任滿一年者,均能領到二個月的年終獎金;而到職任滿六個月但未滿一年者,則發放一萬元的年終獎金;至於到職未滿六個月的新人,則發放三千元的年終獎金。如果要以人工計算每位員工的年資,再填寫發放金額,不但費時費力,而且很容易發生計算上或填寫時的錯誤,這時可以利用 Excel 中的日期函數,來自動計算年資與應得的年終獎金。

在 Excel 中的「YEAR」、「MONTH」以及「DAY」函數,可分別將某一特定日期的年、月、日取出。所以可以利用這些函數,求出計算日及到職日的年、月、日,再將它們相減,以得到員工的實際年資。

語法	YEAR(Serial_number)
說明	Serial_number:表示要尋找的日期。

語法	MONTH(Serial_number)
說明	Serial_number:表示要尋找的日期。

語法	DAY(Serial_number)
說明	Serial_number:表示要尋找的日期。

用YEAR取出年份

①　進入「**員工年資表**」工作表，點選 E5 儲存格，按下「**公式→函數庫→日期和時間**」按鈕，於選單中點選 YEAR 函數，開啟「函數引數」對話方塊。

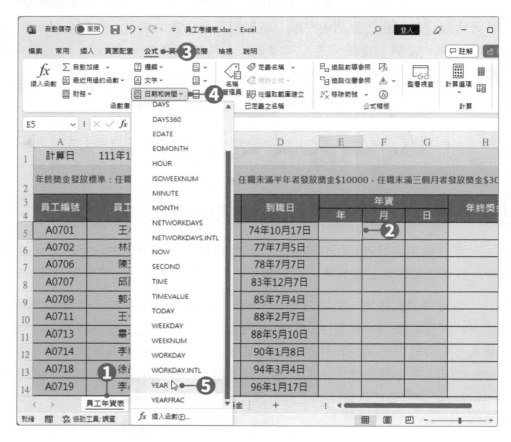

②　在「函數引數」對話方塊中，按下引數 (Serial_number) 欄位的 ⬆ 按鈕，開啟公式色板，選擇儲存格範圍。

Excel 2021

③ 於工作表中選取 B1 儲存格，此儲存格為年資計算的標準日期。選取好後，按下 按鈕，回到「函數引數」對話方塊。

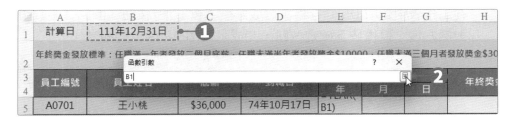

④ 因為所有員工都要以 B1 儲存格做為年資計算標準，所以在這裡要將 B1 改成絕對參照位址 $B$1。修改好後，按下**確定**按鈕，回到工作表中。

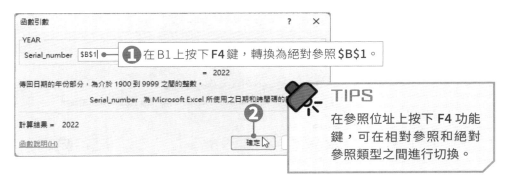

⑤ 目前已設定好的函數公式為「=YEAR($B$1)」，是用來擷取「111 年 12 月 31 日」資料中的「年」，接下來還必須扣除員工的到職日，才能計算出實際年資。

⑥ 在資料編輯列的公式最後，繼續輸入一個「-」減號。接著按下資料編輯列左邊的**方塊名稱**下拉鈕，於選單中選擇 YEAR 函數。

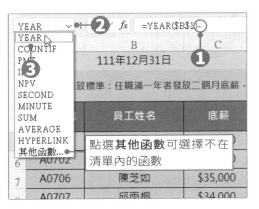

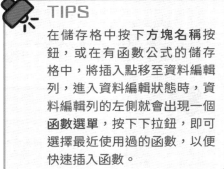

7 選擇後，會開啟「函數引數」對話方塊，請按下引數 (Serial_number) 欄位的 ⬆ 按鈕。

8 在工作表中選取 **D5** 儲存格，選取好後，按下 🔲 按鈕，回到「函數引數」對話方塊，最後按下**確定**按鈕，完成兩個 YEAR 函數的相減。

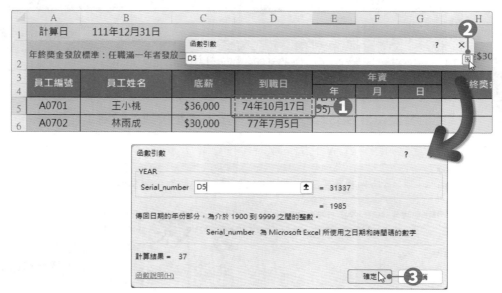

9 到這裡就計算出員工「王小桃」已經在公司服務滿 37 年了。

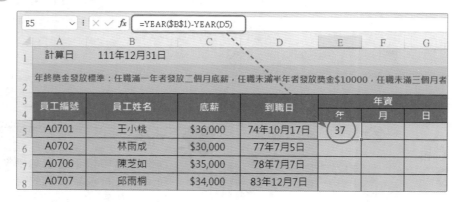

TIPS

YEAR 函數相減出來的結果，會以「**日期**」的格式顯示，所以必須將儲存格格式設定為「**G/ 通用格式**」，讓儲存格以一般數值顯示，才可以正確顯示計算結果 (本範例已事先將 E 至 G 欄的儲存格格式設定為「G/ 通用格式」)。

用MONTH函數取出月份

1. 點選 F5 儲存格，按下「**公式→函數庫→日期和時間**」下拉鈕，於選單中點選 MONTH 函數，開啟「函數引數」對話方塊。

2. 在「函數引數」對話方塊中，年資計算都要以 B1 儲存格為計算標準，所以直接在引數 (Serial_number) 欄位中輸入 **$B$1**，輸入好後按下**確定**按鈕。

3. 接著在資料編輯列的公式最後，繼續輸入一個「-」減號，再按下資料編輯列左邊的**方塊名稱**下拉鈕，於選單中選擇 MONTH 函數，開啟「函數引數」對話方塊。

4. 直接在引數 (Serial_number) 欄位中輸入 **D5**，輸入好後按下**確定**按鈕，完成兩個 MONTH 函數的相減。

5 到這裡就計算出員工「王小桃」已經在公司服務滿 37 年又 2 個月。

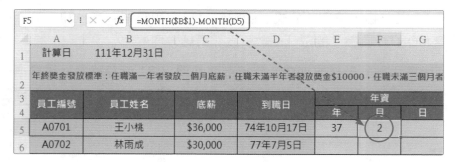

🔘 用DAY函數取出日期

1 點選 G5 儲存格，按下「**公式→函數庫→日期和時間**」下拉鈕，於選單中點選 **DAY** 函數，開啟「函數引數」對話方塊。

2 在「函數引數」對話方塊的引數 (Serial_number) 欄位中輸入 **$B$1**，輸入好後按下**確定**按鈕。

3 接著在資料編輯列的公式最後，繼續輸入一個「**-**」減號，再按下資料編輯列左邊的**方塊名稱**下拉鈕，於選單中選擇 **DAY** 函數，開啟「函數引數」對話方塊。

4 直接在引數 (Serial_number) 欄位中輸入到職日所在的 **D5**，輸入好後按下**確定**按鈕，完成兩個 DAY 函數的相減。

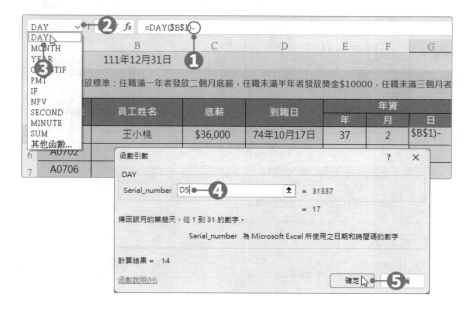

⑤ 到這裡就計算出員工「王小桃」已經在公司服務 37 年 2 個月又 14 天了。

| | G5 | ∨ : × ✓ fx | =DAY($B$1)-DAY(D5) | | | | |

	A	B	C	D	E	F	G	H
1	計算日	111年12月31日						
2	年終獎金發放標準：任職滿一年者發放二個月底薪，任職未滿半年者發放獎金$10000，任職未滿三個月者發放獎金$30							
3	員工編號	員工姓名	底薪	到職日		年資		年終獎
4					年	月	日	
5	A0701	王小桃	$36,000	74年10月17日	37	2	14	
6	A0702	林雨成	$30,000	77年7月5日				
7	A0706	陳芝如	$35,000	78年7月7日				

⑥ 年、月、日都計算完成後，選取 E5:G5 儲存格，將滑鼠游標移至 G5 儲存格的填滿控點上，**雙擊滑鼠左鍵**，即可將公式複製到 E6:G34 儲存格中，完成所有員工的年資計算。

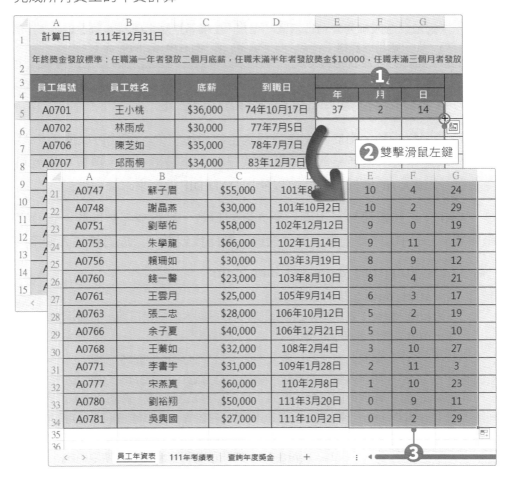

除了拖曳填滿控點之外,也可以在填滿控點上連按滑鼠左鍵二下,在複製的儲存格較多的情況下,這種方式可以更快速地執行自動填滿功能。

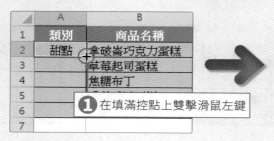

① 在填滿控點上雙擊滑鼠左鍵

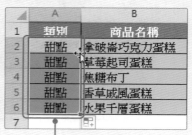

② 儲存格內容會自動複製至同一欄/列的其他相鄰儲存格

但要注意!使用拖曳填滿控點的方式,可以向上、向下、向左、向右進行拖曳,以遞增或遞減排列來進行填滿。但是「在填滿控點上連按滑鼠左鍵二下」的技巧,則只適用於表格中符合「向下填滿」或「向右填滿」的情況下。

用DATEDIF函數取出兩日期的差距

特別提醒一點,由於本例結算日為全年最後一天,因此可以使用年/月/日相減來取得年資,但若結算日不固定或是非全年最後一天,運算結果就可能發生負號(小減大)的情況,這時可以使用DATEDIF函數來求算日期差。

DATEDIF函數可計算出兩日期之間的日數、月數或年數間隔。但DATEDIF函數屬於Excel的隱藏函數,無法透過函數庫找到它,只能直接輸入使用。

語法	DATEDIF(start_date, end_date, unit)
說明	▸ **start_date**:表示開始日期。 ▸ **end_date**:表示結束日期。(若開始日期大於結束日期,將顯示 **#NUM!**) ▸ **unit**:表示要傳回的單位。 "Y" 期間內整年的年數。例如:111/1/1~112/3/15,傳回1。 "M" 期間內整月的月數。例如:111/1/1~112/3/15,傳回14。 "D" 期間內的日數。例如:111/1/1~112/3/15,傳回438。 "MD" start_date與end_date間的日差異,會忽略日期中的月和年。 "YM" start_date與end_date間的月差異,會忽略日期中的日和年。 "YD" start_date與end_date間的日差異,會忽略日期中的年。

以下為本例改以 DATEDIF 函數來計算年資的作法：

① 點選「**員工年資表**」工作表的 E5 儲存格，直接在資料編輯列輸入公式「=DATEDIF(D5,$B$1,"y")」，因為所有員工皆以 B1 儲存格為年資計算標準，故將 B1 設定為絕對參照位址 $B$1。

② 點選「**員工年資表**」工作表的 F5 儲存格，直接在資料編輯列輸入公式「=DATEDIF(D5,$B$1,"ym")」，其中單位設定為 "ym" 表示忽略日期中的年份並傳回起始日與結束日的間隔月數。

③ 點選「**員工年資表**」工作表的 G5 儲存格，直接在資料編輯列輸入公式「=DATEDIF(D5,$B$1,"md")」，其中單位設定為 "md" 表示忽略日期中的年份及月份，傳回起始日與結束日的間隔日數。

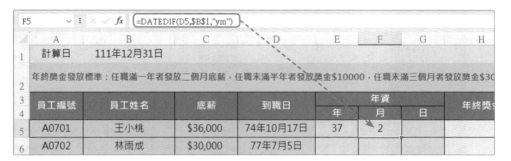

用IF函數計算年終獎金

計算出每位員工的年資之後，接下來可以用年資來推算每位員工的年終獎金了，這裡要使用「IF」函數來進行年終獎金的計算。

語法	IF(Logical_test, Value_if_true, Value_if_false,...)
說明	▸ **Logical_test**：用來輸入判斷條件，所以必須是能回覆 True 或 False 的邏輯運算式。 ▸ **Value_if_true**：則是當判斷條件傳回 True 時，所必須執行的結果。如果是文字，則會顯示該文字；如果是運算式，則顯示該運算式的執行結果。 ▸ **Value_if_false**：則是當判斷條件傳回 False 時，所必須執行的結果。如果是文字，則會顯示該文字；如果是運算式，則顯示該運算式的執行結果。

1 點選 **H5** 儲存格，再按下「**公式→函數庫→邏輯**」下拉鈕，於選單中選擇 IF 函數，開啟「函數引數」對話方塊。

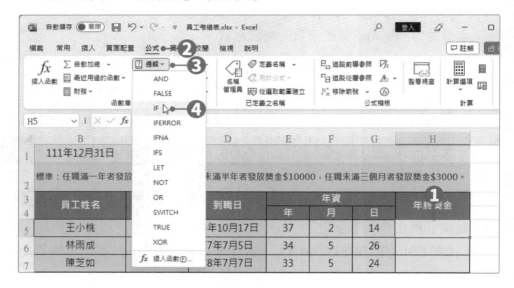

2 在「函數引數」對話方塊中，於第 1 個引數 (Logical_test) 欄位中，輸入「**E5>=1**」，判斷該員工年資年數是否任職滿一年。

3 在第 2 個引數 (Value_if_true) 欄位中，輸入「**C5*2**」，表示若任職滿一年以上，則年終獎金將發放二個月的底薪。

Excel 2021

4 在第 3 個引數 (Value_if_false) 欄位中，輸入一個多重的 IF 巢狀判斷式「**IF(F5>=6,10000,3000)**」。表示任職未滿一年者，則繼續判斷其年資月數是否已達六個月，若「是」則發放 $10000；「否」則發放 $3000。都設定好後，按下**確定**按鈕，即可計算出年終獎金。

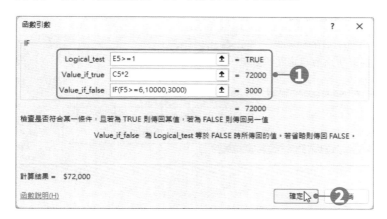

5 工作表中顯示員工「王小桃」，年資為 **37 年 2 個月又 14 天**，所以其年終獎金為二個月的底薪，即「**$36,000×2=$72,000**」。

| H5 | | =IF(E5>=1,C5*2,IF(F5>=6,10000,3000)) | | | | | |

	B	C	D	E	F	G	H
1	111年12月31日						
2	標準：任職滿一年者發放二個月底薪，任職未滿半年者發放獎金$10000，任職未滿三個月者發放獎金$3000。						
3	員工姓名	底薪	到職日	年資			年終獎金
4				年	月	日	
5	王小桃	$36,000	74年10月17日	37	2	14	$72,000
6	林雨成	$30,000	77年7月5日	34	5	26	
7	陳芝如	$35,000	78年7月7日	33	5	24	

6 第一位員工的年終獎金計算完成後，再將公式複製到其他儲存格中，完成所有員工的年終獎金計算。

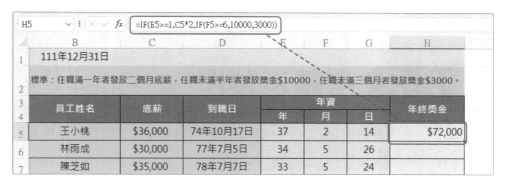

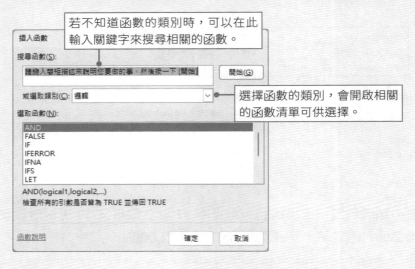
2-2 考績表製作

在考績表中要利用 COUNTA、LOOKUP、RANK.EQ 等函數計算出員工總人數、績效獎金及排名。

用COUNTA函數計算員工總人數

利用 **COUNTA** 函數可以在一個範圍內,計算包含任何類型資訊的儲存格數目,包括錯誤值和空白文字;但如果只要計算包含數值資料的儲存格時,則可以使用 **COUNT** 函數。

語法	COUNTA(Value1,Value2,...)
說明	**Value1、Value2**:為數值範圍,可以是 1 個到 255 個,範圍中若含有或參照到各種不同類型資料時,都會進行計數。

1 進入「111 年考績表」工作表中，點選 G1 儲存格，再按下「公式→函數庫→其他函數」下拉鈕，點選「統計→ COUNTA」函數。

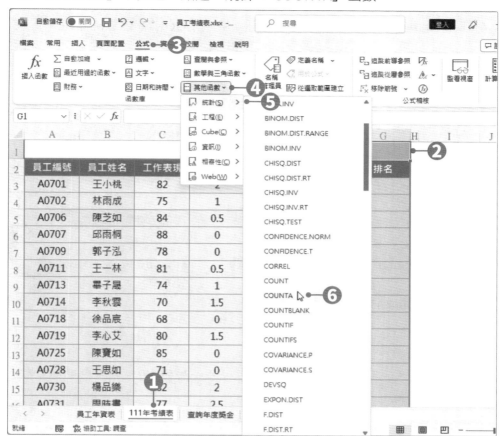

2 開啟「函數引數」對話方塊，按下引數 (Value1) 欄位的 ⬆ 按鈕。

函數引數			? ×
COUNTA			
Value1		⬆	= 數字
Value2		⬆	= 數字

計算範圍中非空白儲存格的數目

Value1: value1,value2,... 為 1 到 255 個引數，代表欲計算的值和儲存格。值可為任何類型的資訊。

計算結果 =

函數說明(H)　　　　　　　　　　　　　　　　　　確定　　　取消

3 於工作表中選取 A3:A32 儲存格，選取好後，按下 🔲 按鈕，回到「函數引數」對話方塊。

4 確認範圍選擇無誤，按下**確定**按鈕，完成 COUNTA 函數的設定。

5 回到工作表後，公司總人數就計算出來了，共有 30 人。

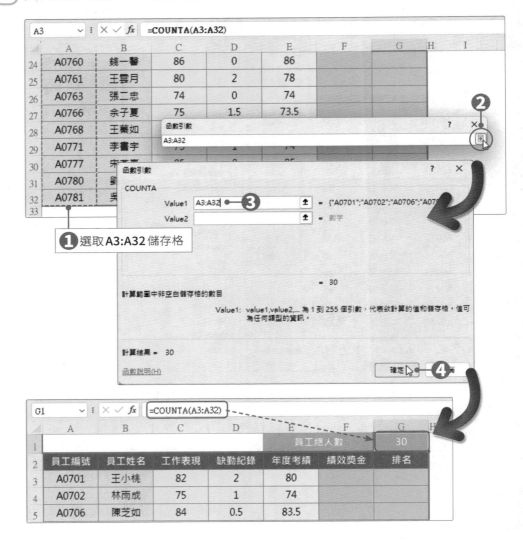

用LOOKUP函數核算績效獎金

接下來要利用「LOOKUP」函數，依照員工「年度考績」的成績等級以及公司規定的發放標準，自動判斷每位員工所應得的「績效獎金」。

Excel 2021

LOOKUP函數有兩種語法型式，說明如下：

- **向量形式**：會在向量中找尋指定的搜尋值，然後移至另一個向量中的同一個位置，並傳回該儲存格的內容。本範例使用該形式。

- **陣列式**：會在陣列的第一列或第一欄搜尋指定的搜尋值，然後傳回最後一列（或欄）的同一個位置上之儲存格內容。

語法	LOOKUP(Lookup_value, Lookup_vector, Result_vector)
說明	▸ **Lookup_value**：表示所要尋找的值。 ▸ **Lookup_vector**：表示在這個範圍內尋找符合的值。 ▸ **Result_vector**：表示找到符合的值時，所要傳回的值的範圍，其值範圍大小應與 Lookup_vector 相同。

🎯 建立區間標準

在設定「LOOKUP」函數之前，必須先替「績效獎金」建立一個發放的區間標準，而這也就是「LOOKUP」函數所依據的準則。

1. 先在 J2:J7 儲存格，依序輸入「60、70、75、80、85、90」，做為稍後 LOOKUP 函數要用來分組的依據。

2. 接著在 K2:K7 儲存格中，依序輸入「~69.5 分、~74.5 分、~79.5 分、~84.5 分、~89.5 分、~100 分」。（輸入 K2:K7 儲存格的用意主要在於標示各區間的範圍，這些儲存格文字對於函數執行本身實際上並無任何作用。）

3. 最後在 L2:L7 儲存格中，依序輸入各等級的績效獎金「0、1000、2000、5000、8000、10000」。

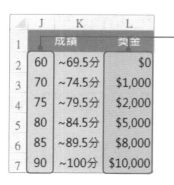

後續在設定 LOOKUP 函數時，將會使用到的欄位。

使用動態陣列公式複製區間標準 〔2021〕

動態陣列公式(Dynamic Array Formulas)是 Microsoft 於 Excel 2021 版本推出的新功能,在 Excel 2019 及更早的版本並無法使用此功能。簡單來說,動態陣列公式就是「一呼百應」的具體呈現,透過單一儲存格去參照一整個表格。只要在一個儲存格中撰寫公式,這個儲存格就可以去呼叫整個陣列,或是進行陣列的計算。而透過動態陣列公式所取得的陣列為**動態陣列**(Dynamic Array),會以藍色細框線標示,可將整個陣列視為一個同時存在或消失的群體,只要刪除起始儲存格中的公式,陣列表格就會整個消失。

在本例中,我們將從「區間標準.xlsx」檔案中取得區間標準,一般作法可透過複製/貼上的方式將表格複製過來,但這裡將在儲存格中建立動態陣列公式,將整個區間標準表直接貼在 J2 儲存格上,如此除了可節省一一輸入的時間,也能與原始資料產生連動。

1. 建立動態陣列公式時,來源陣列須為開啟狀態,因此須事先開啟來源工作表「**區間標準.xlsx**」檔案。

2. 回到「**111 年考績表**」工作表,點選 **J2** 儲存格,先輸入公式前導符號「**=**」,接著框選「**區間標準.xlsx**」活頁簿中的 **A2:C7** 儲存格,框選好後按下 **Enter** 鍵完成動態陣列公式的建立。

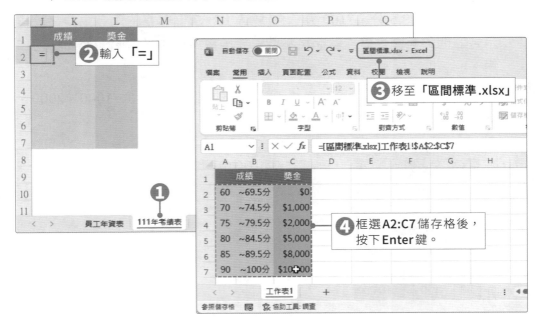

③ 此時「111 年考績表」工作表的 J2 儲存格已透過動態陣列公式，輕鬆呼叫「區間標準.xlsx」活頁簿中的 A2:C7 儲存格資料過來，以便做為稍後 LOOKUP 函數要用來分組的依據。

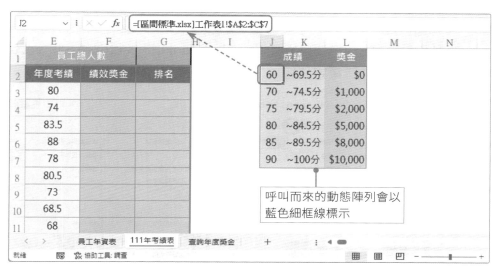

TIPS

J2 儲存格呼叫而來的 J2:L7 動態陣列會與原始陣列來源連動，亦即當「區間標準.xlsx」檔案中的資料有所變動，這裡的內容也會跟著變動。

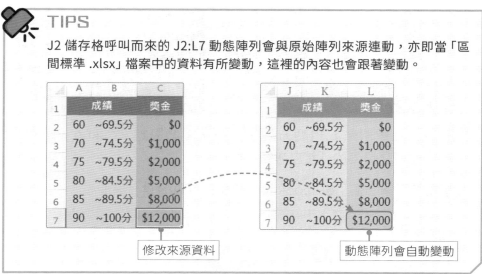

④ 這一整個藍色框線框起的動態陣列範圍，皆來自於 J2 儲存格所建立的動態陣列公式，因此使用者無法刪除或修改陣列中的任一儲存格內容。若要刪除動態陣列，只要將起始儲存格中的公式刪除，即可刪除整個動態陣列。

🎯 建立LOOKUP函數

1. 選取 F3 儲存格，再按下「公式→函數庫→查閱與參照」下拉鈕，於選單中選擇 LOOKUP 函數。

2. LOOKUP 有向量與陣列兩組引數清單，在「選取引數」對話方塊中，點選向量引數清單，也就是 look_up value, lookup_vector,result_vector 選項，選擇好後按下確定按鈕。

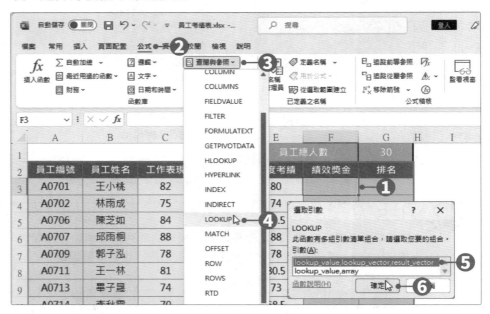

3. 開啟「函數引數」對話方塊後，在第 1 個引數 (Lookup_value) 中輸入 E3，也就是員工的「年度考績」成績。

4. 接著按下第 2 個引數 (Lookup_vector) 欄位的 🔼 按鈕。

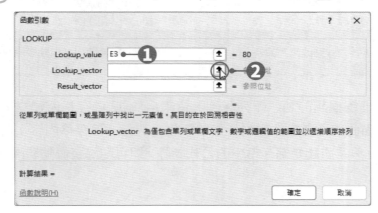

5 於工作表中選取 J2:J7 儲存格範圍，也就是做為分組條件的依據。選擇好後按下  按鈕，回到「函數引數」對話方塊中。

1 選取 J2:J7 儲存格

6 將第 2 個引數範圍改為絕對位址 $J$2:$J$7，這樣在將公式複製到其他儲存格時，才不會參照到錯誤的範圍。

7 接著按下第 3 個引數 (Result_vector) 欄位的  按鈕，設定各個區間所要發放的金額。

8 在工作表中選取 L2:L7 儲存格範圍，也就是各個層級所發放的績效獎金金額。選擇好後按下  按鈕，回到「函數引數」對話方塊中。

9 將第 3 個引數範圍改為絕對位址 $L$2:$L$7，都設定好後按下 **確定** 按鈕，即可完成公式的設定。

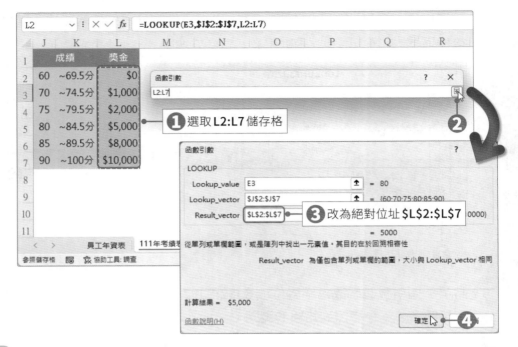

①選取 L2:L7 儲存格

③改為絕對位址 $L$2:$L$7

10 因為王小桃的年度考績為 80 分，屬於「80~84.5 分」這個層級，所以工作表中會自動算出其今年度的績效獎金為 $5,000。

11 最後拖曳 F2 儲存格的填滿控點，複製公式至 F3:F32 儲存格，就可以得知所有員工今年度的績效獎金金額了。

填滿後，點選 ☳· **填滿智慧標籤**中的**填滿但不填入格式**選項，才不會破壞原先設定好的儲存格外框格式。

用RANK.EQ計算排名

利用RANK.EQ函數可以計算出某數字在數字清單中的等級。

語法	RANK.EQ(Number, Ref, Order)
說明	▸ **Number**：要排名的數值。 ▸ **Ref**：用來排名的參考範圍，是一個數值陣列或數值參照位址。 ▸ **Order**：指定的順序，若為0或省略不寫，則會從大到小排序Number的等級；若不是0，則會從小到大排序Number的等級。

1 點選 G3 儲存格，再按下「**公式→函數庫→其他函數**」下拉鈕，點選「**統計→ RANK.EQ**」函數。

2 開啟「函數引數」對話方塊，在第 1 個引數 (Number) 中輸入 **E3** 儲存格，也就是個人「年度考績」所在的儲存格。

3 按下第 2 個引數 (Ref) 的 ⬆ 按鈕，要選取用來排名的參考範圍。

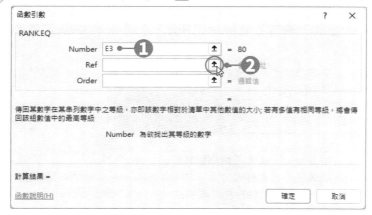

4 開啟公式色板後，選擇 **E3:E32** 儲存格，再按下 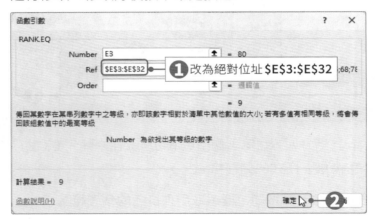 按鈕，回到「函數引數」對話方塊中。

	A	B	C	D	E	F	G	H	I
25	A0761	王雲月	80	2	78	$2,000			
26	A0763	張二忠	74	0	74	$1,000			
27	A0766	余子夏	75	1.5	73.5	$1,000			
28	A0768	王蓁如							
29	A0771	李書宇	73	1	74	$1,000			
30	A0777	宋燕真	85	0	85	$8,000			
31	A0780	劉裕翔	82	3	79	$2,000			
32	A0781	吳興國	78	0	78	$2,000			
33									

函數引數 ? ×
E3:E32 ②

< > 員工年資表 **111年考績表** 查詢年度獎金

❶ 選取 **E3:E32** 儲存格

5 在此範例中，因為要比較的範圍不會變，所以要將 **E3:E32** 設定為絕對位址 **$E$3:$E$32**，這樣在複製公式時，才不會有問題。可以直接於欄位中進行修改，修改好後按下**確定**按鈕。

函數引數 ? ×

RANK.EQ

Number E3 ↑ = 80

Ref $E$3:$E$32 ❶ 改為絕對位址 $E$3:$E$32 ;68;78

Order ↑ = 邏輯值

= 9

傳回某數字在某串列數字中之等級，亦即該數字相對於清單中其他數值的大小；若有多值有相同等級，將會傳回該組數值中的最高等級

Number 為欲找出其等級的數字

計算結果 = 9

函數說明(H) 確定 ❷ 消

6 回到工作表後，該名員工的排名就計算出來了，接下來再將該公式複製到其他儲存格中即可。

	B	C	D	E	F	G	H	I	J	K
30	宋燕真	85	0	85	$8,000	4				
31	劉裕翔	82	3	79	$2,000	12				
32	吳興國	78	0	78	$2,000	14				
33										
34								○ 複製儲存格(C)		
35			填滿後，點選 **填滿智慧標籤**中的					○ 僅以格式填滿(F)		
36			**填滿但不填入格式**選項，才不會破壞					○ 填滿但不填入格式(O)		
37			原先設定好的儲存格外框格式。					○ 快速填入(F)		

隱藏資料

在工作表中有些資料不需要呈現時，不一定要刪除資料，只要暫時將這些不必要顯示的資料隱藏起來，就可以減少畫面上的資料，又能同時保留這些內容。假設要將範例中所建立的區間標準資料隱藏起來，作法如下：

① 在「111年考績表」工作表中，選取 J:L 欄，再按下「**常用→儲存格→格式**」下拉鈕，點選「**隱藏及取消隱藏→隱藏欄**」，便可將 J:L 欄資料隱藏起來。

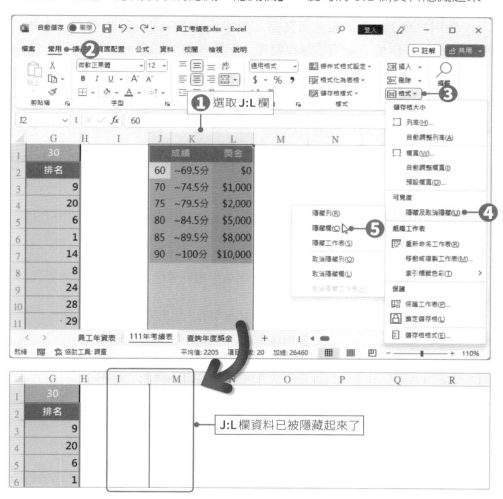

② 被隱藏的欄位並非消失，當需要時都可取消隱藏。只要同時選取隱藏欄兩旁的欄位，也就是 I 欄與 M 欄，再按下「**常用→儲存格→格式→隱藏及取消隱藏→取消隱藏欄**」功能即可。

2-3 年度獎金查詢表製作

年終獎金與績效獎金都計算完成後，接著要製作年度獎金查詢表，可利用它來查詢某位員工在今年度所能領到的總獎金。

用XLOOKUP函數自動顯示資料 2021

使用XLOOKUP 函數，可在指定表格或範圍中進行垂直或水平查找，找到比對相符的資料後，傳回該筆資料中，指定欄位的訊息。

接著要在「查詢年度獎金」工作表中使用XLOOKUP函數，在製作好的「員工年資表」工作表及「111年考績表」工作表中比對資料，使表格只須輸入員工編號，就能自動顯示該名員工的員工姓名、年終獎金、績效獎金等資料。

語法	XLOOKUP(lookup_value, lookup_array, return_array, [if_not_found], [match_mode], [search_mode])	
說明	▶ **lookup_value**：要搜尋的值，可以是數值、參照位址或字串。	
	▶ **lookup_array**：要進行比對搜尋的範圍，通常是儲存格範圍的參照位址或類似資料庫或清單的範圍名稱。	
	▶ **return_array**：要傳回的範圍，可以是多個欄位範圍。	
	▶ **if_not_found**：(可省略)若比對後無相符項目，所要顯示的文字(若不指定則會傳回 #N/A)。	
	▶ **match_mode**：(可省略)指定比對類型，引數值有0、-1、1、2。	
	0	完全符合。如果找不到，請傳回 #N/A。(預設值)
	-1	完全符合。如果找不到，請傳回下一個較小的專案。
	1	完全符合。如果找不到，請傳回下一個較大的專案。
	2	萬用字元搭配 *、? 和 ~ 具有特殊意義。
	▶ **search_mode**：(可省略)指定要使用的搜尋模式，就是指定XLOOKUP 該先從第一個項目開始往後找、還是先從最後一個項目開始往前找。引數值有1、-1、2、-2。	
	1	從第一個專案開始執行搜尋。(預設值)
	-1	從最後一個專案開始執行反向搜尋。
	2	執行依賴lookup_array以遞增順序排序的二進位搜尋。如果未排序，將會傳回不正確結果。
	-2	執行依賴lookup_array以遞減順序排序的二進位搜尋。如果未排序，將會傳回不正確結果。

① 點選「查詢年度獎金」工作表中的 C4 儲存格，按下**「公式→函數庫→查閱與參照」**下拉鈕，於選單中選擇 XLOOKUP 函數，開啟「函數引數」對話方塊。

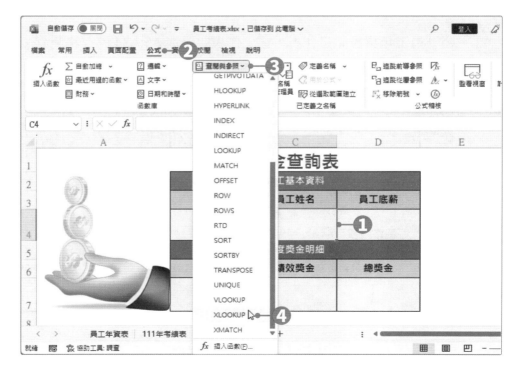

② 在「函數引數」對話方塊中，在第 1 個引數 (Lookup_value) 欄位中輸入員工編號的儲存格位址 $B$4 (因為後續會將公式複製到其他儲存格，所以此處設定為絕對參照)。

③ 接著點選第 2 個引數 (Lookup_array) 欄位的 ⬆ 按鈕，設定要進行比對搜尋的儲存格範圍，也就是「員工年資表」工作表的「員工編號」欄位。

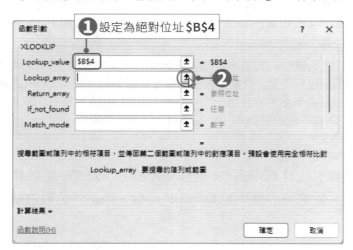

④ 點選「員工年資表」工作表，在工作表中選取 A5:A34 儲存格範圍，選取好後，按下 🔲 按鈕，回到「函數引數」對話方塊中。

	A	B	C	D	E	F	G
26	A0760	錢一馨	$23,000	103年8月10日	8	4	21
27	A0761	王雲月	$25,000	105年9月14日	6	3	17
28	A0763						19
29	A0766						10
30	A0768	王業如	$32,000	108年2月4日	3	10	27
31	A0771	李書宇	$31,000	109年1月28日	2	11	3
32	A0777			110年2月8日	1	10	23
33	A0780	劉裕翔	$50,000	111年3月20日	0	9	11
34	A0781	吳興國	$27,000	111年10月2日	0	2	29
35							
36							

函數引數   ?   ×
員工年資表!A5:A34   🔲

❷ 選取 A5:A34 儲存格

員工年資表 | 111年考績表 | 查詢年度獎金 | +

5️⃣ 回到「函數引數」對話方塊中，因為後續要將公式複製到其他儲存格，所以將插入點移至資料儲存格位址 A5:A34，按下 F4 功能鍵，把儲存格範圍轉換成絕對參照 $A$5:$A$34。

6️⃣ 接著按下第 3 個引數 (Return_array) 欄位的 ⬆ 按鈕，繼續設定傳回值的範圍。

7️⃣ 本例將設定同時傳回「員工姓名」及「員工底薪」兩個相鄰欄位的資料，因此點選「**員工年資表**」工作表，在工作表中選取 B5:C34 儲存格範圍。選取好後，按下 🔲 按鈕，回到「函數引數」對話方塊中。

	A	B	C	D	E	F	G
26	A0760	錢一馨	$23,000	103年8月10日	8	4	21
27	A0761	王雲月	$25,000	105年9月14日	6	3	17
28	A0763	張二忠	$28,000	106年10月12日	5	2	19
29	A0766	余子夏	函數引數			?	×
30	A0768	王蘂如	員工年資表!B5:C34				🔳
31	A0771	李書宇	$31,000	109年1月28日	2	11	3
32	A0777	宋燕真	$60,000	2️⃣ 選取 B5:C34 儲存格			23
33	A0780	劉裕翔	$50,000	111年3月20日	0	9	11
34	A0781	吳興國	$27,000	111年10月2日	0	2	29
35							
36							

1️⃣ 員工年資表　111年考績表　查詢年度獎金　＋

⑧ 回到「函數引數」對話方塊中，同樣按下 F4 功能鍵，把 B5:C34 儲存格範圍轉換成絕對參照 $B$5:$C$34。

⑨ 接著在第 4 個引數 (If_not_found) 欄位中，輸入「**" 查無此員編 "**」文字。設定完成之後，按下**確定**按鈕，即可同時完成「員工姓名」及「員工底薪」的查詢設定。

⑩ 「員工姓名」查詢設定完成後，選取 C4 儲存格，按下 **Ctrl+C 複製**快速鍵，選取 B7 儲存格，再按下「**常用→剪貼簿→貼上**」下拉鈕，於選單中選擇**公式**，即可將公式複製到 B7 儲存格。

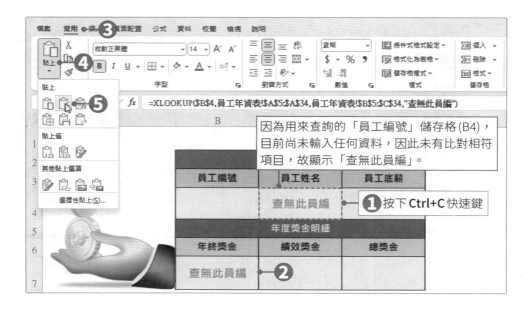

⑪ 將 C4 公式複製到 B7 儲存格後，按下資料編輯列上的 *fx* 按鈕，開啟「函數引數」對話方塊修改引數設定。將第 3 個引數的資料範圍重新框選為「**員工年資表 !H5:H34**」，表示這裡要傳回的是 H 欄的「年終獎金」欄位資料；並將第 4 個引數內容刪除，都設定好後按下**確定**按鈕。

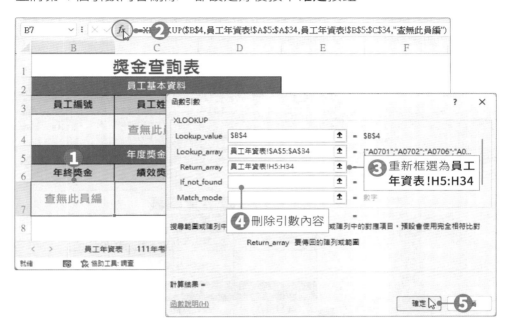

⑫ 將 **B8** 儲存格依照同樣方式建立 XLOOKUP 函數公式。這裡要進行搜尋的範圍是「111 年考績表」工作表中的「績效獎金」欄位，各引數設定如下，確認無誤後按下**確定**按鈕。

用SUM函數計算總獎金

當年終獎金、績效獎金都被查詢出來後，就可以將這二個獎金加總，便是總獎金了。

1️⃣ 點選 **D7** 儲存格，按下「**公式→函數庫→自動加總**」下拉鈕，於選單中點選「**加總**」，加入 SUM 函數。

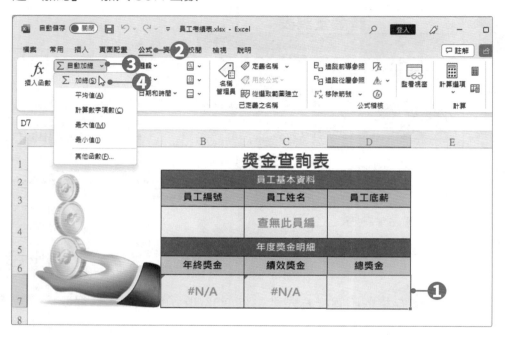

2️⃣ 選取 **B7:C7** 儲存格，選取好後按下 **Enter** 鍵，完成 SUM 函數的建立。

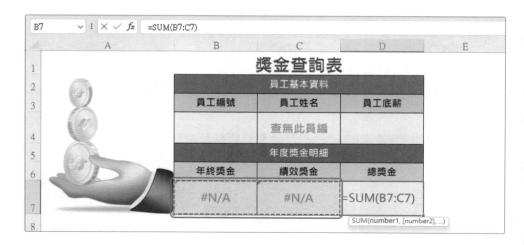

③ 到這裡，年度獎金的查詢表已經製作完成囉！接著請在 **B4** 儲存格中測試輸入員工編號，輸入完後按下 **Enter** 鍵，就能自動顯示該名員工的姓名、底薪、年終獎金、績效獎金、總獎金等資訊。

	A	B	C	D	E
1			**獎金查詢表**		
2			員工基本資料		
3		**員工編號**	**員工姓名**	**員工底薪**	
4		A0701	王小桃	$36,000	
5			年度獎金明細		
6		**年終獎金**	**績效獎金**	**總獎金**	
7		$72,000	$5,000	$77,000	

2-4 條件式格式設定

Excel 可以根據一些簡單判斷，自動改變儲存格的格式，此功能稱作「**條件式格式設定**」。

使用快速分析工具設定條件式格式

Excel 提供了**快速分析工具**，可以立即將資料進行格式化、圖表、總計、走勢圖等分析。只要選取要分析的儲存格範圍，在右下角就會出現 快速分析按鈕，點選即可開啟選單，在**設定格式**標籤頁中，便可為資料加上條件式格式設定。

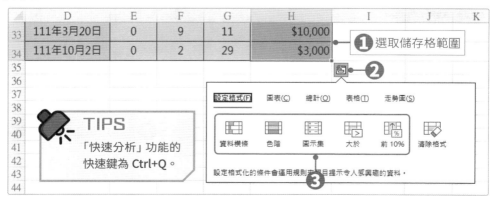

自訂格式化規則

在設定條件式格式時，除了使用 Excel 預設的規則外，還可以自行設定想要的規則。

1. 選取「111 年考績表」工作表中的 E3:E32 儲存格，按下**「常用→樣式→條件式格式設定」**下拉鈕，於選單中點選**新增規則**，開啟「新增格式化規則」對話方塊。

2. 於**選取規則類型**清單中，點選**根據其值格式化所有儲存格**，按下**格式樣式**下拉鈕，選擇**圖示集**，再按下**圖示樣式**下拉鈕，選擇 ▲ ━ ▼ 。

3. 設定「當數值 >=85 時，顯示 ▲ ，當數值 <85 且 >=70 時，為 ━ ；其他則為 ▼ 」規則，設定好後按下**確定**按鈕。

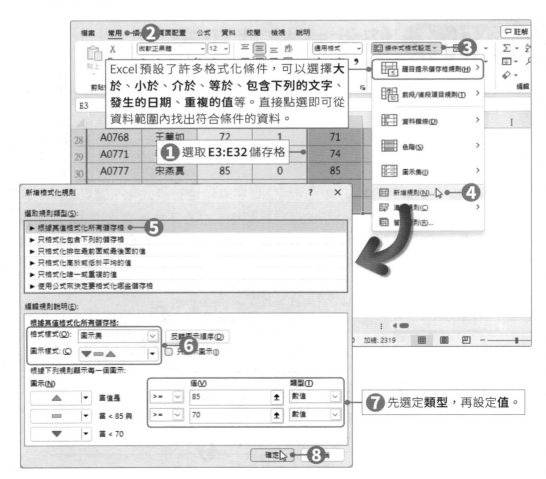

Excel 預設了許多格式化條件，可以選擇**大於、小於、介於、等於、包含下列的文字、發生的日期、重複的值**等。直接點選即可從資料範圍內找出符合條件的資料。

1 選取 E3:E32 儲存格

A0768	王菱如	72	1	71
A0771				74
A0777	宋燕真	85	0	85

新增格式化規則

選取規則類型(S):
► 根據其值格式化所有儲存格 **5**
► 只格式化包含下列的儲存格
► 只格式化排在最前面或最後面的值
► 只格式化高於或低於平均的值
► 只格式化唯一或重複的值
► 使用公式來決定要格式化哪些儲存格

編輯規則說明(E):
根據其值格式化所有儲存格:
格式樣式(O): 圖示集   反轉圖示順序(D)
圖示樣式(C): ▼━▲   **6**   只顯示圖示(I)

根據下列規則顯示每一個圖示:
圖示(N)		值(V)		類型(T)
▲	當值是 >=	85		數值
━	當 <85 與 >=	70		數值
▼	當 <70			

7 先選定**類型**，再設定**值**。

確定 **8**

Excel 2021

2-34

④ 回到工作表後，E3:E32 儲存格就會加上我們所設定的圖示集規則。

	A	B	C	D	E	F	G
1					員工總人數		30
2	員工編號	員工姓名	工作表現	缺勤紀錄	年度考績	績效獎金	排名
3	A0701	王小桃	82	2	▬ 80	$5,000	9
4	A0702	林雨成	75	1	▬ 74	$1,000	20
5	A0706	陳芝如	84	0.5	▬ 83.5	$5,000	6
6	A0707	邱雨桐	88	0	▲ 88	$8,000	1
7	A0709	郭子泓	78	0	▬ 78	$2,000	14
8	A0711	王一林	81	0.5	▬ 80.5	$5,000	8
9	A0713	暈子晟	74	1	▬ 73	$1,000	24
10	A0714	李秋雲	70	1.5	▼ 68.5	$0	28
11	A0718	徐品宸	68	0	▼ 68	$0	29
12	A0719	李心艾	80	1.5	▬ 78.5	$2,000	13
13	A0725	陳寶如	85	0	▲ 85	$8,000	4
14	A0728	王思如	71	0	▬ 71	$1,000	26

TIPS

清除規則

要清除所有設定好的規則時，按下「**常用→樣式→條件式格式設定→清除規則**」
按鈕，即可選擇清除方式。

管理規則

在工作表中加入了一堆的規則後，不管是要編輯規則內容或是刪除規則，都可以
按下「**常用→樣式→條件式格式設定→管理規則**」按鈕，開啟「設定格式化的條
件規則管理員」對話方塊，即可在此進行各種規則的管理工作。

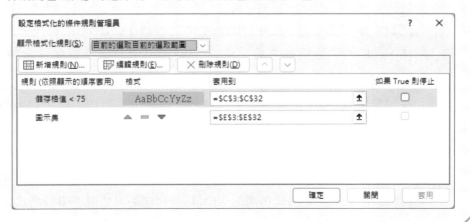

☆ 選擇題

( )1. 在 Excel 中，下列哪一個函數可以取出日期的月？ (A)YEAR (B)MONTH (C)DAY (D)TODAY。

( )2. 在 Excel 中，要計算一個範圍內包含任何類型資訊的儲存格個數時，可使用下列哪一個函數？ (A)COUNT (B)OR (C)MID (D)COUNTA。

( )3. 在 Excel 中，若要幫某個範圍的數值排名次時，可以使用下列哪一個函數？ (A)RAND (B)QUARTILE (C)FREQUENCY (D)RANK.EQ。

( )4. 在 Excel 中，下列哪一個函數可以在表格裡進行比對搜尋，並傳回指定欄位內容？ (A)XLOOKUP (B)IF (C)MATCH (D)RANK.EQ。

( )5. 下列哪一個函數為邏輯類型函數？ (1)XLOOKUP (2)COUNTA (3)IF (4)SUM。

( )6. 在 Excel 中，當儲存格進入「公式」的編輯狀態時，資料編輯列左側出現的函數選單，代表何意？ (A)最常使用到的函數清單 (B)系統依照目前表單需求而篩選出可能使用到的函數選單 (C)最近使用過的函數清單 (D)系統隨機顯示的函數清單。

( )7. 在設定儲存格範圍時，想要進行相對位置與絕對位置的切換，應按下何鍵？(A)Ctrl+F4 (B)Ctrl+ Shift (C)Ctrl+Space (D)F4。

( )8. 有關 XLOOKUP、HLOOKUP 與 VLOOKUP 等查詢函數之敘述，下列何者正確？ (A)XLOOKUP 函數可傳回多個欄位範圍，HLOOKUP 與 VLOOKUP 函數只能傳回一個 (B)HLOOKUP 用於表格，VLOOKUP 可用於非表格 (C)HLOOKUP 的搜尋方向是垂直，VLOOKUP 的搜尋方向是水平 (D) XLOOKUP 函數限制比對欄位只能放置在搜尋範圍的第 1 欄。

( )9. 在設定 XLOOKUP 函數時，下列何者不是必填的引數項目？ (A)return_array (B)if_not_found (C)lookup_array (D)lookup_value。

( )10. 下列有關「條件式格式設定」功能之敘述，何者有誤？ (A)快速分析工具可以快速套用格式化規則 (B)可設定在數值前加上相對應的圖示 (C)儲存格只能套用一個格式化規則 (D)格式化規則可透過「複製格式」功能複製至其他儲存格。

✪ 實作題

1. 開啟「範例檔案→Excel→Example02→拍賣交易紀錄.xlsx」檔案，請在「郵資」欄位中使用LOOKUP函數建立公式，可依據包裹資費表標準，自動顯示各筆交易紀錄的郵資金額。

	A	B	C	D	E	F	G	H	I
1	拍賣編號	商品名稱	得標價格	物品重量	郵資		包裹資費表		
2	c24341778	CanTwo格子及膝裙	$280	147	$40		重量(克)		郵資
3	g36445352	Nike黑色鴨舌帽	$150	101	$40		0 ~100		$30
4	h34730759	Converse輕便側背包	$120	212	$50		101 ~200		$40
5	p31329580	雅絲蘭黛雙重滋養全日膚膏(#74)	$400	34	$30		201 ~300		$50
6	t34905309	Miffy免可愛六孔活頁簿	$150	225	$50		301 ~400		$60
7	h53356282	側背藤編小包包	$100	121	$40		401 ~500		$70
8	e31546199	串珠項鍊	$350	150	$40		501 ~600		$80
9	b34832467	Levis'牛仔外套	$2,200	704	$100		601 ~700		$90
10	g34228177	Esprit金色尖頭鞋	$1,800	480	$70		701 ~800		$100
11	c31813109	A&F繡花牛仔短裙	$2,000	290	$50		801 ~900		$110
12	a35699052	Nike天空藍排汗運動背心	$590	241	$50		901 ~1000		$120
13	f53182829	黑色圍巾	$180	181	$40				
14	s37232965	SNOOPY面紙套	$200	304	$60				
15	e53721737	扶桑花小髮夾2入	$80	31	$30				
16	d31682301	小碎花薑袖洋裝	$480	501	$80				
17	b53734100	MANGO直條紋長袖上衣	$300	301	$60				
18	d31819242	雪紡紗細肩帶小洋裝	$1,600	400	$60				
19	b53848539	幸運草七分袖上衣	$400	241	$50				

2. 開啟「範例檔案→Excel→Example02→牛隻體檢.xlsx」檔案，請使用DATEDIF函數建立公式，求算牛隻的出生天數與實齡。

	A	B	C	D	E	F	G
1	牛隻編號	出生日期	體檢日期	出生天數	實齡		
2					年	月	日
3	A01	2022/3/5	2023/9/1	545	1	5	27
4	A02	2022/5/10	2023/9/1	479	1	3	22
5	A03	2022/6/12	2023/9/1	446	1	2	20
6	A04	2022/8/31	2023/9/1	366	1	0	1
7	A05	2022/10/12	2023/9/1	324	0	10	20
8	A06	2022/11/2	2023/9/1	303	0	9	30
9	A07	2023/2/18	2023/9/1	195	0	6	14
10	A08	2023/3/27	2023/9/1	158	0	5	5
11	A09	2023/6/1	2023/9/1	92	0	3	0
12	A10	2023/7/15	2023/9/1	48	0	1	17

3. 開啟「範例檔案→Excel→Example02→班級成績單.xlsx」檔案，進行以下設定。

- 計算出每位學生的總分、個人平均及總名次。
- 將國文、英文、數學、歷史、地理等分數不及格的儲存格用填滿色彩及紅色文字來表示。
- 在「查詢表」工作表中使用XLOOKUP函數建立查詢公式，當輸入學號時，會自動顯示該位學生的其他資料。
- 在「成績等級」中，自動依學生個人平均顯示成績的等級，當平均≥85時，顯示「優等」；當平均≥70時，顯示「中等」，否則顯示「不佳」。

	A	B	C	D	E	F	G	H	I	J
1	學號	姓名	國文	英文	數學	歷史	地理	總分	個人平均	總名次
13	9802312	楊品樂	85	87	68	65	72	377	75.40	13
14	9802313	吳興國	73	50	55	51	50	279	55.80	30
15	9802314	錢一馨	65	75	54	67	78	339	67.80	21
16	9802315	余子夏	79	68	68	58	54	327	65.40	25
17	9802316	蔡霆宇	84	75	48	83	77	367	73.40	15
18	9802317	陳寶如	67	58	77	91	90	383	76.60	10
19	9802318	劉裕翔	59	67	62	45	54	287	57.40	29
20	9802319	張二忠	86	55	65	68	60	334	66.80	24
21	9802320	李心艾	67	75	77	79	85	383	76.60	10
22	9802321	王業如	63	58	50	81	74	326	65.20	26
23	9802322	邱雨桐	91	84	72	74	95	416	83.20	4
24	9802323	蘇子眉	69	80	64	68	80	361	72.20	17
25	9802324	賴珊如	88	90	52	57	52	339	67.80	21
26	9802325	周時書	95	72	67	64	70	368	73.60	14
27	9802326	洪亮亮	72	68	70	88	68	366	73.20	16
28	9802327	宋燕真	66	45	57	74	69	311	62.20	28
29	9802328	李秋雲	85	57	85	84	79	390	78.00	8

	A	B	C	D	E	F	G	H
1	成績查詢表							
2	學號	9802311			姓名		王小桃	
3	國文	英文	數學	歷史	地理	總分	個人平均	總名次
4	94	96	71	97	94	452	90.4	1
5	成績等級	優等						

03

顧客滿意度調查

Excel 工作表的編輯技巧

學習目標

超連結的設定 / 設定資料驗證 /
保護活頁簿 / 保護工作表 /
允許使用者編輯範圍 /
COUNTIF 函數 / AVERAGE 函數 /
頁首及頁尾設定 /
列印工作表

● **範例檔案** (範例檔案 \Excel\Example03)

顧客滿意度調查 - 滿意度調查表 .xlsx
顧客滿意度調查 - 統計結果

● **結果檔案** (範例檔案 \Excel\Example03)

顧客滿意度調查 - 滿意度調查表 -OK.xlsx
顧客滿意度調查 - 統計結果 -OK.xlsx
顧客滿意度調查 - 列印 -OK

在「顧客滿意度調查分析」範例中，將利用資料驗證功能製作調查表，填表者只要按下選單鈕，就可以輕鬆填寫表單。當所有調查表都填寫蒐集完畢，最後就可以進行彙整、統計、列印結果等工作。

保護活頁簿 --- 網站超連結設定 --- E-mail超連結設定

樂樂西餐顧客滿意度調查表   公司網站   客服信箱

主餐名稱	鮮烤牛排	蒜香牛排	法式嫩雞	法式鴨胸	海陸雙拼	法式魚排
主餐名稱	餐飲與服務滿意度調查					
	主餐品質	副餐品質	甜點品質	服務態度	上餐速度	整體分數
法式鴨胸	滿意	滿意	普通	滿意	滿意	89
	滿意	滿意	滿意	普通	普通	80
	普通	普通	滿意	滿意	滿意	75
	滿意	滿意	滿意	滿意	普通	85
法式鴨胸	普通	普通	普通	滿意	滿意	78
法式嫩雞	滿意	普通	滿意	滿意	滿意	90
法式魚排	普通	不滿意	普通	滿意	不滿意	77
蒜香牛排	不滿意	不滿意	普通	普通	普通	60
鮮烤牛排	普通	不滿意	普通	滿意	滿意	7
海陸雙拼	滿意	滿意	滿意	滿意	普通	8
蒜香牛排	不滿意	滿意	普通	滿意	滿意	7

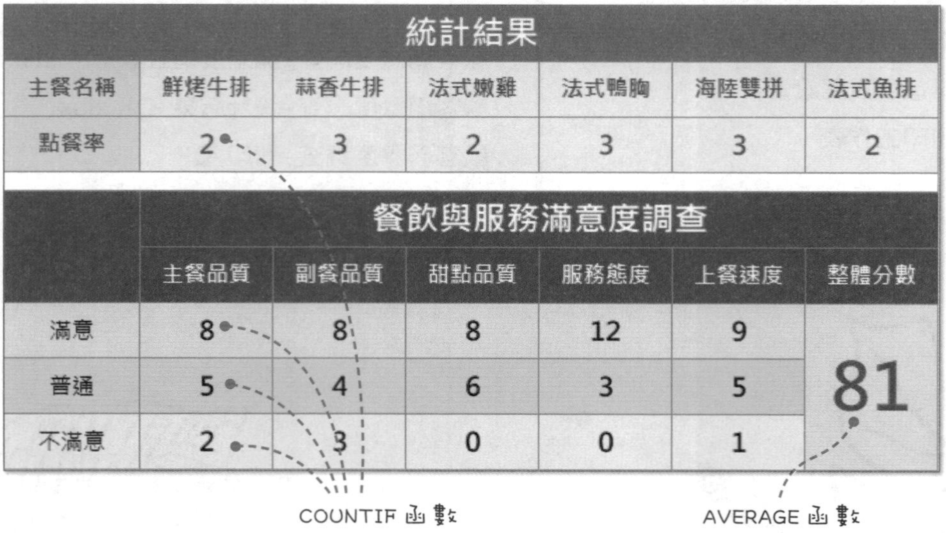

資料驗證 ---

選單清單：鮮烤牛排 / 蒜香牛排 / 法式嫩雞 / 法式鴨胸 / 海陸雙拼 / 法式魚排

保護工作表 ---

允許使用者編輯範圍

請注意！請輸入0~100之間的數字。

輸入訊息提示

統計結果

主餐名稱	鮮烤牛排	蒜香牛排	法式嫩雞	法式鴨胸	海陸雙拼	法式魚排
點餐率	2	3	2	3	3	2

餐飲與服務滿意度調查

	主餐品質	副餐品質	甜點品質	服務態度	上餐速度	整體分數
滿意	8	8	8	12	9	**81**
普通	5	4	6	3	5	
不滿意	2	3	0	0	1	

COUNTIF 函數   AVERAGE 函數

3-1 超連結的設定

Excel可以在圖片、儲存格上建立超連結，可連結至網站、文件檔案、圖片及電子郵件等外部資料。

連結至網站

在此範例中，要將「公司網站」儲存格設定超連結連結至官網，使用者只要按下該儲存格中的文字，就能自動開啟瀏覽器瀏覽該網站。

1. 點選 G1 儲存格，按下「**插入→連結→連結**」按鈕，或按下 Ctrl+K 快速鍵，開啟「插入超連結」對話方塊。

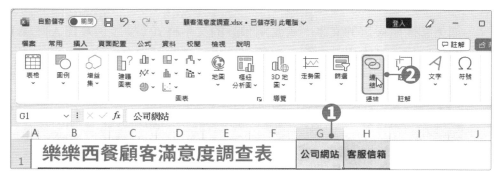

2. 在**網址**欄位中輸入要連結的網站位址，接著按下**工具提示**按鈕，設定提示文字，設定好後按下**確定**按鈕。回到「插入超連結」對話方塊，再按下**確定**按鈕。

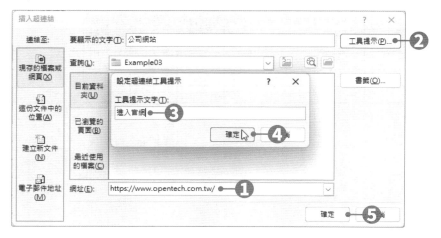

3 設定好後，將滑鼠游標移至該儲存格文字上，滑鼠游標就會變成白色小手指標，並出現提示文字。

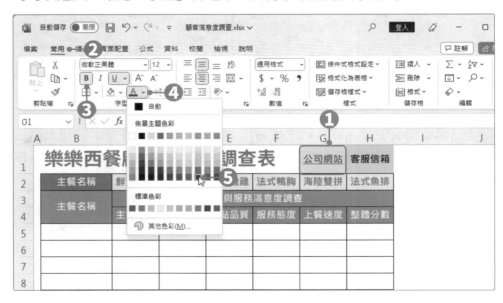

4 加上超連結設定的文字，會套用預設的文字格式 (換顏色及加入底線)，此時可以進入「常用→字型」群組中，自行修改設定文字格式。

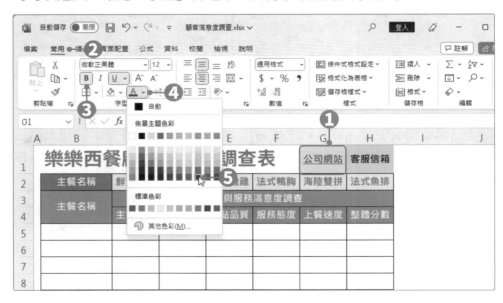

連結至E-mail

除了連結到網站外，還可以直接連結到E-mail，這裡要將「客服信箱」連結到某個E-mail地址，讓使用者按下後，即可直接開啟電子郵件軟體進行郵件撰寫。

1. 選取 H1 儲存格，按下「**插入→連結→連結**」按鈕，或按下 **Ctrl+K** 快速鍵，開啟「插入超連結」對話方塊。

2. 點選**電子郵件地址**，於**電子郵件地址**欄位中輸入 E-mail 地址；於**主旨**欄位中輸入郵件的主旨內容，都設定好後按下**確定**按鈕。

3. 設定好後，儲存格內的文字就會變成另外一種色彩，並加上底線，表示該文字加上了超連結，此時可依照喜好自行更改文字格式。

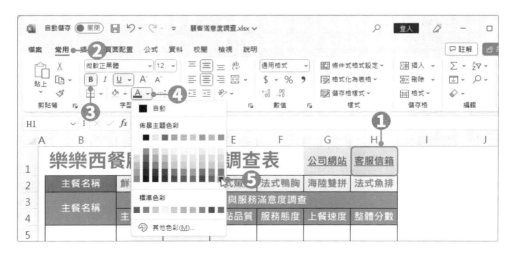

④ 在儲存格上按下滑鼠左鍵，即可開啟郵件軟體，進行郵件撰寫的動作。

編輯及移除超連結

將儲存格設定超連結後，若要修改超連結內容或移除超連結，先選取該儲存格，再按下滑鼠右鍵，於選單中點選**編輯超連結**，即可開啟「編輯超連結」對話方塊；點選**移除超連結**，即可將設定的超連結移除。

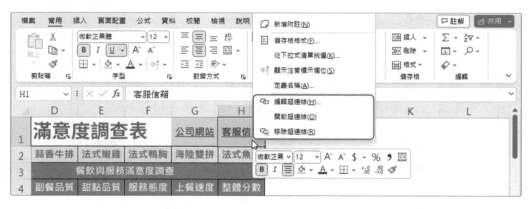

 TIPS

自動校正

當在儲存格中輸入網站位址或 E-mail(含有「@」符號) 時，都會自動產生超連結，此為 Excel 的「自動校正」功能。若不希望 Excel 自動產生超連結，可將滑鼠游標至連結上，接著再移至儲存格左下方出現的 ▬ 圖示上，點選 自動校正選項下拉鈕，於選單中點選**停止自動建立超連結**即可。

3-2 設定資料驗證

在某些只允許填入特定選項的情況下，為提高填寫表單的效率，並避免填寫內容不統一而造成統計上的失誤，此時可以利用**資料驗證**功能，以「提供選單」的方式來限制填寫內容。

使用資料驗證建立選單

以本例來說，「主餐名稱」的欄位只能有六種選擇，因此須限定填寫者在六種主餐中選擇一種。像這樣的情況，就可以在此欄位中設定資料驗證功能，來確保填寫者所填寫的答案符合本表單的填寫規則。

1. 先選取「主餐名稱」的所有儲存格，也就是 B5:B19 儲存格，再按下**「資料→資料工具→ 資料驗證」**按鈕，開啟「資料驗證」對話方塊。

2. 在「資料驗證」對話方塊中，按下**設定**標籤頁，在**儲存格內允許**的欄位中選擇**清單**選項，再按下**來源**欄位的 按鈕。

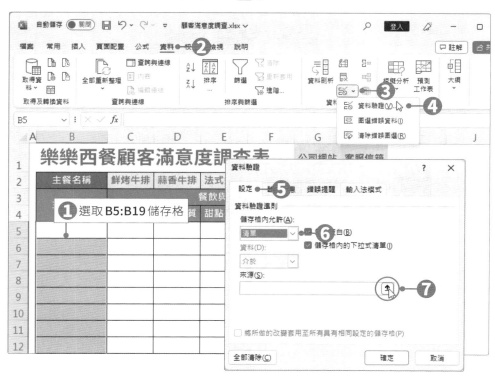

3 於工作表中選取 C2:H2 範圍，選擇好後按下 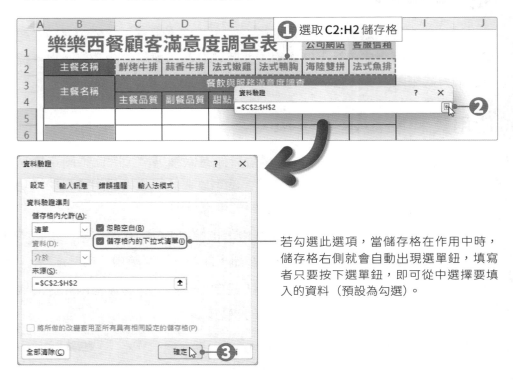 按鈕，回到「資料驗證」對話方塊，按下**確定**按鈕即完成設定。

若勾選此選項，當儲存格在作用中時，儲存格右側就會自動出現選單鈕，填寫者只要按下選單鈕，即可從中選擇要填入的資料（預設為勾選）。

4 回到工作表後，當儲存格為作用儲存格時，便會出現 ▾ 選單鈕，按下 ▾ 選單鈕即可開啟選單，從中點選想要填入的項目。

5 接著選取 C5:G19 儲存格，按下「資料→資料工具→ 資料驗證」按鈕，開啟「資料驗證」對話方塊。

6 在資料驗證對話方塊中，按下設定標籤頁，在儲存格內允許的欄位中選擇清單選項，再於來源欄位中設定清單選項為「滿意,普通,不滿意」（選項之間用逗號間隔），設定好後按下確定按鈕。

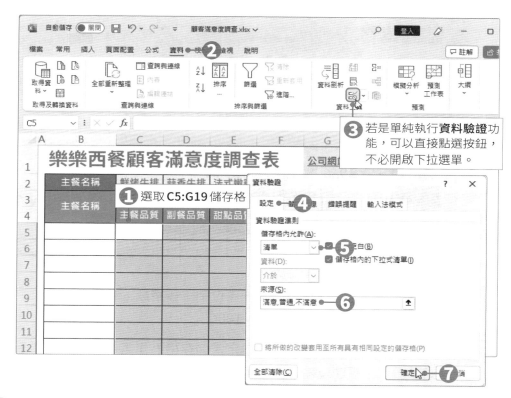

7 回到工作表後，當 C5:G19 範圍內的儲存格為作用儲存格時，便會自動出現 ▾ 選單鈕，按下 ▾ 選單鈕即可選擇滿意度。

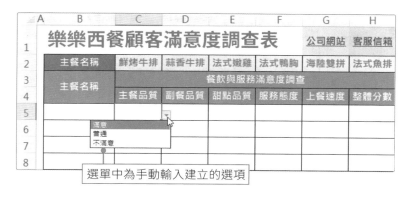

選單中為手動輸入建立的選項

用資料驗證設定限制輸入的數值

本例的「整體分數」欄位同樣利用資料驗證功能,限制輸入的分數只能填入 0 至 100 之間的整數,也就是最低分為 0 分;最高分為 100 分。

① 選取 H5:H19 儲存格,也就是「整體分數」欄位下的儲存格範圍,再按下「資料→資料工具→ 資料驗證」按鈕,開啟「資料驗證」對話方塊。

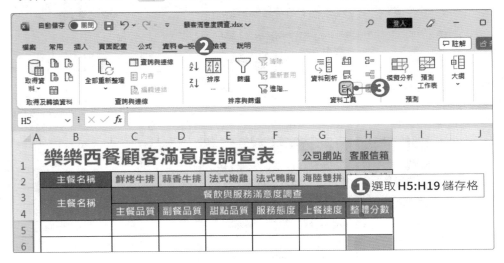

② 點選設定標籤頁,在儲存格內允許欄位中選擇整數,並在資料欄位中選擇介於,設定最小值為 0、最大值為 100。

③ 點選輸入訊息標籤頁,此處用來設定當儲存格為作用中,會自動顯示的提示訊息。分別在標題及輸入訊息欄位中,輸入提示訊息的標題及內容。

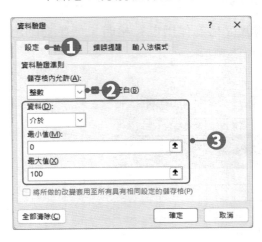
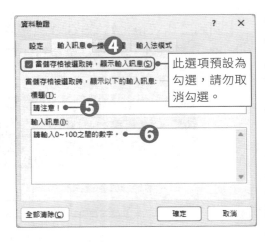

④ 接著點選**錯誤提醒**標籤頁，此處用來設定當輸入內容不符設定條件時所顯示的訊息方塊。這裡在**樣式**欄位中選擇**警告**樣式，於**標題**及**訊息內容**欄位中輸入訊息文字，設定好後按下**確定**按鈕，完成設定。

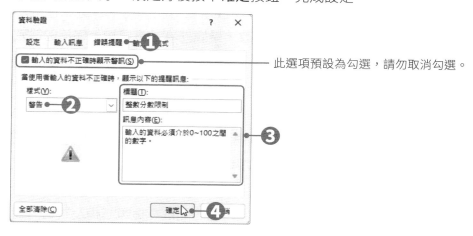

此選項預設為勾選，請勿取消勾選。

⑤ 回到工作表後，儲存格會出現提示訊息，此時試著於儲存格中輸入大於 100 的數字，輸入後就會出現錯誤的警告訊息。

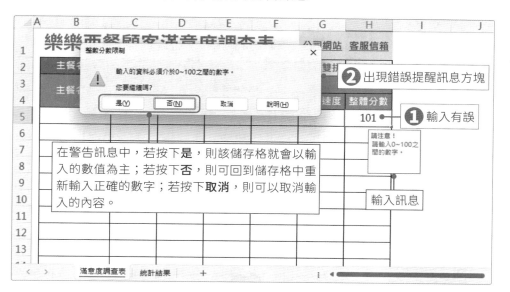

② 出現錯誤提醒訊息方塊

① 輸入有誤

輸入訊息

在警告訊息中，若按下**是**，則該儲存格就會以輸入的數值為主；若按下**否**，則可回到儲存格中重新輸入正確的數字；若按下**取消**，則可以取消輸入的內容。

⑥ 到這裡，滿意度調查表已設定完成，可以試著自行輸入幾筆資料，看看設定是否有錯誤或疏漏的地方。

3-3 文件的保護

完成了滿意度調查表的製作，在開放填寫傳閱之前，為避免在傳閱過程中，工作表的內容不小心被誤刪或竄改，最好先為活頁簿加上保護的設定，再公開傳閱填寫。

活頁簿的保護設定

有時不希望活頁簿內容被他人擅自修改，可以針對活頁簿設定「保護」。如此一來，其他人就不能隨便修改工作表的內容或名稱，必須要有密碼才能解除保護。

1. 按下「**校閱→保護→保護活頁簿**」按鈕，開啟「保護結構及視窗」對話方塊，勾選**結構**選項，並將密碼設定為 chwa001，設定好後按下**確定**按鈕。

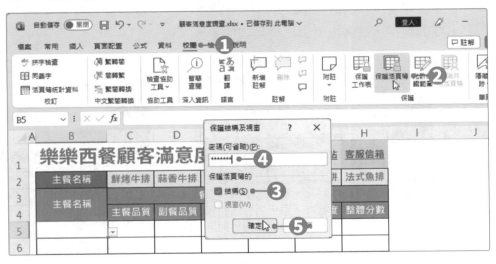

2. 接著要再次確認密碼，請再次輸入密碼，輸入好後按下**確定**按鈕。

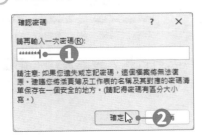

TIPS

在設定保護活頁簿時，不一定要設定密碼，但若沒有設定密碼，任何使用者只要開啟該檔案，都可以取消該活頁簿的保護設定。

③ 到這裡就完成了保護活頁簿的設定。而保護活頁簿的結構後，就無法移動、複製、刪除、隱藏、新增工作表了。

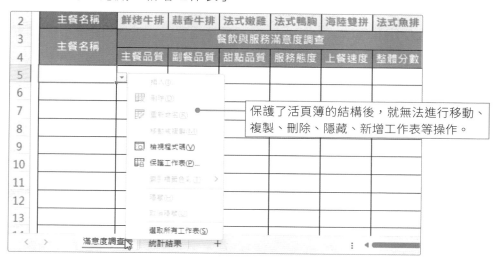

保護了活頁簿的結構後，就無法進行移動、複製、刪除、隱藏、新增工作表等操作。

TIPS

在設定保護活頁簿時，也可以按下**「檔案→資訊」**功能，再按下**「保護活頁簿→保護活頁簿結構」**選項，即可進行保護的設定。

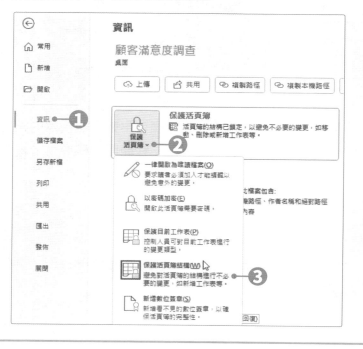

設定允許使用者編輯範圍

除了針對工作表、活頁簿設定保護外，也可以指定某些範圍不必保護，可以允許他人使用及修改。例如：在「滿意度調查表」工作表中，使用者要填入調查資料，必須輸入密碼後，才能進行輸入或修改的動作。

1. 選取 B5:H19 儲存格，按下**「校閱→保護→允許編輯範圍」**按鈕，開啟「允許使用者編輯範圍」對話方塊，按下**新範圍**按鈕。

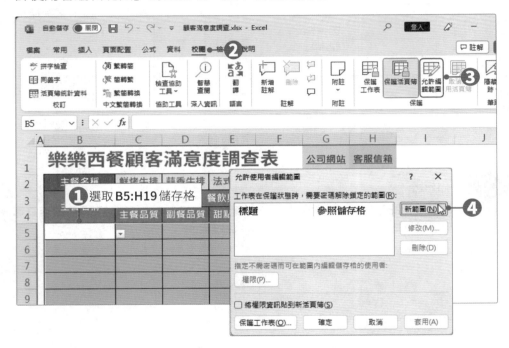

2. 開啟「新範圍」對話方塊，在**標題**欄位中輸入要使用的標題名稱；在**參照儲存格**中會自動顯示所選取的範圍；在**範圍密碼**欄位中輸入密碼，不輸入表示不設定保護密碼。

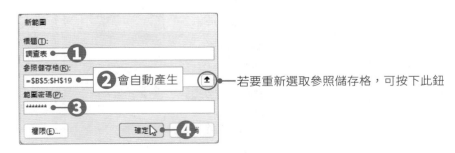

若要重新選取參照儲存格，可按下此鈕

③ 密碼設定好後按下**確定**按鈕，會要再確認一次密碼，密碼確認完後，會回到「允許使用者編輯範圍」對話方塊。

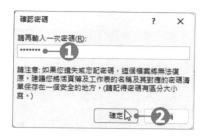

④ 接著按下**保護工作表**按鈕，開啟「保護工作表」對話方塊。

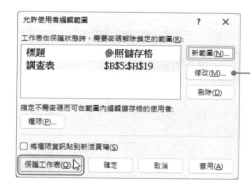

若要修改某個編輯範圍時，先點選要修改的範圍項目，再按下**修改**按鈕即可。

⑤ 建立一個保護工作表的密碼 (chwa001)，將**選取鎖定的儲存格**及**選取未鎖定的儲存格**選項勾選，設定好後按下**確定**按鈕。

6 開啟「確認密碼」對話方塊，請再輸入一次密碼，輸入好後按下**確定**按鈕。

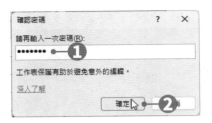

7 完成以上步驟後，當開啟該檔案，若要填寫或修改資料時，必須先輸入密碼，才能進行資料輸入的動作。

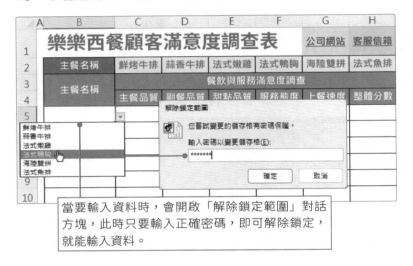

當要輸入資料時，會開啟「解除鎖定範圍」對話方塊，此時只要輸入正確密碼，即可解除鎖定，就能輸入資料。

取消保護工作表及活頁簿

當工作表及活頁簿都被設定為保護時，若要取消保護，可以按下「**校閱→保護→取消保護工作表**」按鈕；或「**校閱→保護→保護活頁簿**」按鈕，即可取消保護，取消時會要求輸入設定的密碼。

3-4 統計調查結果

當所有問卷資料皆填寫完畢,接下來就可以進行統計及分析的動作。(本節可使用「顧客滿意度調查-統計結果.xlsx」檔案進行以下練習。)

用COUNTIF函數計算點餐率

若想計算符合特定條件(如特定文字或比較運算式)的儲存格個數,可以使用「COUNTIF」函數。本範例將利用COUNTIF函數來計算各主餐的點餐率。

語法	COUNTIF(Range, Criteria)
說明	▸ **Range**:比較條件的範圍,可以是數字、陣列或參照。 ▸ **Criteria**:是用以決定要將哪些儲存格列入計算的條件,可以是數字、表示式、儲存格參照或文字。

① 開啟「顧客滿意度調查-統計結果.xlsx」檔案,其中已填妥「滿意度調查表」工作表中的各項調查意見。

② 進入**統計結果**工作表中,點選 **C4** 儲存格,按下「**公式→函數庫→其他函數**」下拉鈕,點選「**統計→ COUNTIF**」函數,開啟「函數引數」對話方塊。

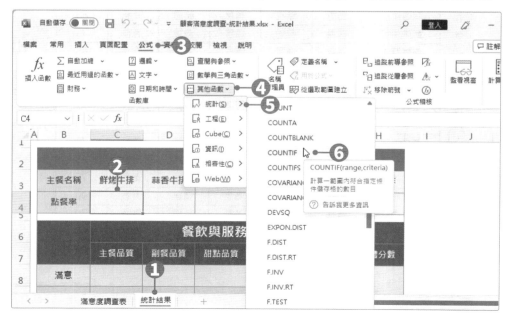

在「函數引數」對話方塊，按下第 1 個引數 (Range) 欄位的 🔼 按鈕，選
取範圍。

要選取的範圍在「滿意度調查表」工作表中，所以進入**「滿意度調查表」**
工作表中，選取 B5:B19 儲存格，選擇好後按下 🔲 按鈕。

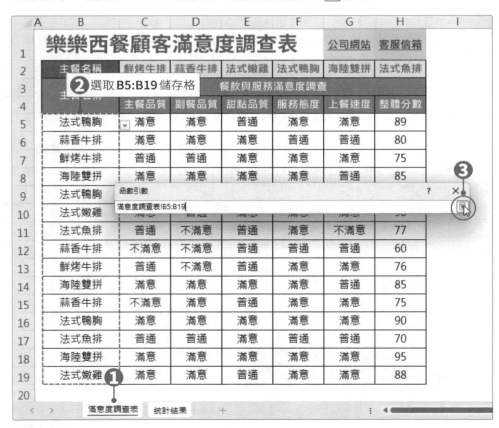

5 回到「函數引數」對話方塊，將 B5:B19 更改為 $B$5:$B$19 絕對位址，之後複製公式時，範圍才不會變動。接著按下第 2 個引數 (Criteria) 的 ⬆ 按鈕，回到工作表中選取條件所在儲存格。

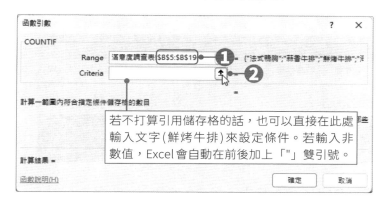

6 點選「**統計結果**」工作表的 C3 儲存格，選擇好後按下 ⬇ 按鈕。

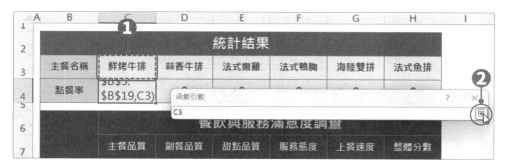

7 回到「函數引數」對話方塊後，可以看到 Criteria 引數後方顯示條件內容為 " 鮮烤牛排 "，確認無誤後，按下**確定**按鈕，即完成點餐率的函數公式。

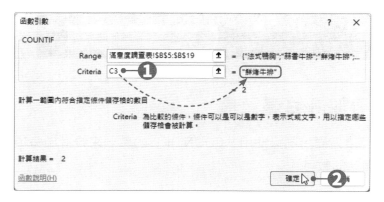

8 回到工作表中，可以看到「鮮烤牛排」的點餐率計算結果為「2」，在上方的資料編輯列也可以看到所設定的函數公式。

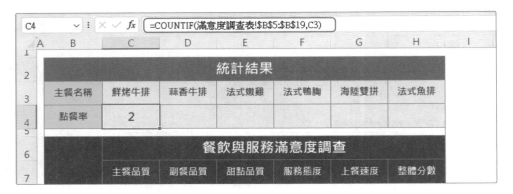

9 最後將公式複製到 **D4:H4** 儲存格中，完成各種主餐的點餐率計算。

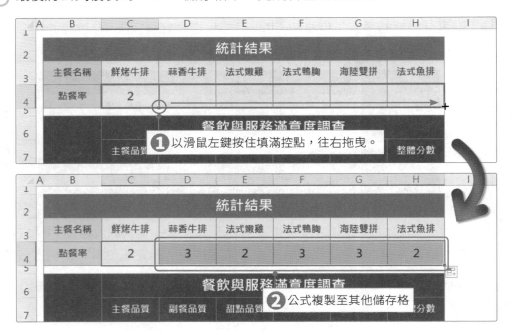

❶ 以滑鼠左鍵按住填滿控點，往右拖曳。

❷ 公式複製至其他儲存格

用COUNTIF函數計算滿意度

在計算服務滿意度方面，同樣使用「COUNTIF」函數，來統計出每項服務的滿意、普通及不滿意的數目。

1. 進入「統計結果」工作表中，點選 C8 儲存格，按下「公式→函數庫→其他函數」下拉鈕，點選「統計→ COUNTIF」函數，開啟「函數引數」對話方塊，進行公式的設定。

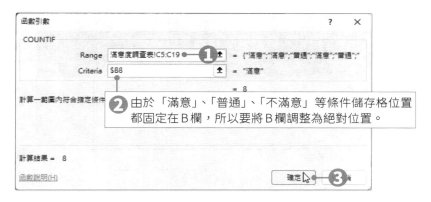

2. 回到工作表後，即可計算出「主餐品質」勾選為「滿意」的數量。

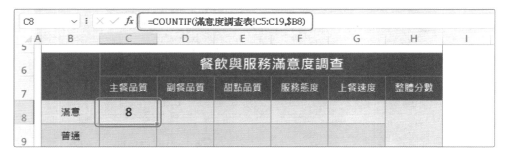

3. 接著以滑鼠左鍵按住填滿控點往下拖曳，將公式複製到 C9:C10 儲存格中。再按下右下角的 填滿智慧標籤下拉選單，點選填滿但不填入格式。

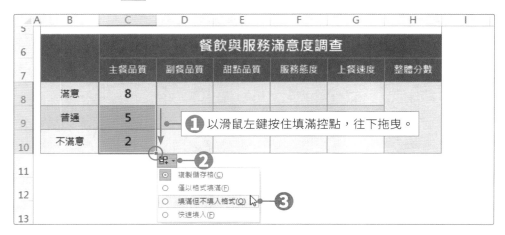

4 到目前為止，「主餐品質」的滿意度公式都設定好了。最後選取 **C8:C10** 儲存格，將滑鼠游標拖曳填滿控點，將公式複製到其他項目中，即可完成所有的滿意度調查統計。

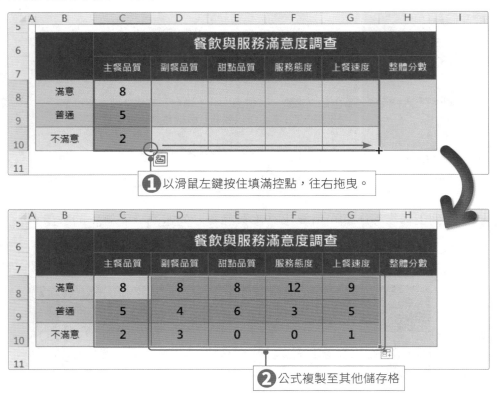

❶ 以滑鼠左鍵按住填滿控點，往右拖曳。

❷ 公式複製至其他儲存格

用AVERAGE函數計算整體分數

在計算整體分數方面，要使用「AVERAGE」函數來計算整體的平均分數。

1 進入「**統計結果**」工作表中，點選 H8 儲存格，按下「**公式→函數庫→自動加總→平均值**」按鈕。

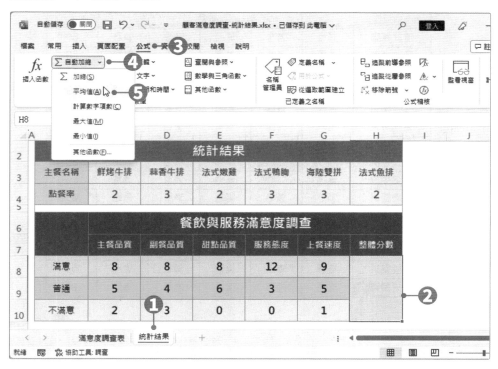

2 此時儲存格會自動加入「=AVERAGE(C8:G8)」公式，但此範圍並不正確，所以要重新選取。

③ 在範圍為選取狀態下，按下「**滿意度調查表**」工作表，進入工作表後，選取 H5:H19 儲存格，選取好後按下 Enter 鍵，此時就會跳回「**統計結果**」工作表中，並完成計算的動作。

H5	∨ : × ✓ fx	=AVERAGE(滿意度調查表!H5:H19)						
	A	B	C	D	E	F	G	H	I

	主餐品質	副餐品質	甜點品質	服務態度	上餐速度	整體分數
法式鴨胸	滿意	滿意	普通	滿意	滿意	89
蒜香牛排	滿意	滿意	滿意	普通	普通	80
鮮烤牛排	普通	普通	普通			75
海陸雙拼	滿意	滿意				85
法式鴨胸	普通	普通	普通	滿意	滿意	78
法式嫩雞	滿意	普通	滿意	滿意	滿意	90
法式魚排	普通	不滿意	普通	滿意	不滿意	77
蒜香牛排	不滿意	不滿意	普通	普通	普通	60
鮮烤牛排	普通	不滿意	普通	滿意	滿意	76
海陸雙拼	滿意	滿意	滿意	滿意	普通	85
蒜香牛排	不滿意	滿意			滿意	75
法式鴨胸	滿意	滿意	滿意	滿意	滿意	90
法式魚排	普通	普通	滿意	普通	普通	70
海陸雙拼	滿意	滿意	滿意	滿意	滿意	95
法式嫩雞	滿意	滿意	普通	滿意	滿意	88

② 選取 **H5:H19** 儲存格，按下 **Enter** 鍵。

AVERAGE(number1, [number2], ...)

① 滿意度調查表 統計結果 +

參照儲存格 🔲 🔏 協助工具: 調查 平均值: 84.33333333 項目個數: 3 加總: 253

	C	D	E	F	G	H
統計結果						
鮮烤牛排	蒜香牛排	法式嫩雞	法式鴨胸	海陸雙拼	法式魚排	
2	3	2	3	3	2	
餐飲與服務滿意度調查						
主餐品質	副餐品質	甜點品質	服務態度	上餐速度	整體分數	
8	8	8	12	9		
5	4	6	3	5	**81** ③	
2	3	0	0	1		

3-5 頁首及頁尾的設定

在列印工作表之前,我們可以先在頁首與頁尾中加入標題文字、頁碼、頁數、日期、時間、檔案名稱、工作表名稱等資訊。

1. 進入「**統計結果**」工作表中,按下「**插入→文字→頁首及頁尾**」按鈕,或是按下視窗下方檢視工具中的 🖩 **整頁模式**按鈕,即可進入頁首及頁尾編輯模式。

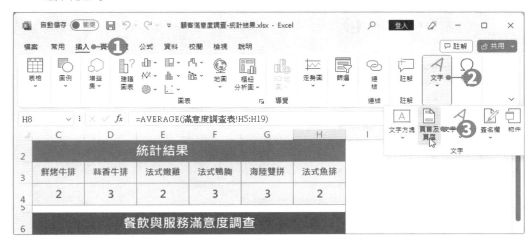

2. 在頁首區域中,會區分為左、中、右三個部分,在中間區域按一下滑鼠左鍵,即可輸入頁首文字。文字輸入好後,選取文字,進入「**常用→字型**」群組中,進行文字格式設定。

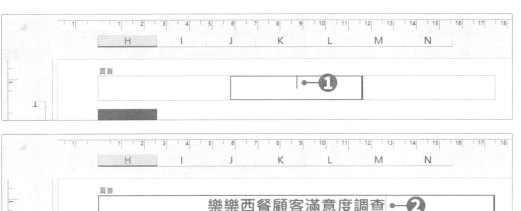

③ 接著按下「**頁首及頁尾→導覽→移至頁尾**」按鈕，切換至頁尾區域中。

④ 在中間區域按一下滑鼠左鍵，按下「**頁首及頁尾→頁首及頁尾→頁尾**」下拉鈕，於選單中選擇要使用的頁尾格式。

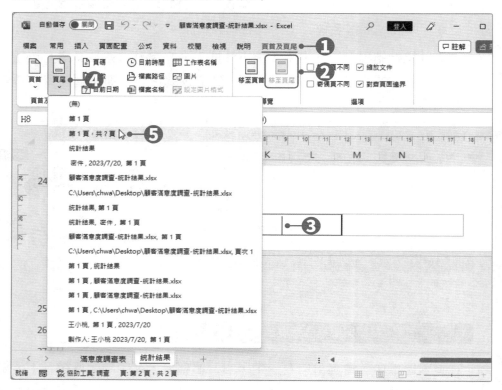

⑤ 在左邊區域按一下滑鼠左鍵，再輸入「**製表日期：**」文字，文字輸入好後，按下「**頁首及頁尾→頁首及頁尾項目→目前日期**」按鈕，插入當天日期。

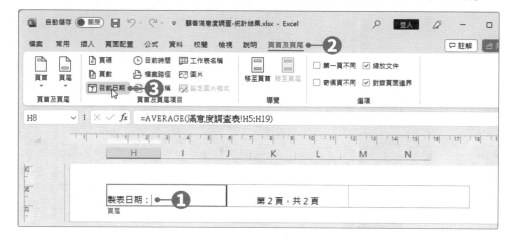

6 在右邊區域中按下滑鼠左鍵，點選「**頁首及頁尾→頁首及頁尾項目→檔案名稱**」按鈕，插入活頁簿的檔案名稱。

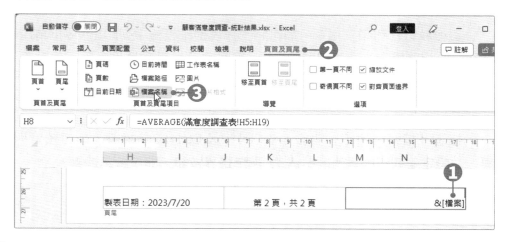

7 頁首及頁尾設定好後，點選「**檢視→活頁簿檢視→標準檢視**」按鈕，或是按下視窗下方檢視工具中的 ⊞ **標準檢視**按鈕，即可離開頁首及頁尾的編輯模式。

樂樂西餐顧客滿意度調查

統計結果

主餐名稱	鮮烤牛排	蒜香牛排	法式嫩雞	法式鴨胸	海陸雙拼
點餐率	2	3	2	3	3

餐飲與服務滿意度調查

	主餐品質	副餐品質	甜點品質	服務態度	上餐速度
滿意	8	8	8	12	9
普通	5	4	6	3	5
不滿意	2	3	0	0	1

製表日期：2023/7/20　　第1頁，共2頁　　顧客滿意度調查-統計結果.xlsx

3-6 列印工作表

最後執行「列印」指令，即可將工作表從印表機中列印出。列印前還可以進行一些相關設定，像是選擇印表機、列印頁面、縮放比例、列印份數等。

預覽列印

按下「**檔案→列印**」功能，或 **Ctrl+P** 及 **Ctrl+F2** 快速鍵，即可預覽列印結果，並設定要列印的頁面。點選 🔲 **顯示邊界**按鈕，即可顯示邊界。

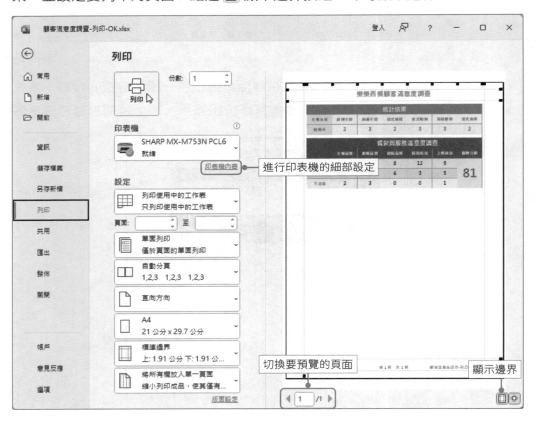

進行印表機的細部設定

切換要預覽的頁面

顯示邊界

◉ 選擇要使用的印表機

若電腦中安裝多台印表機時，則可以按下**印表機**選項，選擇要使用的印表機。因為不同的印表機，紙張大小和列印品質都有差異，可以按下**印表機內容**項目，進行印表機的細部設定。

🎯 指定列印頁面

在**列印使用中的工作表**選項中，可以設定要列印的頁面，或是選擇列印使用中的工作表、整本活頁簿、目前選取範圍等。

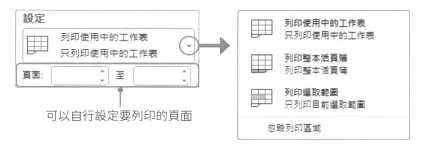

可以自行設定要列印的頁面

TIPS

列印使用中的工作表會列印目前所看到的工作表；**列印整本活頁簿**會將活頁簿檔案裡所有的工作表都一併列印出來；**列印選取範圍**只會列印所選取的儲存格範圍。

🎯 縮放比例

列印時可以選擇縮放比例，選單中提供了四種選項，若想要自訂時，則可以按下**自訂縮放比例選項**，開啟「版面設定」對話方塊，進行縮放比例的設定。

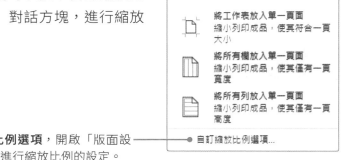

按下**自訂縮放比例選項**，開啟「版面設定」對話方塊，進行縮放比例的設定。

🎯 列印及列印份數

列印資訊都設定好後，即可在**份數**欄位中輸入要列印份數，最後再按下**列印**按鈕，即可將內容從印表機中印出。

按下**列印**按鈕即可進行列印的動作

自我評量

☻選擇題

(　　)1. 在 Excel 中，若要在儲存格中加入超連結的設定，可按下哪一組快速鍵？
(A)Ctrl+U　　(B)Ctrl+K　　(C)Ctrl+E　　(D)Ctrl+O。

(　　)2. 在 Excel「資料驗證」功能中，「錯誤提醒」的作用為下列何者？　(A) 指定該儲存格的輸入法模式　　(B) 輸入的資料不正確時顯示警訊　　(C) 設定資料驗證準則　　(D) 當儲存格被選定時，顯示訊息。

(　　)3. 在 Excel 中，有關資料驗證的描述下列哪個不正確？　(A) 資料驗證主要功能在於規範資料輸入的限制，以確保資料輸入的正確性　　(B) 資料驗證可以在儲存格內設定「整數、實數、文字長度、日期」等驗證準則　　(C) 資料驗證功能無法在儲存格內自行設定函數與公式的驗證準則　　(D) 當啟動共用活頁簿時，就無法對資料範圍進行資料驗證設定。

(　　)4. 在 Excel 中，設定鎖定儲存格後，須再執行何種功能，鎖定的功能才會生效？　(A) 儲存檔案　　(B) 建立名稱　　(C) 儲存工作環境　　(D) 保護工作表。

(　　)5. 阿嘉利用 Excel 來記錄家庭收支明細，他不希望檔案被他人開啟，請問他可以利用下列哪一項功能來達成？　(A) 設定只允許使用者編輯特定儲存格範圍　　(B) 設定活頁簿防寫密碼　　(C) 設定活頁簿保護密碼　　(D) 設定保護工作表的密碼。

(　　)6. 在 Excel 中，儲存檔案時，設定防寫密碼的作用為？　(A) 防止他人修改檔案內容　　(B) 避免檔案被刪除　　(C) 避免他人開啟檔案　　(D) 將檔案隱藏。

(　　)7. 在 Excel 中，利用下列哪個函數可以在成績表中計算國文成績不及格的人數？　(A)RANK()　　(B)COUNTIF()　　(C)SUM()　　(D)VLOOKUP()。

(　　)8. 在 Excel 中，儲存格 A1:A6 的資料如右圖所示。假設欲利用 COUNTIF() 函數，在 B2 儲存格計算出大於 60 的值，下列何者正確？
(A) 公式：COUNTIF(A1,A6;>60)，值為 4
(B) 公式：COUNTIF(A1;A6,>"60")，值為 3
(C) 公式：COUNTIF(A1:A6 ,">60")，值為 3
(D) 公式：COUNTIF(A1,A6,">60")，值為 4

	A
1	45
2	64
3	44
4	76
5	80
6	87

✪ 實作題

1. 開啟「Excel→Example03→座談會報名表.xlsx」檔案，進行以下設定。

● 使用資料驗證功能在「座談會名稱」欄位中加入「座談會名稱」清單(清單內容請直接選取儲存格範圍)，並加入輸入訊息，訊息標題為「請選擇」，訊息內容為「請選擇要參加的座談會名稱」。

● 使用資料驗證功能在「參加名稱」欄位中加入「演講日期」清單(清單內容請直接選取儲存格範圍)，並加入輸入訊息，訊息標題為「請選擇」，訊息內容為「請選擇要參加的日期」。

● 使用資料驗證功能在「參加名稱」欄位中加入「早場,午場,晚場」清單，並加入輸入訊息，訊息標題為「請選擇」，訊息內容為「請選擇要參加的場次」。

● 該份報名表只允許填表者使用「B6:F15」的範圍，該範圍不設定密碼，但請將工作表的保護密碼設定為：chwa-002。

	A	B	C	D	E	F
1						
2		姓名	電子郵件	座談會名稱	參加日期	參加場次
3		王小桃	momo@ms1.chwa.com.tw	峇里島的樂舞戲與生活	1月23日	午場
4		徐小泰	abc@ms1.chwa.com.tw	烏茲別克手鼓與即藝術	1月22日	早場
5						
6						
7				請選擇 請選擇要參加的座談會名稱		
8						
9						
10						
11						
12						

H	I	J	K
音樂學堂亞洲樂舞 座談會			
座談會名稱	演講日期		
烏茲別克手鼓與即藝術	1月22日	1月23日	1月24日
韓國傳統樂舞與文化政策	1月22日	1月23日	1月24日
峇里島的樂舞戲與生活	1月22日	1月23日	1月24日
日本音樂流派觀念與實踐	1月22日	1月23日	1月24日
※預約報名，欲參加者請填寫報名表。			

2. 開啟「範例檔案→Excel→Example03→旅遊意願調查表.xlsx」檔案,進行以下設定。

● 在C1、D1、E1儲存格中分別加入超連結,連結至「北海道行程.docx」、「沙巴行程.docx」、「峇里島行程.docx」檔案。

● 使用資料驗證功能在「參加意願」欄位中加入「是,否」清單。

● 使用資料驗證功能在「旅遊地點」欄位中加入「北海道,沙巴,峇里島」清單。

● 設定「攜眷人數」欄位最多只能0~3人,並設計輸入訊息及錯誤提醒視窗。

● 設定完後請自行填入所有資料,並將活頁簿設定為保護狀態,不設定密碼。

	A	B	C	D	E	F	G
1 2			北海道行程表	沙巴行程表	峇里島行程表		
3		員工編號	姓名	參加意願	旅遊地點	攜眷人數	
4		A0701	王小桃	是	北海道	1	
5		A0702	林雨成	是	峇里島	0	
6		A0706	陳芝如	否		5	
7		A0707	邱雨桐	是	北海道	2	請注意! 攜眷人數最多
8		A0709	郭子泓	是	沙巴	0	3人。
9		A0711	王一林	否			
10		A0713				2	
11		A0714				3	
12		A0718				1	
13		A0719				2	
14		A0725	陳寶如	是	峇里島	0	
15		A0728	王思如	是	北海道	1	

攜眷人數限制　　　　　　　　　　　　　　×

⚠ 輸入有誤,攜眷人數須介於0~3之間。
您要繼續嗎?

　是(Y)　　否(N)　　取消　　說明(H)

● 在「投票結果」工作表中,利用COUNTIF函數計算出各旅遊路線的得票數。

	A	B
1	員工旅遊意願調查結果	
2	旅遊地點	得票數
3	北海道	8
4	沙巴	1
5	峇里島	4

04

分店營收統計圖

Excel 圖表編修

學習目標

合併彙算 /
走勢圖的建立與編輯 /
建立圖表 / 圖表的版面配置 /
變更圖表資料範圍 /
變更圖表類型 / 圖表篩選 /
美化圖表

● **範例檔案** (範例檔案\Excel\Example04)

分店營收統計 .xlsx

● **結果檔案** (範例檔案\Excel\Example04)

分店營收統計 -OK.xlsx

在「分店營收統計圖」範例中，要將四個門市的營收合併為總營業額，再進行圖表的製作。圖表是 Excel 中很重要的功能，因為一大堆的數值資料，都比不上圖表來得一目瞭然，透過圖表能夠更容易解讀出資料的意義。所以，這裡要學習如何輕鬆又快速地製作出美觀的圖表。

	第一季	第二季	第三季	第四季	
焦糖瑪奇朵	$1,362,345	$979,415	$910,720	$939,720	
那堤	$1,087,630	$1,214,000	$1,443,650	$1,096,200	
蔓越莓白摩卡	$904,110	$795,300	$1,083,420	$1,255,530	
太妃核果那堤	$751,470	$1,374,405	$852,170	$1,483,470	

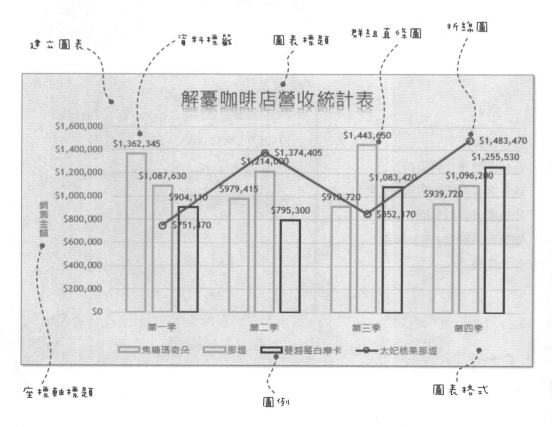

4-1 以合併彙算計算總營業額

　　要計算分散在不同工作表的資料，除了使用複製/貼上功能，將資料移到同一個工作表進行計算之外，還有一個更聰明的方法：使用「**合併彙算**」功能。合併彙算可將活頁簿中多個工作表內的資料合併在一起計算，也可以選擇不同活頁簿中的工作表進行合併計算。

　　合併彙算提供了加總、項目個數、平均值、最大值、最小值、乘積、標準差、變異值等函數，在進行合併彙算時，可依需求選擇要使用的函數。在此範例中，要將四個門市的營收，加總至「總營業額」工作表。

① 進入「**總營業額**」工作表，按下「**資料→資料工具→ 合併彙算**」按鈕，開啟「合併彙算」對話方塊。

② 在**函數**選單中選擇**加總**，選擇好後，在**參照位址**欄位中按下 ⬆ 按鈕，回到工作表中。

③ 進入**好時光門市**工作表，選取 A1:E5 儲存格，儲存格範圍選取好後按下
　 🔳 按鈕，回到「合併彙算」對話方塊。

④ 此時按下**新增**按鈕，參照位址就會被加到**所有參照位址**欄位中，表示為合
　 併彙算的其中一部分資料。

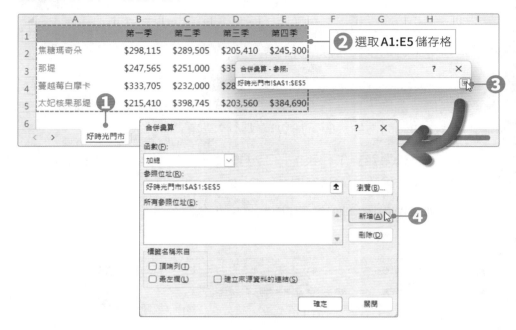

⑤ 目前已新增第一個參照位址，接下來利用相同方式，將**綠光門市、迴味門
市**及**文創門市**的參照位址也一一新增進來。

⑥ 參照位址都新增完後，請將**頂端列**和**最左欄**選項勾選，最後按下**確定**按鈕，
回到「**總營業額**」工作表中。

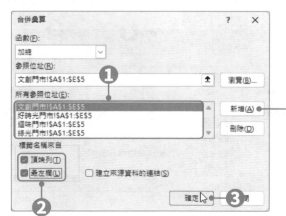

每次選取好參照位址後，一定要按下**新
增**按鈕，才會將選取的參照位址新增到
所有參照位址欄位中。

TIPS

標籤名稱來自

◆ **頂端列**：若各來源位置中包含**相同的欄標題**，可勾選此選項，合併彙算時便會自動複製欄標題至合併彙算表中。

◆ **最左欄**：若各來源位置中包含**相同的列標題**，可勾選此選項，合併彙算時便會自動複製列標題至合併彙算表中。

以上兩個選項也可以同時勾選。若兩者均不勾選，則 Excel 不會複製任一欄或列標題至合併彙算表中。如果所框選的來源位置標題不一致，則在合併彙算表中，將會視為個別的列或欄，單獨呈現在工作表中，而不計入加總的運算。

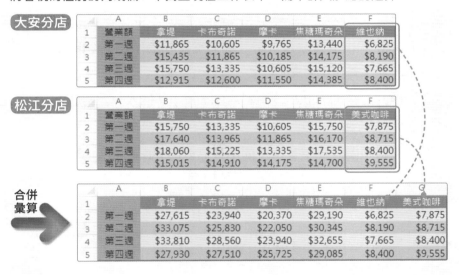

建立來源資料的連結

若希望在來源資料變更時，也能自動更新合併彙算表中的計算結果，就必須勾選此選項。當資料來源有所變更時，目的儲存格也會跟著重新計算。

7 回到工作表後，所建立的合併彙算表中就會顯示欄標題、列標題，以及第一季至第四季各項目的加總金額。

4-2 使用走勢圖分析營收趨勢

Excel 的**走勢圖**功能可以快速在單一儲存格中加入圖表，以便了解該儲存格的變化。

建立走勢圖

Excel 提供了**折線圖**、**直條圖**、**輸贏分析**等三種類型的走勢圖，在建立時，可以依資料的特性選擇適當的類型。

目前已將各門市的營收合併至「總營業額」工作表中，接著將在「總營業額」工作表中建立各季的走勢圖。

1. 選取要建立走勢圖的 B2:E5 資料範圍，按下「**插入→走勢圖→直條**」按鈕，開啟「建立走勢圖」對話方塊。

2. 此時在**資料範圍**欄位中會直接顯示被選取的範圍。若要修改範圍，按下 ⬆ 按鈕，即可於工作表中重新選取資料範圍。

3. 接著按下**位置範圍**的 ⬆ 按鈕，要在工作表中設定走勢圖的擺放位置。

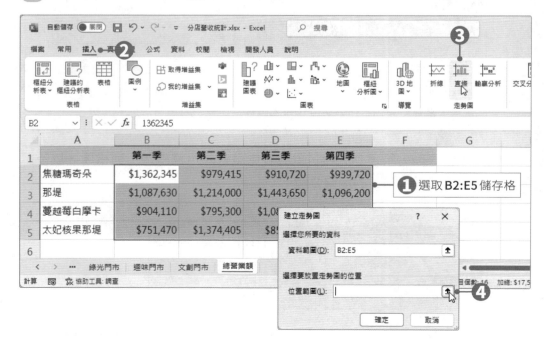

4 於工作表中選取 **F2:F5** 範圍後，按下 按鈕，回到「建立走勢圖」對話方塊，按下**確定**按鈕。

① 選取 **F2:F5** 儲存格

在選取的位置範圍中的所有儲存格都會加入走勢圖，而此範圍的走勢圖會形成一個群組。

5 回到工作表後，位置範圍中就會顯示走勢圖。

走勢圖格式設定

　　建立好走勢圖後，只要將作用儲存格移至走勢圖中，此時將開啟**走勢圖**索引標籤，從中便可進行走勢圖的各種格式設定，例如：為走勢圖加上標記、變更走勢圖的色彩、變更標記色彩等。

TIPS

在儲存格中建立的走勢圖預設是一個群組，所以當設定走勢圖時，群組內的走勢圖都會跟著變動。若要單獨設定某個儲存格的走勢圖時，按下「**走勢圖→群組→取消群組**」按鈕，先將群組解開後，再進行個別設定。

顯示最高點及最低點

只要將「走勢圖→顯示」群組中的高點及低點項目勾選起來，即可在走勢圖中加上標記，就能立即看出走勢圖的最高點及最低點落在哪裡。

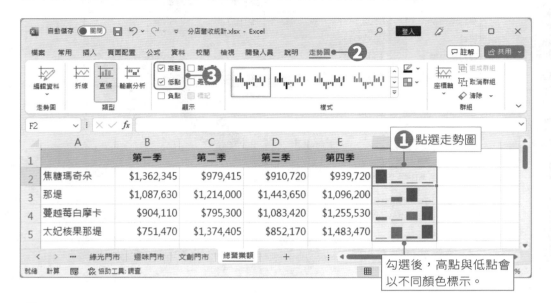

走勢圖樣式

在「走勢圖→樣式」群組中，可以套用走勢圖樣式，也可以設定 走勢圖色彩以及 標記色彩。

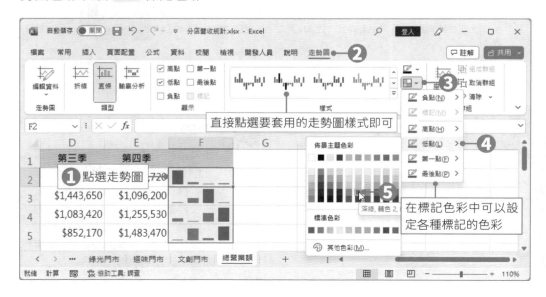

變更走勢圖類型

若要更換走勢圖的類型，可在「**走勢圖→類型**」群組中，直接點選要更換的走勢圖類型。

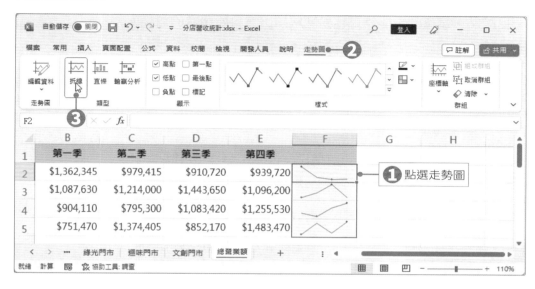

清除走勢圖

若要清除走勢圖，按下「**走勢圖→群組→清除**」下拉鈕，於選單中選擇**清除選取的走勢圖群組**，即可將走勢圖從儲存格中清除。

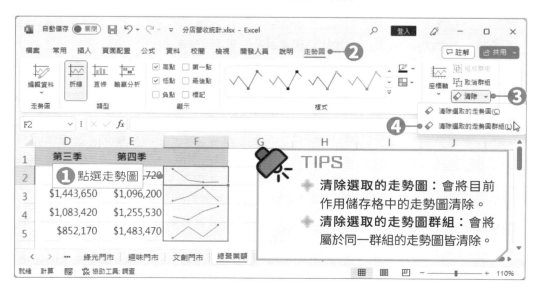

TIPS

◆ **清除選取的走勢圖**：會將目前作用儲存格中的走勢圖清除。

◆ **清除選取的走勢圖群組**：會將屬於同一群組的走勢圖皆清除。

4-3 建立營收統計圖

　　圖表是 Excel 很重要的功能，因為一大堆的數值資料，都比不上圖表來得一目瞭然，透過圖表能夠更輕易地解讀出資料所蘊含的意義。

認識圖表

　　Excel 提供了許多圖表類型，每一個類型下還有副圖表類型，下表所列為各圖表類型的說明。

圖表類型		說明
	直條圖	比較同一類別中數列的差異。
	折線圖	表現數列的變化趨勢，最常用來觀察數列在時間上的變化。
	圓形圖	顯示一個數列中，不同類別所佔的比重。
	橫條圖	比較同一類別中，各數列比重的差異。
	區域圖	表現數列比重的變化趨勢。
	XY散佈圖	XY散佈圖沒有類別項目，它的水平和垂直座標軸都是數值，專門用來比較數值之間的關係。
	股票圖	呈現股票資訊。
	曲面圖	呈現兩個因素對另一個項目的影響。
	雷達圖	表現數列偏離中心點的情形，以及數列分布的範圍。
	矩形式樹狀結構圖	適合用來比較階層中的比例。
	放射環狀圖	適合用來顯示階層式資料。每一個層級都是以圓圈表示，最內層的圓圈代表最上面的階層。
	盒鬚圖	會將資料分散情形顯示為四分位數，並醒目提示平均值及異常值，是統計分析中最常使用的圖表。
	瀑布圖	使用長條圖來呈現新的值與起始值之間的增減關係，可快速顯示收益和損失。
	漏斗圖	只用來表示一個數列，形狀有如漏斗般，由上而下的線條寬度會越來越窄，適用於表達具有階段性或循序性的資料。

在工作表中建立圖表

在此範例中，要將每一季的總營業額建立為「群組直條圖」。

① 在工作表中選取要建立圖表的資料範圍（本例為 A1:E5）。

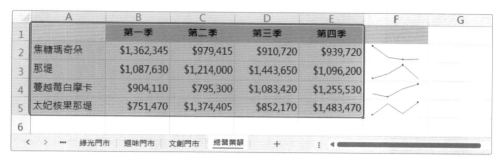

TIPS

在選取圖表的資料範圍時，若工作表中並未包含標題文字，就可以不用選取資料範圍，只須將作用儲存格移至任一有資料的儲存格即可。

② 按下「插入→圖表→ ⬛⋁ 直條圖」下拉鈕，於選單中選擇**群組直條圖**。

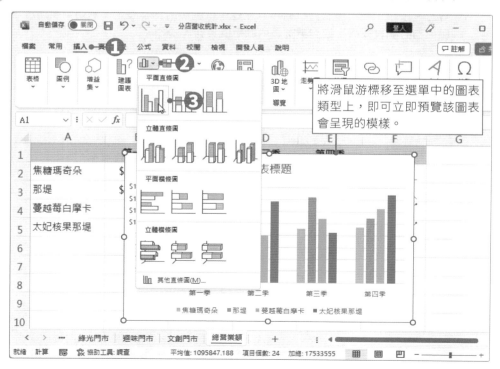

3 點選後，在工作表中就會出現該圖表。

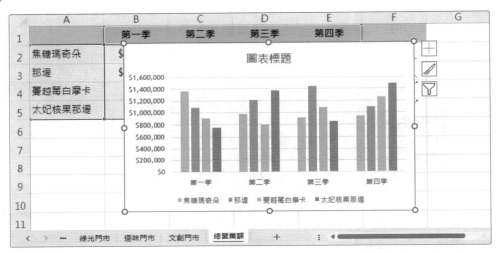

TIPS

快速格式化圖表按鈕

選取圖表後，在圖表的右上角旁會出現 ⊞ **圖表項目**、✎ **圖表樣式**、▽ **圖表篩選**
等三個按鈕，利用這三個按鈕可以快速進行圖表的基本設定，例如：新增圖表項
目、自訂圖表外觀，或變更圖表內顯示的資料等操作。

快速格式化圖表按鈕		說明
⊞	圖表項目	用來新增、移除或變更圖表的座標軸、標題、圖例、資料標籤、格線、圖例等項目。
✎	圖表樣式	用來設定圖表的樣式及色彩配置。
▽	圖表篩選	可篩選圖表上要顯示哪些數列及類別。

TIPS

使用快速分析按鈕建立圖表

除了透過「**插入→圖表**」群組，也可以使用**快速分析**按鈕來建立圖表。先選取資料範圍，按下 **快速分析**按鈕，點選**圖表**標籤，即可選擇要建立的圖表類型。

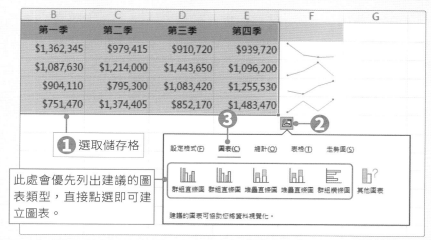

	B	C	D	E	F	G
	第一季	第二季	第三季	第四季		
	$1,362,345	$979,415	$910,720	$939,720		
	$1,087,630	$1,214,000	$1,443,650	$1,096,200		
	$904,110	$795,300	$1,083,420	$1,255,530		
	$751,470	$1,374,405	$852,170	$1,483,470		

1 選取儲存格

此處會優先列出建議的圖表類型，直接點選即可建立圖表。

設定格式(F)　圖表(C)　總計(O)　表格(T)　走勢圖(S)

群組直條圖　群組直條圖　堆疊直條圖　堆疊直條圖　群組橫條圖　其他圖表

建議的圖表可協助您將資料視覺化。

若建議選單中找不到想要的圖表類型，按下**其他圖表**，會開啟「插入圖表」對話方塊，點選**所有圖表**標籤，即可選擇其他圖表樣式。

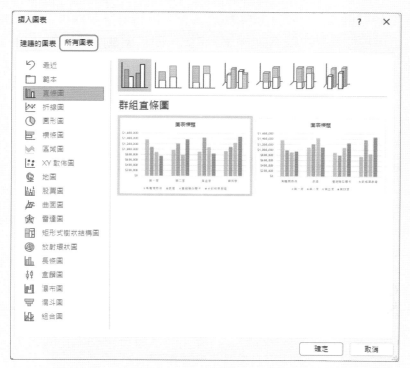

調整圖表位置及大小

在工作表中的圖表,可以進行搬移的動作。只要將滑鼠游標移至圖表外框或外框內任一空白處,按住滑鼠左鍵不放並進行拖曳,即可調整圖表在工作表中的位置。

若要調整圖表的大小,只要點選圖表,再將滑鼠游標移至圖表周圍出現的控制點上,按住滑鼠左鍵不放並進行拖曳,即可調整圖表的大小。

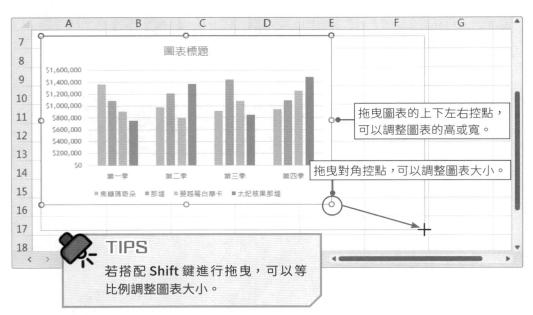

拖曳圖表的上下左右控點,可以調整圖表的高或寬。

拖曳對角控點,可以調整圖表大小。

TIPS

若搭配 **Shift** 鍵進行拖曳,可以等比例調整圖表大小。

套用圖表樣式

Excel 提供一些預設的圖表樣式，不須大費周章地編輯設定，就能快速製作出專業又美觀的圖表。只要在「**圖表設計→圖表樣式**」群組中，直接點選想要套用的樣式即可；而按下**變更色彩**按鈕，則可設定圖表的色彩。

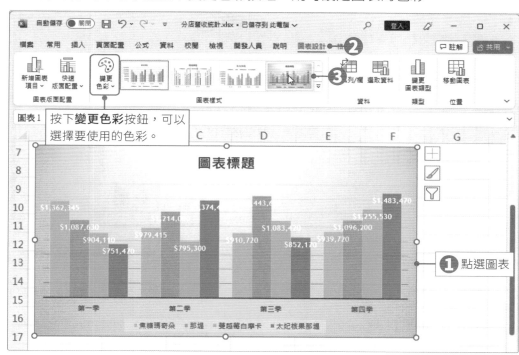

按下**變更色彩**按鈕，可以選擇要使用的色彩。

❶ 點選圖表

TIPS

將圖表移動至新工作表中

在預設情況下，建立的圖表會新增在資料來源所在的工作表中。若想將圖表單獨放在一個新的工作表，可以按下「**圖表設計→位置→移動圖表**」按鈕，開啟「移動圖表」對話方塊，點選**新工作表**，並輸入工作表名稱，設定好後按下**確定**按鈕，即可將圖表移動到新工作表中。

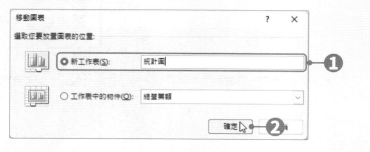

要設定圖表樣式及色彩時，也可以直接按下圖表右上角的 **圖表樣式**按鈕，在**樣式**標籤中可以選擇要套用的圖表樣式；在**色彩**標籤中可以選擇要使用的色彩配置。

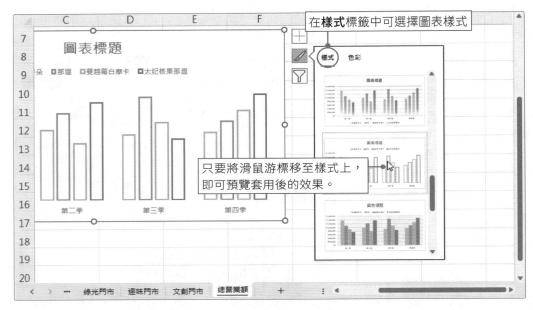

在**樣式**標籤中可選擇圖表樣式

只要將滑鼠游標移至樣式上，即可預覽套用後的效果。

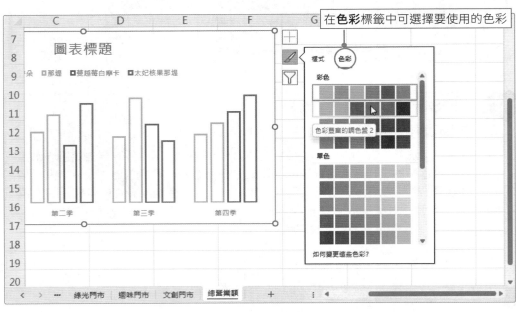

在**色彩**標籤中可選擇要使用的色彩

4-4 圖表的版面配置

圖表的組成

一個圖表的基本構成,大致包含資料標記、資料數列、類別座標軸、圖例、數值座標軸、圖表標題等物件。圖表中的每一個物件都可以個別修改,下表所列為圖表各物件的說明。

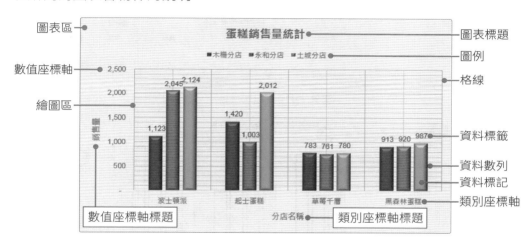

名稱	說明
圖表區	整個圖表區域。
數值座標軸	根據資料標記的大小,自動產生衡量的刻度。
繪圖區	不包含圖表標題、圖例,只有圖表內容,可以移動位置、調整大小。
數值座標軸標題	顯示數值座標軸上,數值刻度的標題名稱。
類別座標軸標題	顯示類別座標軸上,類別項目的標題名稱。
圖表標題	圖表的標題。
資料標籤	在數列資料點旁邊,標示出資料的數值或相關資訊,例如:百分比、泡泡大小、公式。
格線	數值刻度所產生的線,用以衡量數值的大小。
圖例	顯示資料標記屬於哪一組資料數列。
資料數列	同樣的資料標記,為同一組資料數列,簡稱**數列**。
類別座標軸	將資料標記分類的依據。
資料標記	是指資料數列的樣式,例如:長條圖中的長條。每一個資料標記,就是一個資料點,也表示儲存格的數值大小。

4

分店營收統計圖 / Excel 圖表編修

新增圖表項目

建立圖表後，可依據實際需求為圖表加上相關資訊，讓圖表看起來更詳盡完整。按下「圖表設計→圖表版面配置→新增圖表項目」下拉鈕，於選單中即可選擇要加入哪些項目。

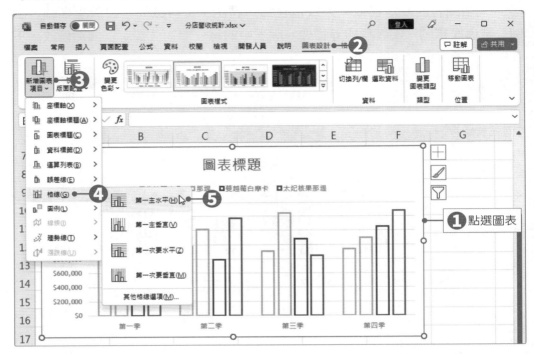

要新增圖表項目時，也可以直接按下圖表右上角的 ⊞ **圖表項目**按鈕，於選單中選擇要加入哪些項目。

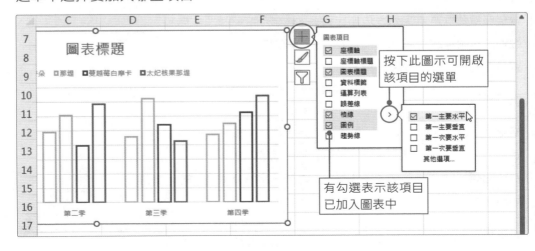

Excel 2021

修改圖表標題及圖例位置

在建立圖表時，預設會有圖表標題及圖例，但圖表標題內容並不一定是正確的，而圖例位置也不一定是想要的，所以這裡要來進行修改的動作。

1 只要選取圖表標題物件，在圖表標題中**快按滑鼠左鍵三下**，選取原來的圖表標題文字，接著直接輸入新的圖表標題文字即可。

2 圖表標題修改好後，選取圖表物件，按下 ⊞ **圖表項目**按鈕，於選單中按下**圖例**的 **>** 圖示，再點選**下**，圖例就會置於圖表的下方。

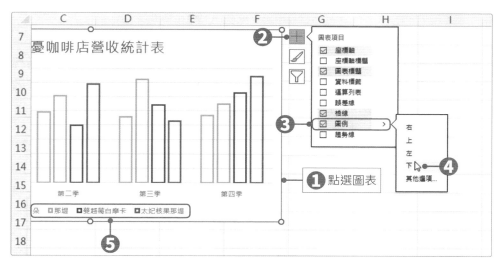

加入資料標籤

原來的圖表將數值以長條圖表現，並不能得知真正的數值大小，此時可以在數列上加入**資料標籤**，讓數值或比重立刻一清二楚。

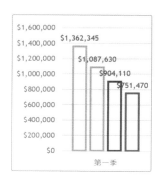

① 選取圖表物件，按下 圖表項目按鈕，將**資料標籤**項目勾選，再按下 ＞ 圖示，點選**終點外側**，即可加入資料標籤。

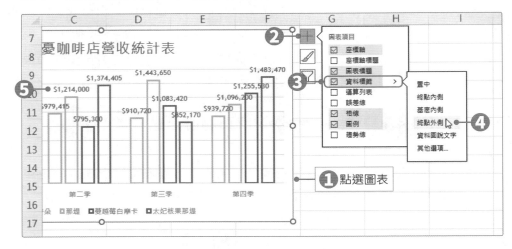

② 加入資料標籤後，點選**焦糖瑪奇朵**資料標籤，此時其他數列的資料標籤也會跟著被選取，接著就可以針對資料標籤進行文字大小及格式的修改，或是調整資料標籤的位置。

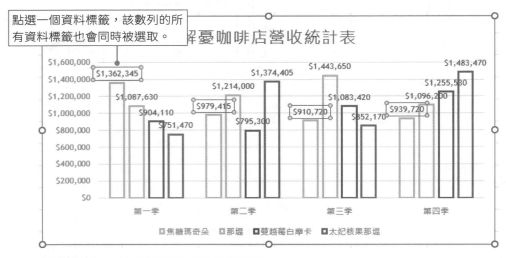

TIPS
將滑鼠游標移至資料標籤上，按住滑鼠左鍵不放並拖曳，即可移動該資料標籤的位置。

③ 若想進一步調整資料標籤的顯示內容及格式等細部設定，可選取**資料標籤**物件，按下圖表工具的**「格式→目前的選取範圍→格式化選取範圍」**按鈕，會開啟「資料標籤格式」窗格。

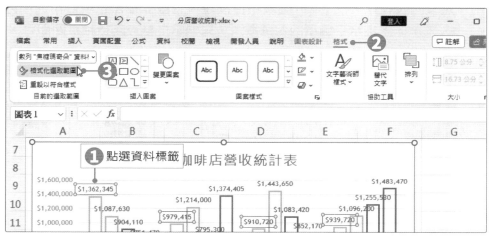

④ 在「資料標籤格式」窗格的**標籤選項**項目中，可以勾選想要顯示的標籤內容；在**數值**項目中，可以設定類別及格式。

除了在數列上顯示**值**資料標籤外，還可以顯示**數列名稱**、**類別名稱**、**圖例符號**等。

可設定資料標籤數值的資料格式，例如**數值**、**貨幣**、**日期**、**百分比**等。

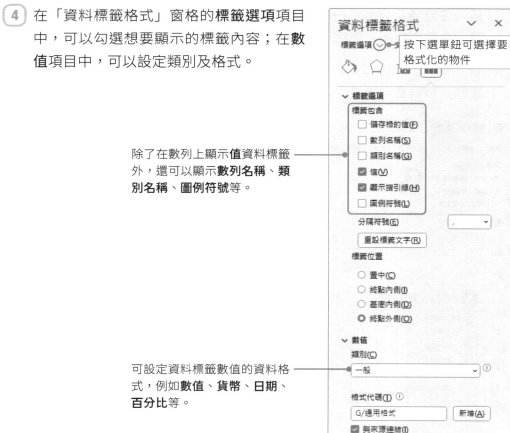

分店營收統計圖／Excel 圖表編修

4-21

加入座標軸標題

加入座標軸標題可以清楚知道該座標軸所代表的意義。

1 選取圖表物件，按下 ⊞ **圖表項目**按鈕，將**座標軸標題**項目勾選，再按下 ❯ 圖示，將**主水平**選項的勾選取消，只顯示主垂直座標軸標題即可。

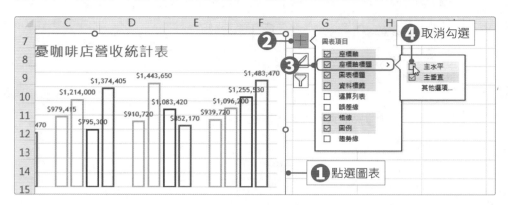

2 選取**主垂直座標軸標題**物件，按下圖表工具的「**格式→目前的選取範圍→格式化選取範圍**」按鈕，會開啟「座標軸標題格式」窗格。

3 在「座標軸標題格式」窗格中，點選**標題選項**標籤，按下 🔳 **大小與屬性**按鈕，將**垂直對齊**設定為**正中**；**文字方向**設定為**垂直**。

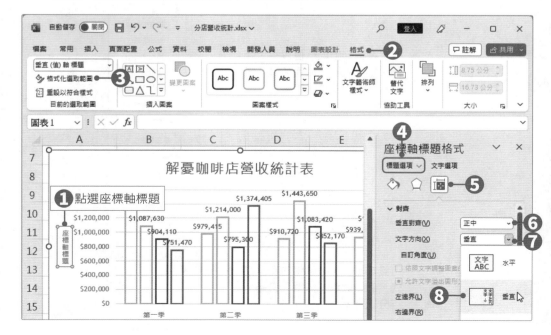

Excel 2021

④ 接著再將座標軸標題文字修改為「銷售金額」。

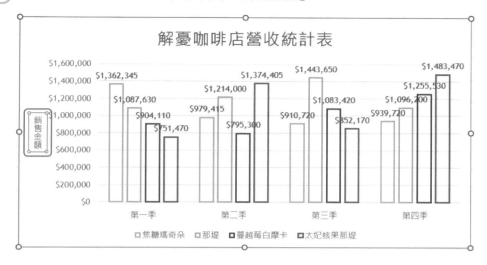

4-5 變更資料範圍及圖表類型

　　建立好圖表之後，若發現資料範圍有誤，或是圖表類型不適合時，也不需要重做一次，因為 Excel 可以輕易變更圖表的資料範圍及圖表類型。

修正已建立圖表的資料範圍

　　點選圖表物件，按下圖表工具的「**圖表設計→資料→選取資料**」按鈕，開啟「選取資料來源」對話方塊，即可修正圖表的資料範圍。

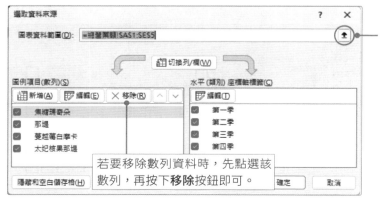

按下此鈕，可以至工作表中重新選取資料範圍。

若要移除數列資料時，先點選該數列，再按下**移除**按鈕即可。

事實上，如果只是單純想要變更資料範圍時，也可以直接在工作表中進行。在工作表中的資料範圍會以顏色來區分數列及類別，直接拖曳範圍框，即可變更資料範圍。

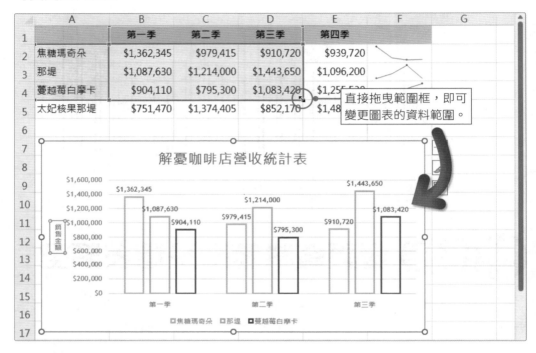

直接拖曳範圍框，即可變更圖表的資料範圍。

切換列/欄

製作圖表時，必須指定數列要**循列**還是**循欄**。如果數列資料選擇**列**，則會將一列視為一組數列；將一欄視為一個類別。若要兩者切換時，可以按下圖表工具的「**圖表設計→資料→切換列/欄**」按鈕，進行切換的動作。

變更圖表類型

製作圖表時，可以隨時變更圖表類型。欲變更圖表類型時，直接按下圖表工具的**「圖表設計→類型→變更圖表類型」**按鈕，開啟「變更圖表類型」對話方塊，即可重新選擇要使用的圖表類型。

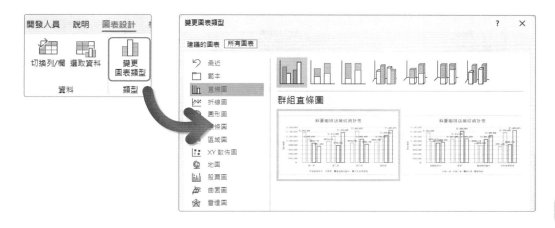

變更數列類型

變更圖表類型時，可以只針對圖表中的某一組數列進行變更。這裡要單獨將「太妃核果那堤」數列變更為折線圖。

1 點選圖表中的任一數列，按下滑鼠右鍵，於選單中選擇**變更數列圖表類型**，開啟「變更圖表類型」對話方塊。

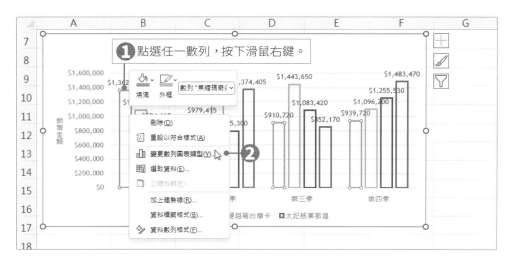

2 按下**太妃核果那堤**的圖表類型選單鈕，於選單中選擇要使用的圖表類型。

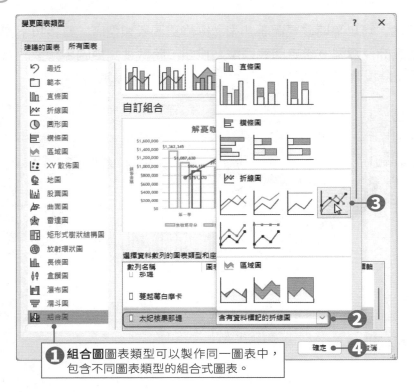

❶ **組合圖**圖表類型可以製作同一圖表中，包含不同圖表類型的組合式圖表。

3 選擇好圖表類型後，按下**確定**按鈕，圖表中的太妃核果那堤數列就會變更為折線圖類型了。

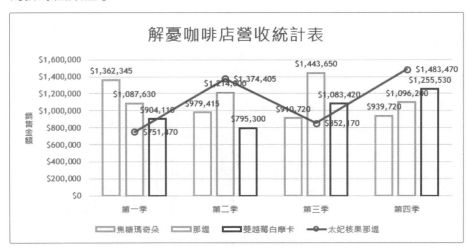

圖表篩選

如果想依個別需求，暫時對圖表中的數列或類別資料進行篩選，可以先點選圖表，按下圖表右上角的 $\boxed{\nabla}$ **圖表篩選**按鈕，於**值**標籤頁中，即可設定要顯示或隱藏的數列或類別項目。

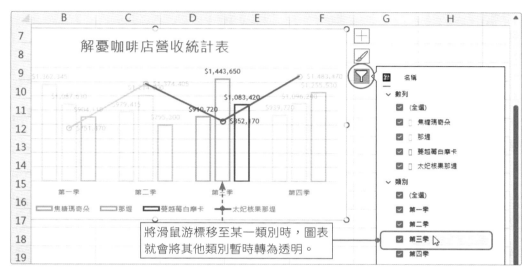

將滑鼠游標移至某一類別時，圖表就會將其他類別暫時轉為透明。

如果想要暫時隱藏某個數列或類別時，先將該項目的勾選取消，按下**套用**按鈕即可。若欲再次顯示所有項目，只要將 (**全選**) 選項勾選起來即可。

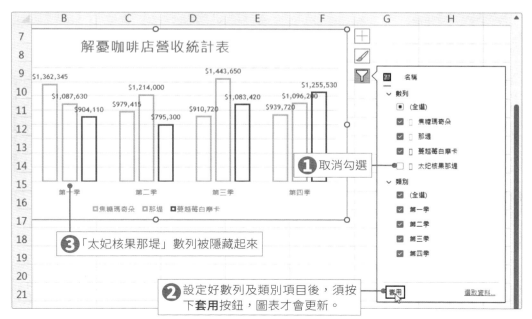

❶ 取消勾選

❸「太妃核果那堤」數列被隱藏起來

❷ 設定好數列及類別項目後，須按下**套用**按鈕，圖表才會更新。

 **4-6 圖表的美化**

在圖表工具的**格式**索引標籤中，提供了多項功能，可以針對圖表物件進行格式上的設定，以達到美化圖表的效果。

變更圖表標題物件的樣式

若要針對圖表中的物件設定樣式時，只要先點選該物件，在圖表工具的**「格式→圖案樣式」**群組中，即可設定該物件的樣式、 填滿色彩、外框色彩、 效果等。

點選**圖表標題**物件，進入圖表工具的**「格式→文字藝術師樣式」**群組中，除了可套用文字藝術師樣式，也可進行 文字填滿、 文字外框、 文字效果等設定。

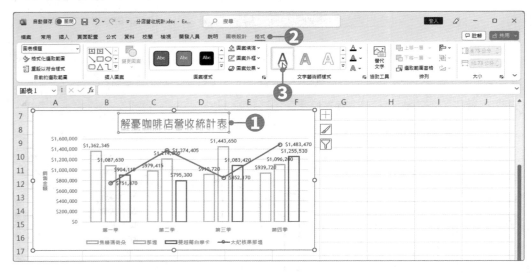

 TIPS

變更圖表物件的文字格式

若想對圖表中的物件進行文字格式設定，先點選該物件，即可在**「常用→字型」**群組中進行各項文字格式的設定。

變更圖表物件格式

　　點選圖表物件，按下圖表工具的「**格式→圖案樣式→ 圖案填滿**」按鈕，即可在開啟的色盤中設定圖表區的填滿色彩及方式。

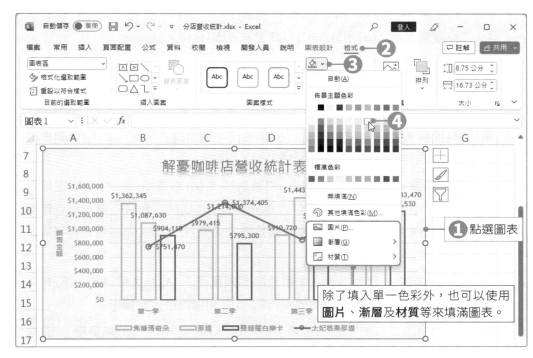

　　要設定物件格式時，也可以按下圖表工具的「**格式→圖案樣式**」右下角的 ⌐ 按鈕，開啟**圖表區格式**窗格，即可進行物件的填滿、線條、效果、大小及屬性等格式設定。

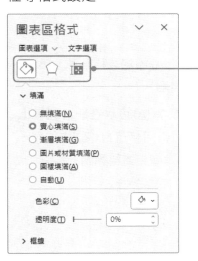

- ◇ **填滿與線條**：設定填滿色彩、線條樣式及色彩。
- ☆ **效果**：設定陰影、光暈、柔邊、立體等格式。
- ▦ **大小與屬性**：設定物件大小、屬性及替代文字。

> **TIPS**
>
> 圖表中的各個物件皆可進行格式化的設定。雖然圖表物件眾多，但基本的格式設定操作其實是相同的，例如：色彩的變化、線條的粗細、文字大小、文字方向等。

☀選擇題

( )1. 下列哪一個Excel功能,可將不同工作表的資料,合在一起進行運算?
(A)資料表單 (B)小計 (C)目標搜尋 (D)合併彙算。

( )2. 在Excel中,按下下列哪一個按鈕可執行「合併彙算」? (A) ▤ (B) ▒
(C) ▤ (D) ▦。

( )3. 在Excel中製作好圖表後,可以透過下列哪一項操作來調整圖表的大小?
(A)按住滑鼠左鍵拖曳圖表 (B)按下「移動圖表」按鈕 (C)拖曳圖表四
周的控制點 (D)選取圖表,按下＋、－鍵。

( )4. 下列有關「走勢圖」之敘述,何者有誤? (A)走勢圖是一種內嵌在儲存
格中的小型圖表 (B)列印包含走勢圖的工作表時,無法一併列印走勢圖
(C)可將走勢圖中最高點的標記設定為不同顏色 (D)可為多個儲存格資料
同時建立走勢圖。

( )5. 下列資料中,何者不適合使用走勢圖來呈現? (A)減重紀錄表 (B)每月
業績表 (C)新生兒的男女性別比例 (D)出國旅遊人數變化。

( )6. Excel無法製作出下列何種類型的圖表? (A)股票圖 (B)魚骨圖 (C)立
體長條圖 (D)曲面圖。

( )7. Excel中,下列何種圖表類型只適用於包含一個資料數列所建立的圖表?
(A)環圈圖 (B)圓形圖 (C)長條圖 (D)泡泡圖。

( )8. 在圖表中可以加入以下何種物件? (A)資料標籤 (B)圖例 (C)圖表標題
(D)以上皆可。

( )9. 在Excel中,下列何者是建立圖表的必要步驟? (A)設定資料來源 (B)選
擇資料標籤位置 (C)新增格線 (D)輸入圖表標題。

( )10. 下列有關Excel「統計圖表」之敘述,何者錯誤? (A)可以在統計圖表上
顯示圖例 (B)可將直線圖和折線圖混合使用 (C)可修改折線圖中的每一
個資料數列標記的樣式 (D)已建立好的圖表無法變更資料範圍。

◐ 實作題

1. 開啟「範例檔案→Excel→Example04→觀光收入統計.xlsx」檔案，進行以下
   設定。

   ● 將各年度的收入製作成「堆疊橫條圖」。

   ● 圖表中要顯示圖表標題及資料標籤(包含類別名稱及值)，圖表格式請自行設
     計及調整。

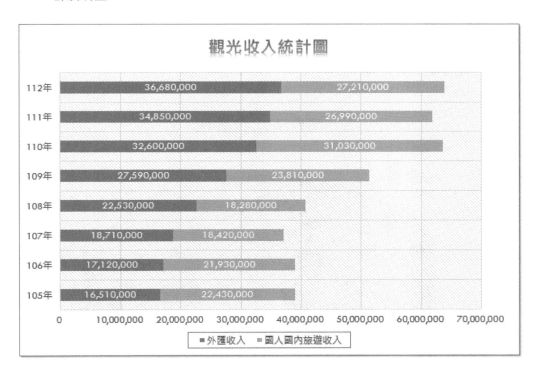

2. 開啟「範例檔案→Excel→Example04→零用金支出統計.xlsx」檔案，進行以下設定。

● 將各區的支出加總合併至「總支出」工作表中。

● 將彙整後的餐費製作為立體圓形圖，圖表格式請自行設定。

▲	A	B	C	D	E
1		餐費	雜費	交通費	差旅費
2	第一週	$23,160	$22,610	$29,170	$33,600
3	第二週	$21,070	$18,840	$27,340	$27,090
4	第三週	$17,360	$23,420	$19,350	$33,250
5	第四週	$22,280	$26,900	$23,670	$32,200

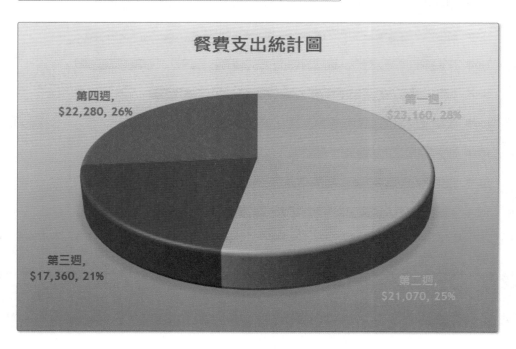

05

產品銷售分析

Excel 樞紐分析表

學習目標

資料排序 / 資料篩選 / 小計 /
建立樞紐分析表 /
樞紐分析表的使用 /
交叉分析篩選器的使用 /
製作樞紐分析圖

● **範例檔案** (範例檔案 \Excel\Example05)

冰箱銷售表 .xlsx

● **結果檔案** (範例檔案 \Excel\Example05)

冰箱銷售表 - 排序 .xlsx
冰箱銷售表 - 篩選 .xlsx
冰箱銷售表 - 小計 .xlsx
冰箱銷售表 - 樞紐分析表 .xlsx
冰箱銷售表 - 樞紐分析圖 .xlsx

運用 Excel 輸入了許多流水帳資料後，卻很難從這些資料中，立即分析出資料所代表的意義。所以 Excel 提供了許多分析資料的利器，像是排序、篩選、小計及樞紐分析表等功能，可以將繁雜、毫無順序可言的流水帳資料，彙總並分析出重要的摘要資料。

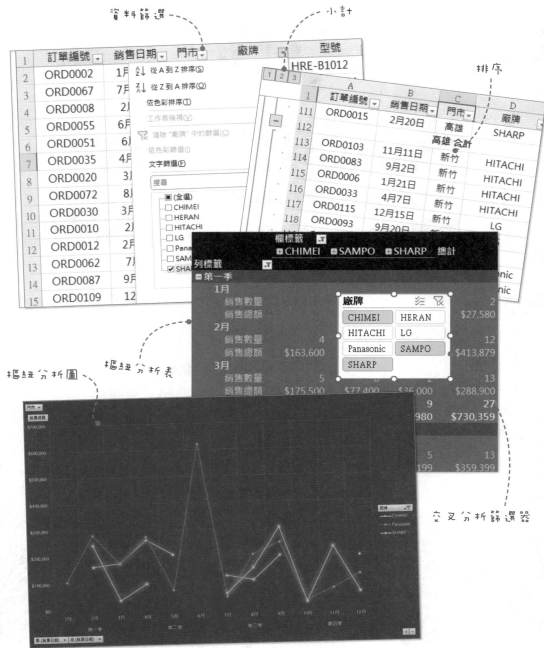

5-1 資料排序

當資料量很多時，為了搜尋方便，通常會將資料按照順序重新排列，這個動作稱為**排序**。同一「列」的資料為一筆「紀錄」，排序時會以「欄」為依據，調整每一筆紀錄的順序。

單一欄位排序

排序的時候，先決定好要以哪一欄做為排序依據，點選該欄中任何一個儲存格，再按下**「常用→編輯→排序與篩選」**下拉鈕，即可在選單中選擇排序方式。也可以按下**「資料→排序與篩選」**群組中的 ↓ **從最小到最大排序**、↓ **從最大到最小排序**按鈕，進行排序。

多重欄位排序

當資料進行排序時，有時會遇到相同數值的多筆資料，此時可以再設定一個依據，對下層資料進行排序。在此範例中，要設定先依**門市**進行排序，若遇到門市相同時，再依**廠牌**、**型號**進行排序。

1. 將作用儲存格移至資料範圍中的任一儲存格，按下**「資料→排序與篩選→排序」**按鈕，開啟「排序」對話方塊。

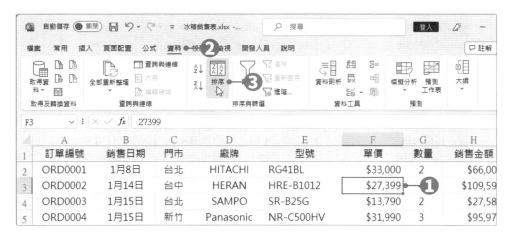

② 首先設定第一個排序方式，於排序方式中選擇**門市**欄位；再於順序中選擇 **A 到 Z**。設定好後，按下**新增層級**，加入次要排序方式的設定。

③ 按照同樣方式，依序將**廠牌**及**型號**的排序順序設定為 **A 到 Z**，都設定好後按下**確定**按鈕，完成排序的設定。

④ 回到工作表中，就會依照所設定的排序方式，將資料重新排列。

	A	B	C	D	E	F	G	H
1	訂單編號	銷售日期	門市	廠牌	型號	單價	數量	銷售金額
2	ORD0002	1月14日	台中	HERAN	HRE-B1012	$27,399	4	$109,59
3	ORD0067	7月14日	台中	HERAN	HRE-B3581V	$9,900	2	$19,80
4	ORD0008	2月2日	台中	HITACHI	RG41BL	$33,000	2	$66,00
5	ORD0055	6月17日	台中	HITACHI	RG41BL	$33,000	5	$165,00
6	ORD0051	6月9日	台中	HITACHI	RSF48HJ	$55,000	7	$385,00
7	ORD0035	4月14日	台中	LG	GN-BL497GV	$21,999	5	$109,99
8	ORD0020	3月4日	台中	LG	GN-Y200SV	$9,700	4	$38,80
9	ORD0072	8月4日	台中	LG	GN-Y200SV	$9,700	3	$29,10
10	ORD0030	3月21日	台中	LG	GR-FL40SV	$31,230	2	$62,46
11	ORD0010	2月7日	台中	Panasonic	NR-B480TV	$39,888	5	$199,44
12	ORD0012	2月10日	台中	Panasonic	NR-C389HV	$39,888	1	$39,88
13	ORD0062	7月4日	台中	Panasonic	NR-C489TV	$6,099	3	$18,29
14	ORD0087	9月10日	台中	Panasonic	NR-E414VT	$42,650	2	$85,30
15	ORD0109	12月3日	台中	Panasonic	NR-E414VT	$42,650	1	$42,65

5-2 資料篩選

在眾多資料中，有時只需要顯現某部分的資料，這時可以利用**篩選**功能，把需要的資料留下，隱藏其餘用不著的資料。接著就來學習如何利用 Excel 的**篩選**功能，快速篩選出需要的資料。

自動篩選

自動篩選功能可以為表格中每個欄位設定一個準則，只有符合每一個篩選準則的資料才能留下來。

1 將作用儲存格移至資料範圍中的任一儲存格，按下「**常用→編輯→ 排序與篩選**」下拉鈕，在選單中點選**篩選**；或按下「**資料→排序與篩選→篩選**」按鈕；或按下 Ctrl+Shift+L 快速鍵，皆可啟動自動篩選功能。

2 點選後，每一欄資料標題的右側都會出現一個 篩選鈕。按下**廠牌**的 篩選鈕，設定只勾選 SHARP 廠牌，勾選好後按下**確定**按鈕。

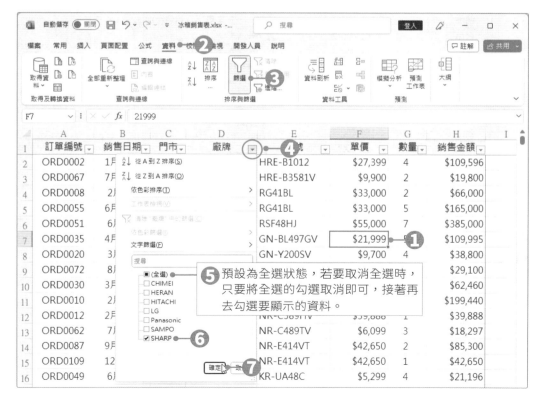

③ 經過篩選後，不符合準則的資料就會被隱藏。

	A	B	C	D	E	F	G	H
1	訂單編號	銷售日期	門市	廠牌	型號	單價	數量	銷售金額
19	ORD0017	2月24日	台中	SHARP	SJ-GX32	$18,800	5	$94,00
20	ORD0114	12月9日	台中	SHARP	SJ-GX32	$18,800	2	$37,60
21	ORD0111	12月6日	台中	SHARP	SJ-GX			
22	ORD0075	8月15日	台中	SHARP	SJ-G			8
23	ORD0101	11月8日	台中	SHARP	SJ-GX55ET	$75,490	3	$226,47
24	ORD0034	4月9日	台中	SHARP	SP-310	$21,999	1	$21,99
58	ORD0086	9月9日	台北	SHARP	SJ-GX55ET	$75,490	4	$301,96
85	ORD0040	4月18日	台南	SHARP	SJ-GX32	$18,800	4	$75,20

篩選出廠牌為「SHARP」的資料，其他資料則暫時隱藏。

自訂篩選

除了自動篩選外，也可以自行設定篩選條件，例如：要篩選出銷售金額介於30,000~40,000之間的所有資料時，設定方式如下：

① 按下**銷售金額**的 篩選鈕，選擇「**數字篩選→自訂篩選**」選項，開啟「自訂自動篩選」對話方塊。

2 將條件設定為：**大於或等於 30000、且、小於或等於 40000**，設定好後按下**確定**按鈕。

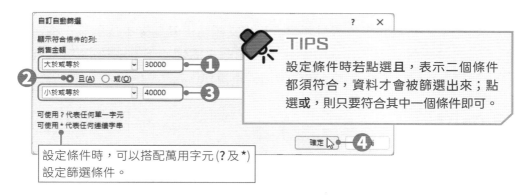

TIPS

設定條件時若點選**且**，表示二個條件都須符合，資料才會被篩選出來；點選**或**，則只要符合其中一個條件即可。

設定條件時，可以搭配萬用字元 (**?** 及 *****) 設定篩選條件。

3 經過篩選後，只會顯示符合準則的資料。

	A	B	C	D	E	F	G	H
1	訂單編號	銷售日期	門市	廠牌	型號	單價	數量	銷售金額
20	ORD0114	12月9日	台中	SHARP	SJ-GX32	$18,800	2	$37,600
104	ORD0065	7月8日	高雄	SHARP	SJ-GX32	$18,800	2	$37,600
105	ORD0025	3月12日	高雄	SHARP	SJ-GX32-SL	$18,000	2	$36,000
120								

篩選出銷售金額介於 30000~40000 之間的資料

清除篩選

若要清除所有篩選條件，回復到顯示所有資料的狀態，只要按下 **「資料→排序與篩選→清除」** 按鈕即可。

若要取消自動篩選功能時，按下 **「資料→排序與篩選→篩選」** 按鈕，即可將自動篩選功能取消，而各欄位右側的 ▼ 篩選鈕，也會跟著消失。

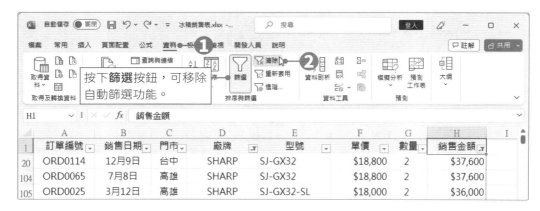

按下**篩選**按鈕，可移除自動篩選功能。

5-3 小計的使用

當遇到一份報表中的資料繁雜、互相交錯時，若要從中找到某一種類的資訊，通常須使用SUMIF或COUNTIF這類函數來處理。不過別擔心，Excel提供了**小計**功能，可以輕鬆顯示各個種類的基本資訊。

建立小計

使用小計功能，可以快速計算多列相關資料，例如：加總、平均、最大值或標準差。但要注意：**在進行小計前，資料必須先經過排序。**

① 先將資料依**門市**排序，排序好後，按下「**資料→大綱→小計**」按鈕，開啟「小計」對話方塊，進行小計的設定。

② 在**分組小計欄位**選單中選擇**門市**，此為計算小計時的分組依據；在**使用函數**選單中選擇**加總**，表示要加總計算小計資訊；在**新增小計位置**選單中將**數量**及**銷售金額**勾選，如此會將同一個分組的數量及銷售金額，顯示為小計的資訊，都設定好後，按下**確定**按鈕，回到工作表中。

③ 回到工作表後，可以看到每個門市類別下均顯示一個小計，如此便能輕易比較每一個分組的差距。而這裡的小計資訊，是將同一門市的數量和銷售金額加總得來的。

	訂單編號	銷售日期	門市	廠牌	型號	單價	數量	銷售金額
111	ORD0015	2月20日	高雄	SHARP	SJ-GX55ET	$75,490	2	$150,980
112			高雄 合計				61	$1,780,334
113	ORD0103	11月11日	新竹	HITACHI	RG41BL	$33,000	2	$66,000
114	ORD0083	9月2日	新竹	HITACHI	RS49HJ	$49,000	1	$49,000
115	ORD0006	1月21日	新竹	HITACHI	RV469/BSL	$25,000	3	$75,000
116	ORD0033	4月7日	新竹	HITACHI	RV469/BSL	$25,000	2	$50,000
117	ORD0115	12月15日	新竹	LG	GN-BL497GV	$21,999	1	$21,999
118	ORD0093	9月20日	新竹	LG	GN-Y200SV	$9,700	5	$48,500
119	ORD0082	8月27日	新竹	LG	GR-FL40SV	$31,230	1	$31,230
120	ORD0050	6月8日	新竹	Panasonic	NR-B139T	$11,990	2	$23,980
121	ORD0004	1月15日	新竹	Panasonic	NR-C500HV	$31,990	3	$95,970
122	ORD0029	3月20日	新竹	Panasonic	NR-C500HV	$31,990	5	$159,950
123	ORD0069	7月19日	新竹	SAMPO	SR-B25G00	$12,900	2	$25,800
124			新竹 合計				27	$647,429
125			總計				334	$9,432,250

④ 產生小計後，在左邊的大綱結構中列出了各層級的關係，按下 ⊟ 按鈕，可以隱藏分組的詳細資訊，只顯示每一個分組的小計資訊；若要再展開時，按下 ⊞ 按鈕，就可以顯示分組的詳細資訊。

	訂單編號	銷售日期	門市	廠牌	型號	單價	數量	銷售金額
25			台中 合計				70	$2,015,820
60			台北 合計				94	$2,880,572
88			台南 合計				82	$2,108,095
112			高雄 合計				61	$1,780,334
124			新竹 合計				27	$647,429
125			總計				334	$9,432,250

層級符號的使用

在工作表左邊有個 1 2 3 層級符號鈕，這裡的層級符號鈕是將資料分成三個層級，經由點按這些符號鈕，便可變更所顯示的層級資料。按下 1 只會顯示總計資料；按下 2 會將品名、售價等資料隱藏，只顯示每個分店的數量及銷售金額的小計；按下 3 則會顯示完整的資料。

— 按下1只會顯示總計資料

	訂單編號	銷售日期	門市	廠牌	型號	單價	數量	銷售金額
125			總計				334	$9,432,250
126								

在「冰箱銷售表」範例中的流水帳資料，很難看出哪個時期哪一款冰箱賣得最好，將資料製作成樞紐分析表後，只需拖曳幾個欄位，就能夠將大筆的資料自動分類，同時顯示分類後的小計資訊，它還可以根據各種不同的需求，隨時改變欄位位置，即時顯示出不同的資訊。

建立樞紐分析表

開啟「冰箱銷售表.xlsx」檔案，在範例中要將冰箱全年度的銷售紀錄建立一個樞紐分析表，這樣就可以馬上看到各種相關的重要資訊。

1 選取工作表中資料範圍內的任一儲存格，按下「**插入→表格→樞紐分析表**」下拉鈕，於選單中點選**從表格 / 範圍**。

2 在開啟的「來自表格或範圍的樞紐分析表」對話方塊中，Excel 會自動選取儲存格所在的表格範圍，請確認範圍是否正確，再點選**新增工作表**，將產生的樞紐分析表放置在新的工作表中，都設定好後按下**確定**按鈕。

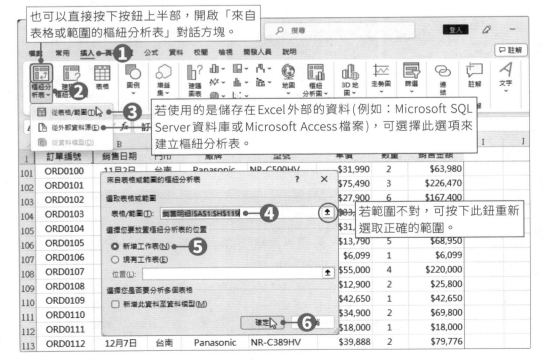

也可以直接按下按鈕上半部，開啟「來自表格或範圍的樞紐分析表」對話方塊。

若使用的是儲存在 Excel 外部的資料 (例如：Microsoft SQL Server 資料庫或 Microsoft Access 檔案)，可選擇此選項來建立樞紐分析表。

若範圍不對，可按下此鈕重新選取正確的範圍。

③ Excel 就會自動新增「**工作表 1**」，並於工作表中顯示樞紐分析表的提示，同時開啟**樞紐分析表欄位**窗格。Excel 會從樞紐分析表的來源範圍，自動分析出欄位，通常是將一整欄的資料當作一個欄位，這些欄位皆可在**樞紐分析表欄位**窗格中看到。

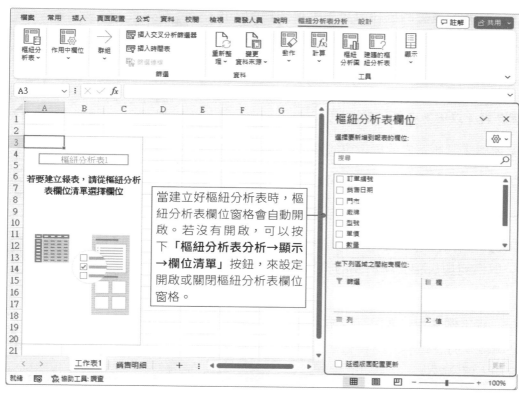

當建立好樞紐分析表時，樞紐分析表欄位窗格會自動開啟。若沒有開啟，可以按下「**樞紐分析表分析→顯示→欄位清單**」按鈕，來設定開啟或關閉樞紐分析表欄位窗格。

TIPS

建議的樞紐分析表

若不知該如何建立樞紐分析表，可以按下「**插入→表格→建議的樞紐分析表**」按鈕，開啟「建議的樞紐分析表」對話方塊，從中選擇 Excel 所建議的樞紐分析表，直接點選便可立即建立樞紐分析表。

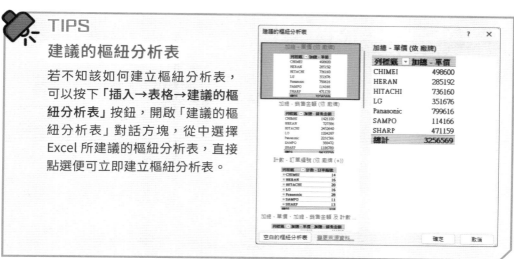

產生樞紐分析表的資料

建立樞紐分析表後,接著就要開始在樞紐分析表中加入欄位,以便產生相對應的樞紐分析表。

一開始產生的樞紐分析表都是空白的,透過在區域中置入不同的欄位,就能產生不同的樞紐分析表結果。

樞紐分析表可分為**篩選**、**欄**、**列**、**值**等四個區域。以下為各區域的說明:

◉ **篩選**:限制下方的欄位只能顯示指定資料。

◉ **列**:位於直欄,用來將資料分類的項目。

◉ **欄**:位於橫列,用來將資料分類的項目。

◉ **值**:用來放置要被分析的資料,也就是直欄與橫列項目相交所對應的資料,通常是數值資料。

以本例來說,要將「門市」欄位加入**篩選**區域;將「銷售日期」欄位加入**列**區域;將「廠牌」、「型號」欄位加入**欄**區域;將「數量」及「銷售金額」欄位加入**值**區域。

1 選取樞紐分析表欄位清單中的**門市**欄位,將它拖曳到**篩選**區域中。

再選取**廠牌**欄位，將它拖曳到**欄**區域中；選取**型號**欄位，將它拖曳到**欄**區域中。到目前為止，在樞紐分析表中就可以對照出每一個日期所交易的型號以及數量。

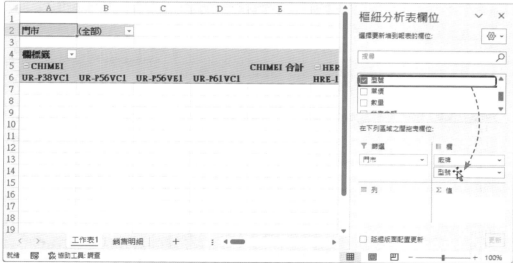

TIPS

樞紐分析表的同一個區域中可以放置多個欄位，但在拖曳欄位時必須注意欄位順序，**應先拖曳大的分類，再拖曳小的分類**。舉例來說，本例中的「型號」是屬於「廠牌」下的一個次分類，因此須先拖曳「廠牌」欄位，再拖曳「型號」欄位。

3 將**銷售日期**欄位拖曳到**列**區域中。

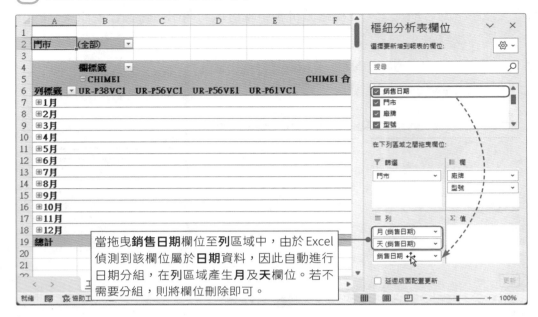

當拖曳**銷售日期**欄位至**列**區域中，由於 Excel 偵測到該欄位屬於**日期**資料，因此自動進行日期分組，在**列**區域產生**月**及**天**欄位。若不需要分組，則將欄位刪除即可。

4 將**數量**欄位拖曳到**值**區域中，再將**銷售金額**欄位也拖曳到**值**區域中。

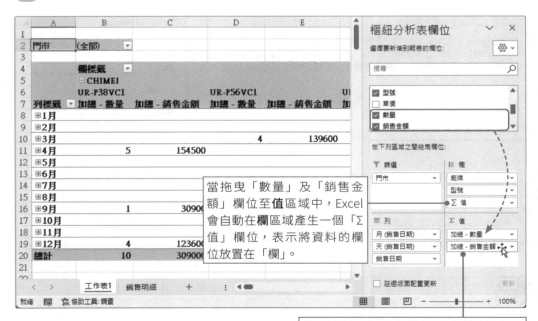

當拖曳「數量」及「銷售金額」欄位至**值**區域中，Excel 會自動在**欄**區域產生一個「Σ 值」欄位，表示將資料的欄位放置在「欄」。

值區域中預設會以「**加總**」來計算欄位。如果想要變更欄位的計算方式，可參考 p5-23「欄位設定」操作。

5 接著調整欄位配置，將預設顯示在**欄**區域中的**值**欄位，拖曳到**列**區域。

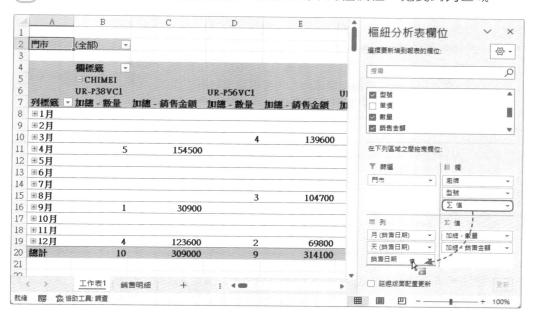

6 到這裡，基本的樞紐分析表就完成了，從樞紐分析表中可以看出各廠牌產品的每月銷售數量及銷售金額。

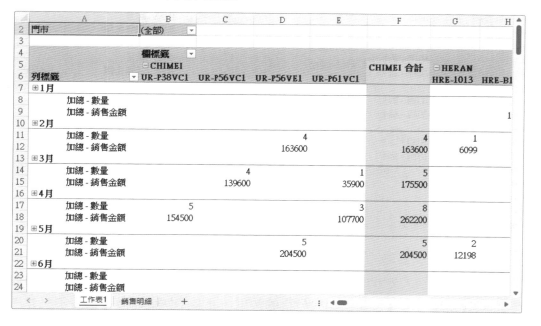

移除欄位

若要刪除樞紐分析表的欄位，可以用拖曳的方式，將樞紐分析表中不需要的欄位，再拖曳回「樞紐分析表欄位」中；或者將欄位的勾選取消；也可以直接點選該欄位下拉鈕，於選單中選擇**移除欄位**，即可將欄位從區域中移除，而此欄位的資料也會從樞紐工作表中消失。

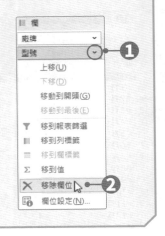

⑦ 樞紐分析表製作好後，在**工作表 1** 上按下滑鼠右鍵，於選單中點選**重新命名**；或直接在工作表名稱上**雙擊滑鼠左鍵**，將工作表重新命名。這裡請輸入**樞紐分析表**，輸入完後按下 Enter 鍵，完成重新命名的工作。

隱藏明細資料

若在欄或列區域中放置多個欄位，所產生的樞紐分析表就會顯示很多資料，有的對應到大分類的欄位，有的對應到次分類的欄位，隸屬各種欄位的資料混雜在一起，將無法產生樞紐分析的效果，此時不妨適時隱藏暫時不必要出現的欄位。

舉例來說，剛剛製作的樞紐分析表詳細列出了各廠牌中所有型號的銷售資料，但若只想查看各廠牌間的銷售差異，那麼各廠商其下細分的「型號」資料反而不是分析重點。這時就可以將「型號」資料暫時隱藏起來。

1 按下 CHIMEI 廠牌前的 ⊟ 摺疊鈕，即可將 CHIMEI 廠牌下的各款型號的明細資料隱藏起來。

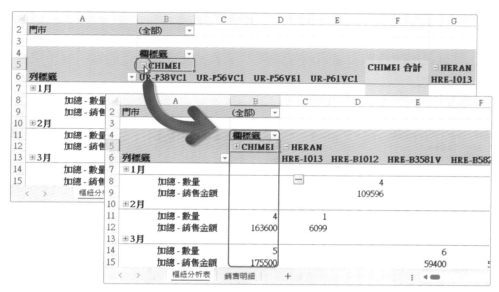

2 利用相同方式，將其他廠牌的資料明細隱藏起來。將多餘的資料隱藏後，反而更能馬上比較出各個廠牌之間的銷售差異。

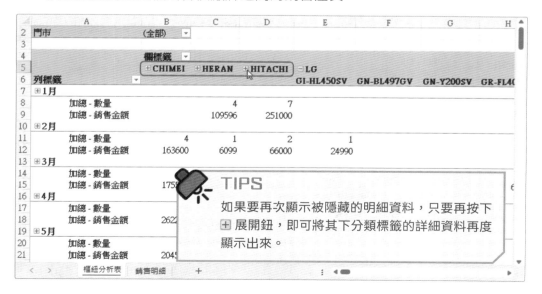

TIPS

如果要再次顯示被隱藏的明細資料，只要再按下 ⊞ 展開鈕，即可將其下分類標籤的詳細資料再度顯示出來。

隱藏所有明細資料

因為各家品牌眾多，如果要一個一個設定隱藏，恐怕要花上一點時間。還好 Excel 提供了「一次搞定」的功能，如果想要一次隱藏所有「廠牌」明細資料的話，作法如下。

1. 將作用儲存格移至任一廠牌欄位中，點選 **「樞紐分析表分析→作用中欄位→ 摺疊欄位」** 按鈕。

2. 點選後，所有的型號資料都隱藏起來了，這樣是不是節省了很多重複設定的時間呢？

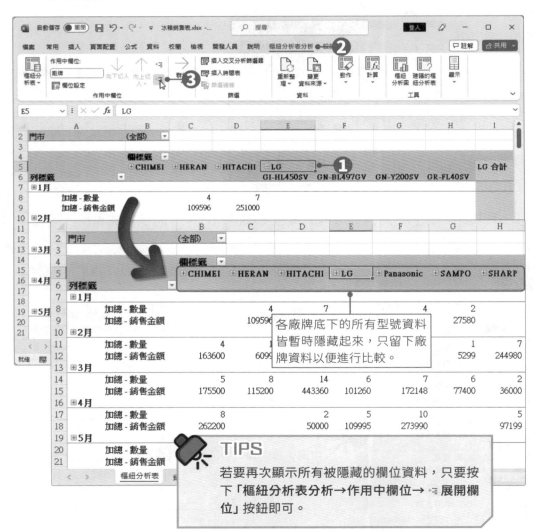

各廠牌底下的所有型號資料皆暫時隱藏起來，只留下廠牌資料以便進行比較。

TIPS

若要再次顯示所有被隱藏的欄位資料，只要按下「樞紐分析表分析→作用中欄位→ 展開欄位」按鈕即可。

篩選資料

樞紐分析表中的每個欄位旁都有一個 ▾ 篩選鈕,它是用來設定篩選項目的。當按下欄位的 ▾ 篩選鈕,就可以從選單中選擇想要顯示的資料項目。假設本例希望分析表只顯示「台北」門市中,包含「CHIMEI」及「SHARP」這兩個品牌的所有銷售資料時,其作法如下:

1. 點選**「門市」**標籤旁的 ▾ 篩選鈕,於選單中將**選取多重項目**勾選起來。接著將 (全部) 的勾選取消,再勾選**台北**門市,按下**確定**按鈕。這樣分析表中就只會顯示台北門市的銷售紀錄,而不會顯示其他門市的資料。

2. 再按下**欄標籤**的 ▾ 篩選鈕,選取**廠牌**欄位,於欄位選單中取消「(全選)」選項,再勾選 CHIMEI 及 SHARP。設定好後按下**確定**按鈕,則資料會被篩選出只有這兩個廠牌的銷售資料。

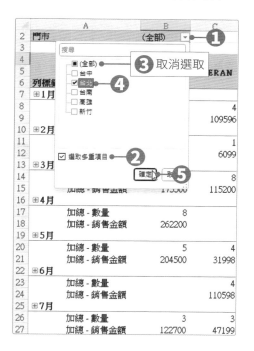
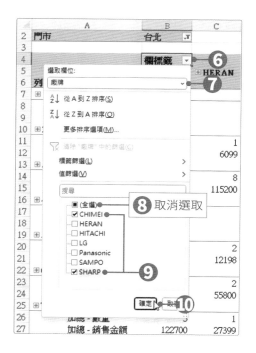

3. 這樣在樞紐分析表中就只會顯示台北門市中,廠牌為 CHIMEI 及 SHARP 的統計資料。

	A	B	C	D	E
2	門市	台北 ⊿			
3					
4		欄標籤 ⊿			
5		⊞CHIMEI	⊞SHARP	總計	
6	列標籤 ▾				
7	⊞3月				
8	加總 - 數量	4		4	
9	加總 - 銷售金額	139600		139600	
10	⊞4月				
11	加總 - 數量	5		5	
12	加總 - 銷售金額	169500		169500	
13	⊞5月				
14	加總 - 數量	5		5	
15	加總 - 銷售金額	204500		204500	
16	⊞7月				
17	加總 - 數量	3		3	
18	加總 - 銷售金額	122700		122700	
19	⊞9月				
20	加總 - 數量		4	4	
21	加總 - 銷售金額		301960	301960	
22	加總 - 數量 的加總	17	4	21	
23	加總 - 銷售金額 的加總	636300	301960	938260	
24					

🎯 移除篩選

　　資料經過篩選後,若要再回復完整的資料時,可以按下**「樞紐分析表分析→動作→清除」**下拉鈕,點選選單中的**清除篩選條件**,即可將樞紐分析表內的篩選設定清除。

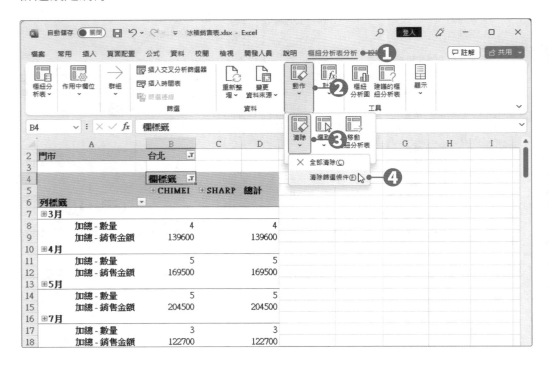

Excel 2021

設定標籤群組

　　若要看出時間軸與銷售情況的影響，可以將較瑣碎的日期標籤設定群組來進行比較。在目前的樞紐分析表中，除了將每筆銷售明細逐日列出外，Excel也自動將日期以「月」為群組加總資料，讓我們可以以月份為單位進行比較。我們也可以依照需求，自行設定標籤群組的單位。假設本例中要將「銷售日期」分成以每一「季」及每一「月」分組，其作法如下：

1. 選取月或銷售日期欄位，按下「樞紐分析表分析→群組→將欄位組成群組」按鈕，開啟「群組」對話方塊。

2. 在「群組」對話方塊中，設定間距值為月及季，按下確定按鈕。

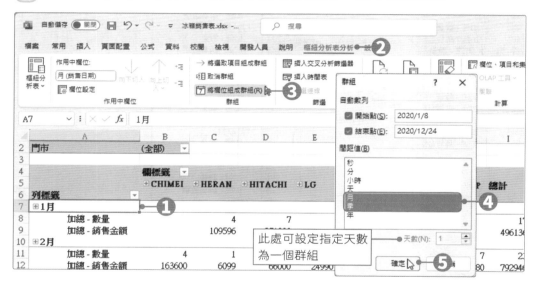

2. 回到工作表中，原先逐日列出的銷售日期便改以「季」與「月」呈現了。

列標籤	CHIMEI	HERAN	HITACHI	LG	Panasonic	SAMPO	SHARP	總計
第一季								
1月								
加總 - 數量		4	7		4	2		17
加總 - 銷售金額		109596	251000		107960	27580		496136
2月								
加總 - 數量	4	1	2	1	7	1	7	23
加總 - 銷售金額	163600	6099	66000	24990	281978	5299	244980	792946
3月								
加總 - 數量	5	8	14	6	7	6	2	48
加總 - 銷售金額	175500	115200	443360	101260	172148	77400	36000	1120868

取消標籤群組

如果不想以群組方式顯示欄位，就選取原本執行群組功能的欄位(在本例為季及月欄位)，按下滑鼠右鍵，選擇**取消群組**功能；或是直接點選「**樞紐分析表分析→群組→取消群組**」按鈕，即可一併取消所有的標籤群組。

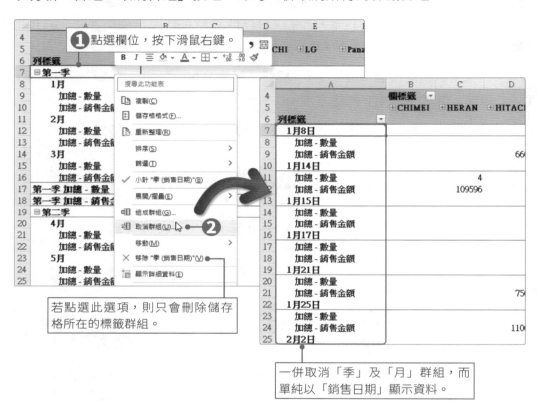

① 點選欄位，按下滑鼠右鍵。

② 取消群組

若點選此選項，則只會刪除儲存格所在的標籤群組。

一併取消「季」及「月」群組，而單純以「銷售日期」顯示資料。

更新樞紐分析表

當來源資料有變動時，點選「**樞紐分析表分析→資料→重新整理**」按鈕，或按下 Alt+F5 快速鍵，可更新樞紐分析表中的資料。

若要一次更新活頁簿裡所有的樞紐分析表，按下重新整理下拉鈕，於選單中點選**全部重新整理**，或直接按下 Ctrl+Alt+F5 快速鍵，即可更新所有樞紐分析表中的資料。

修改欄位名稱及儲存格格式

建立樞紐分析表時，樞紐分析表內的欄位名稱是 Excel 自動命名的，但這些命名並不一定符合需求。本例先將範例回復為以「月」為群組，接著將要修改欄位名稱，並設定數值格式。

1. 選取 A8 儲存格的「**加總 - 數量**」欄位，按下「**樞紐分析表分析→作用中欄位→欄位設定**」按鈕，開啟「值欄位設定 ...」對話方塊。

2. 於**自訂名稱**欄位中輸入「**銷售數量**」文字，輸入好後按下**確定**按鈕。

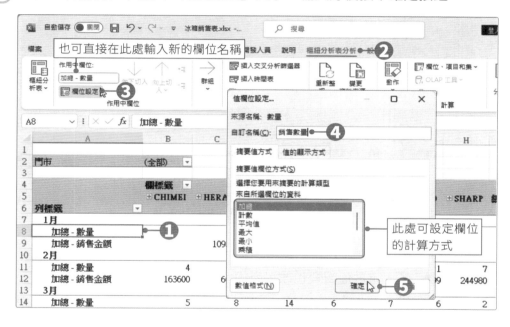

3. 接著選取 A9 儲存格，也就是「**加總 - 銷售金額**」欄位名稱，按下「**樞紐分析表分析→作用中欄位→欄位設定**」按鈕，開啟「值欄位設定 ...」對話方塊，以同樣方式將欄位名稱改為「**銷售總額**」。輸入好後按下**數值格式**按鈕，繼續進行格式的設定。

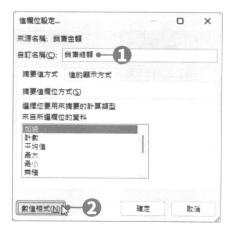

④ 開啟「設定儲存格格式」對話方塊，於類別中點選**貨幣**，將小數位數設為 0，負數表示方式選擇 -$1,234，設定好後按下**確定**按鈕。

⑤ 回到「值欄位設定 ...」對話方塊後，按下**確定**按鈕。

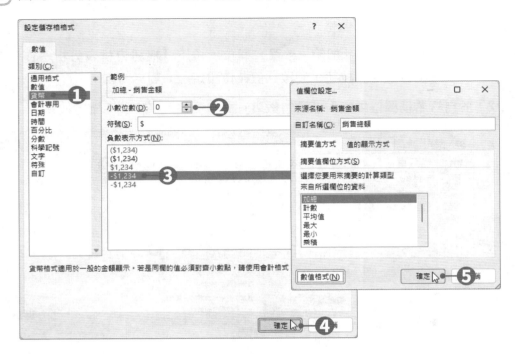

⑥ 在工作表中，每一個月份的資料名稱「加總 - 銷售金額」都一併修改成「銷售總額」了，且數值資料也改以所設定的「貨幣」格式呈現。

	A	B	C	D	E	F	G	H
1								
2	門市	(全部) ▾						
3								
4		欄標籤 ▾						
5		⊞CHIMEI	⊞HERAN	⊞HITACHI	⊞LG	⊞Panasonic	⊞SAMPO	⊞SHARP 總計
6	列標籤 ▾							
7	1月							
8	銷售數量		4	7		4	2	
9	銷售總額		$109,596	$251,000		$107,960	$27,580	
10	2月							
11	銷售數量	4	1	2	1	7	1	7
12	銷售總額	$163,600	$6,099	$66,000	$24,990	$281,978	$5,299	$244,980
13	3月							
14	銷售數量	5	8	14	6	7	6	2
15	銷售總額	$175,500	$115,200	$443,360	$101,260	$172,148	$77,400	$36,000 $
16	4月							
17	銷售數量	8		2	5	10		5
18	銷售總額	$262,200		$50,000	$109,995	$273,990		$97,199
19	5月							
20	銷售數量	5	4	6	6	6		

套用樞紐分析表樣式

Excel提供了樞紐分析表樣式，讓我們可以直接套用於樞紐分析表中，而不必自行設定樞紐分析表的格式。

1 進入樞紐分析表工具的「**設計→樞紐分析表樣式**」群組中，即可在其中點選想要套用的樣式。

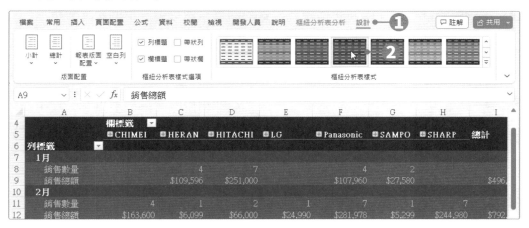

2 套用樞紐分析表樣式後，還可以在「**頁面配置→佈景主題→佈景主題**」下拉選單中變更佈景主題色彩；或在「**常用→字型**」群組中設定文字格式。

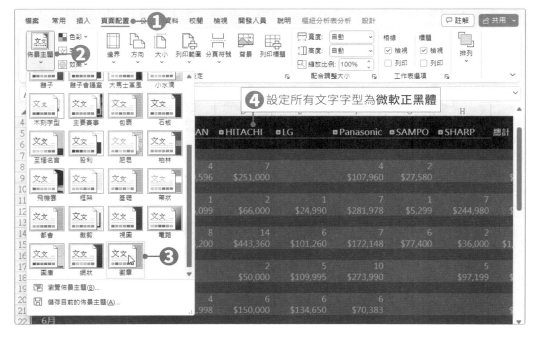

4 設定所有文字字型為**微軟正黑體**

5-5 交叉分析篩選器

　　樞紐分析表雖然提供報表篩選功能，但當同時篩選多個項目時，操作上比較不是那麼簡便。因此 Excel 提供了一個好用的篩選工具─**交叉分析篩選器**，它包含一組可快速篩選樞紐分析表資料的按鈕，藉由點選這些按鈕，就可以快速設定篩選條件，以便即時將樞紐分析表內的資料做更進一步的交叉分析。

　　本例先確認範例資料以「季」為群組，接著要建立「交叉分析篩選器」來快速統計出我們想得知的統計資料。假設我們想要知道：

◉「台北」門市「HERAN」廠牌在「第二季」的銷售數量及銷售金額為何？

◉「台北」門市「CHIMEI」及「SAMPO」廠牌在「第一季」及「第二季」的銷售數量及銷售金額為何？

插入交叉分析篩選器

1. 按下「**樞紐分析表分析→篩選→插入交叉分析篩選器**」按鈕，開啟「插入交叉分析篩選器」對話方塊。

2. 選擇要分析的欄位，這裡請勾選**門市、廠牌、季 (銷售日期)** 等欄位，勾選好後按下**確定**按鈕。

③ 回到工作表後，便會出現我們所選擇的**門市**、**廠牌**及**季（銷售日期）**等三個交叉分析篩選器。

④ 交叉分析篩選器加入後，將滑鼠游標移至篩選器上，按住滑鼠左鍵不放並拖曳滑鼠，即可調整篩選器的位置。

⑤ 接著點選篩選器，將滑鼠游標移至篩選器邊框的控點上，按住滑鼠左鍵不放並拖曳滑鼠，即可調整篩選器的大小。

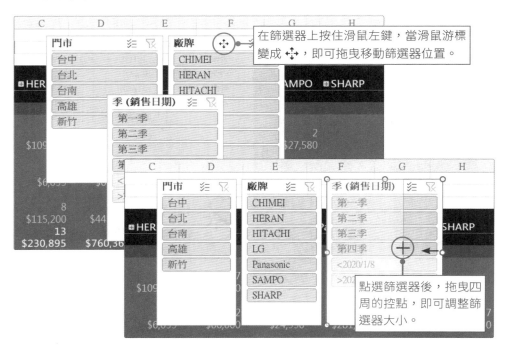

在篩選器上按住滑鼠左鍵，當滑鼠游標變成 ✛，即可拖曳移動篩選器位置。

點選篩選器後，拖曳四周的控點，即可調整篩選器大小。

6 篩選器位置調整好後，接下來就可以進行交叉分析的動作了。假設我們想要知道「台北門市 HERAN 廠牌第二季的銷售數量及銷售金額」。此時，只要在**門市**篩選器上點選**台北**、在**廠牌**篩選器上點選 **HERAN**、在**季**篩選器上點選**第二季**，便可顯示交叉分析後的資料。

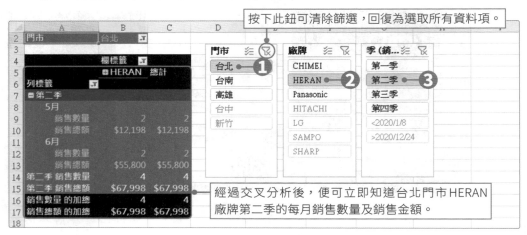

按下此鈕可清除篩選，回復為選取所有資料項。

經過交叉分析後，便可立即知道台北門市 HERAN 廠牌第二季的每月銷售數量及銷售金額。

7 若想知道「台北門市 CHIMEI 及 SAMPO 廠牌第一、二季的銷售數量及銷售金額」。只要在**門市**篩選器上點選**台北**、在**廠牌**篩選器上點選 **CHIMEI** 及 **SAMPO**、在**季**篩選器上點選**第一季**及**第二季**，即可看到分析結果。

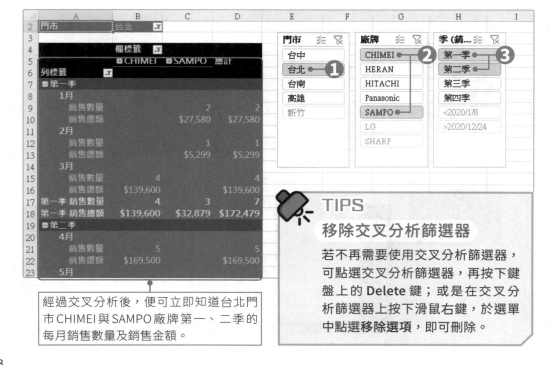

經過交叉分析後，便可立即知道台北門市 CHIMEI 與 SAMPO 廠牌第一、二季的每月銷售數量及銷售金額。

TIPS
移除交叉分析篩選器

若不再需要使用交叉分析篩選器，可點選交叉分析篩選器，再按下鍵盤上的 Delete 鍵；或是在交叉分析篩選器上按下滑鼠右鍵，於選單中點選**移除**選項，即可刪除。

Excel 2021

美化交叉分析篩選器

若想美化交叉分析篩選器，先選取交叉分析篩選器，在「**交叉分析篩選器→交叉分析篩選器樣式**」群組的樣式選單中，點選想要套用的樣式，即可立即更換交叉分析篩選器的樣式。

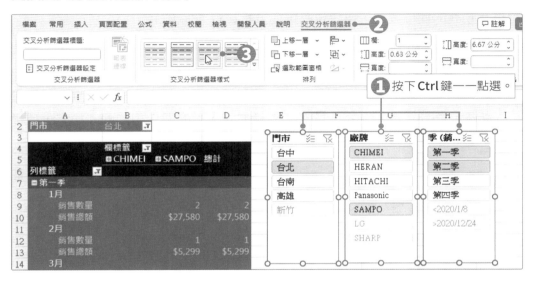

除了更換樣式外，還可以進行欄數的設定。選取要設定的交叉分析篩選器，在「**交叉分析篩選器→按鈕→欄**」中，輸入要設定的欄數，即可調整交叉分析篩選器的欄數。

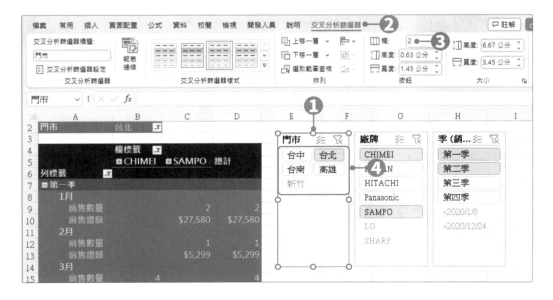

5-6 製作樞紐分析圖

樞紐分析圖是樞紐分析表的概念延伸，可將樞紐分析表的分析結果以圖表方式呈現。與一般圖表無異，它具備資料數列、類別與圖表座標軸等物件，並提供互動式的欄位按鈕，可快速篩選並分析資料。

建立樞紐分析圖

1 點選樞紐分析表中的任一儲存格，按下**「樞紐分析表分析→工具→樞紐分析圖」**按鈕，開啟「插入圖表」對話方塊，選擇要使用的圖表類型，選擇好後按下**確定**按鈕，在工作表中就會產生樞紐分析圖。

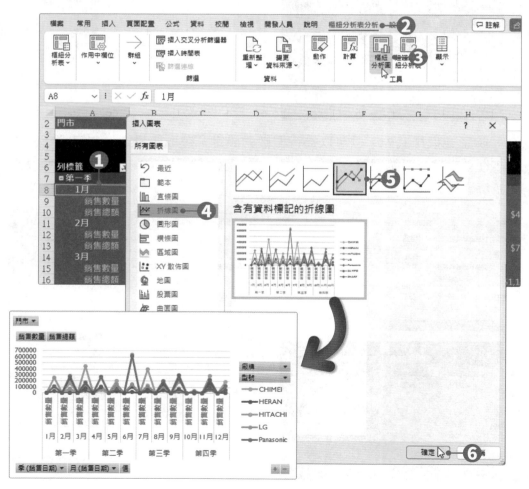

2 接著按下樞紐分析圖工具的「設計→位置→移動圖表」按鈕，開啟「移動圖表」對話方塊。

3 點選新工作表，並將工作表命名為「樞紐分析圖」，設定好後按下確定按鈕，即可將樞紐分析圖移至新的工作表中。

4 在樞紐分析圖工具的設計索引標籤中，可以設定變更圖表類型、設定圖表的版面配置、更換圖表的樣式等。

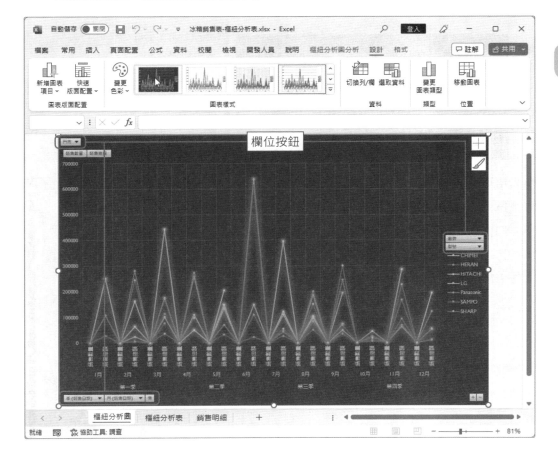

設定樞紐分析圖顯示資料

與樞紐分析表一樣，我們可以透過**樞紐分析圖欄位**窗格設定報表欄位，來決定樞紐分析圖想要顯示的資料內容。依照所選定的顯示條件，就可以看到樞紐分析圖的多樣變化喔！

1. 按下「**樞紐分析圖分析→顯示 / 隱藏→欄位清單**」按鈕，開啟「樞紐分析圖欄位」窗格。

2. 在樞紐分析圖欄位清單中，將**型號**及**數量**兩個欄位取消勾選，表示不顯示該兩者的相關資訊。

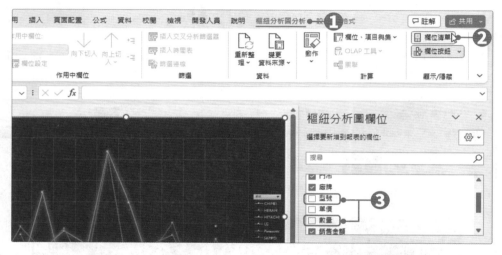

3. 接著在樞紐分析圖中，按下**廠牌**欄位按鈕，勾選 CHIMEI、Panasonic 及 SHARP 三個廠牌，勾選好後按下**確定**按鈕。

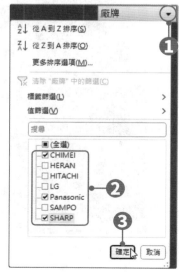

④ 最後顯示的樞紐分析圖內容，會是 CHIMEI、Panasonic 及 SHARP 三個廠牌的年度銷售額分析圖表。

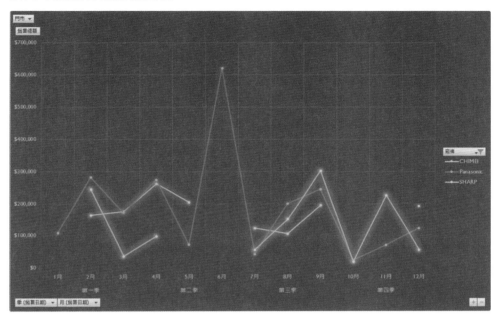

隱藏欄位按鈕

若想隱藏圖表中的各種欄位按鈕，可按下「**樞紐分析圖分析→顯示/隱藏→欄位按鈕**」下拉鈕，於選單中點選**全部隱藏**，即可將圖表中的欄位按鈕全部隱藏；或是按下選單鈕，選擇要隱藏或顯示的欄位按鈕。

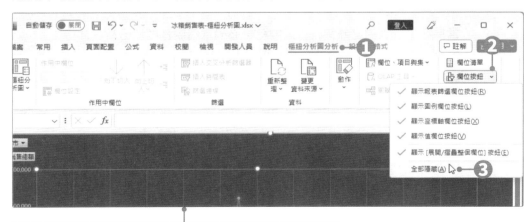

樞紐分析圖上的欄位按鈕會暫時隱藏。再次按下「**樞紐分析圖分析→顯示/隱藏→欄位按鈕**」按鈕，即可切換顯示。

⊙ 選擇題

( )1. 在 Excel 中，以下對「篩選」的敘述何者是對的？ (A) 執行篩選功能後，除了留下來的資料，其餘資料都會被刪除　(B) 利用欄位旁的 ⯆ 按鈕做篩選，稱為「進階篩選」　(C) 按下 Ctrl+Shift+L 快速鍵可啟動自動篩選功能　(D) 設計篩選準則時，不需要任何標題。

( )2. 在 Excel 中輸入篩選準則時，以下哪個符號可以代表一串連續的文字？ (A)「*」　(B)「?」　(C)「/」　(D)「+」。

( )3. 在 Excel 中，要在資料清單同一類中插入小計統計數之前，要先將資料清單進行下列何種動作？ (A) 存檔　(B) 排序　(C) 平均　(D) 加總。

( )4. 下列何種 Excel 功能，最適合快速合併與比較大量資料、靈活調整欄列分析項目與資料摘要方式、方便查看來源資料的不同彙總結果、與建立不同分析角度的報表與圖表？ (A) 合併彙算　(B) 樞紐分析　(C) 資料剖析　(D) 資料驗證。

( )5. 在進行樞紐分析表的欄位配置時，下列哪一個區域是用來放置要進行分析的資料？ (A) 篩選　(B) 列　(C) 欄　(D) 值。

( )6. 關於 Excel 的樞紐分析功能，下列敘述何者正確？ (A) 樞紐分析表上的欄位一旦拖曳確定，就不能再改變　(D) 樞紐分析圖上的欄位是不能變動的　(C) 欄欄位與列欄位中的項目是「標籤」；值欄位中的數值是「資料」　(D) 當樞紐分析表的來源資料有所變化，必須重新製作樞紐分析表才行。

( )7. 在樞紐分析表中可以進行以下哪項設定？ (A) 排序　(B) 篩選　(C) 移動樞紐分析表　(D) 以上皆可。

( )8. 在 Excel 中，使用下列哪一個功能，可以將數值或日期欄位，按照一定的間距分類？ (A) 分頁顯示　(B) 小計　(C) 排序　(D) 群組。

( )9. 關於 Excel 的樞紐分析表中的「群組」功能設定，下列敘述何者不正確？ (A) 文字資料的群組功能必須自行選擇與設定　(B) 日期資料的群組間距值，可依年、季、月、天、小時、分、秒　(C) 數值資料的群組間距值，可為「開始點」與「結束點」之間任何數值資料範圍　(D) 只有數值、日期型態資料才能執行群組功能。

✪實作題

1. 開啟「範例檔案→Excel→Example05→保險銷售明細.xlsx」檔案,利用「小計」功能,進行以下設定。

● 找出哪一張保單賣出的單數最多。

1 2 3		A	B	C	D	E	F
	1	銷售員	類別	保單名稱	保額		
+	3		一次付防癌險 計數	1			
+	5		平安100專案 計數	1			
+	8		永康重大疾病終身健康保	2			
+	11		如意人生變額保險 計	2			
+	13		安心守護專案 計數	1			
+	15		安心防癌健康保險 計	1			
+	17		防癌終身健康保險 計	1			
+	21		享安心定期壽險 計數	3			
+	24		幸福終身壽險 計數	2			
+	26		長期看護終生保險 計	1			
+	28		保安心防癌健康保險	1			
+	30		富貴長紅年金保險 計	1			
+	33		殘廢照護終身保險 計	2			
+	36		超優勢變額保險 計	2			
+	38		關懷一年重大疾病	1			
−	39		總計數	22			
	40						

工作表1 +

● 找出各類別保單的合計保額,以及總投保金額為多少。

1 2 3		A	B	C	D	E
	1	銷售員	類別	保單名稱	保額	
+	16		長期照護險 合計		$20,000	
+	20		重大疾病險 合計		$22,500	
+	23		意外險 合計		$4,200	
+	29		壽險 合計		$95,000	
−	30		總計		$332,300	
	31					

工作表1 +

5-35

2. 開啟「範例檔案→Excel→Example05→手機銷售.xlsx」檔案,進行以下設定。

- 在新的工作表中建立樞紐分析表。
- 樞紐分析表的版面配置如右圖所示。
- 設定「交易日期」欄位以「季」、「月」為群組。
- 在「類別」和「廠牌」欄位中,篩選出符合全配、HTC廠牌的資料。
- 將樞紐分析表套用任選一個樣式。

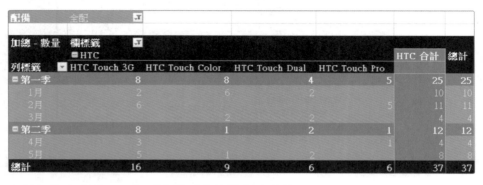

- 在新工作表中建立一個「立體百分比堆疊直條圖」。
- 設定樞紐分析圖只顯示「第一季」中,「HTC」及「Apple」兩家廠牌的資料。
- 將樞紐分析圖套用任選一個圖表樣式。

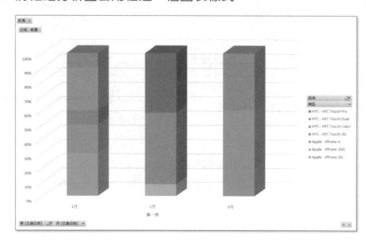

PowerPoint
2021

01

口腔保健衛教簡報

PowerPoint 基本編輯技巧

學習目標

從佈景主題建立簡報 /
從 Word 文件建立投影片 /
使用大綱窗格調整簡報內容 /
投影片版面配置 / 使用母片 /
加入頁首及頁尾 / 調整清單階層 /
項目符號及編號 /
投影片切換效果 /
簡報播放及儲存

● **範例檔案** (範例檔案\PowerPoint\Example01)
從齒健康.docx

● **結果檔案** (範例檔案\PowerPoint\Example01)
牙周病預防-OK.pptx

製作簡報的目的，是希望透過簡報讓他人從中了解作者所要闡述的想法，最重要的是如何將簡報的重點呈現出來，讓聽眾能快速掌握簡報的內容。在本範例中，將學習如何從 Word 中插入大綱文件，且透過佈景主題快速建立一份精美的簡報，並學習母片的使用，將完成的簡報檔案嵌入字型並儲存。

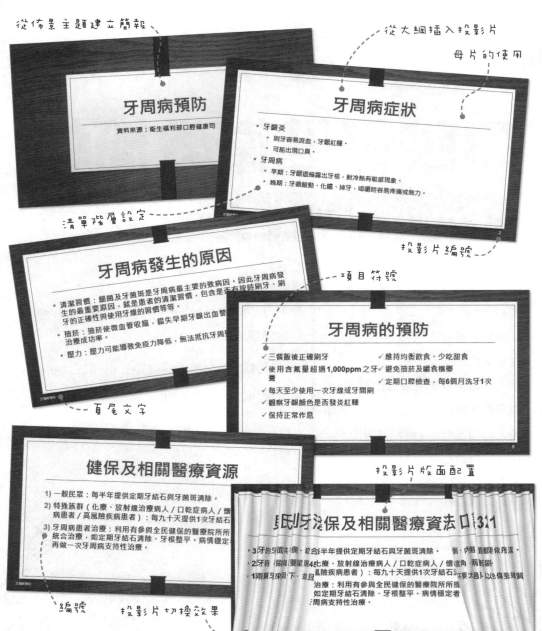

1-1 從佈景主題建立簡報

PowerPoint提供已經設計好背景、字型、色彩、版面等樣式的佈景主題範本，讓我們直接建立一份新的簡報。

啟動PowerPoint

安裝好Office應用軟體後，先按下 ⊞ 開始鈕，點選**所有應用程式**，接著在程式選單中點選 PowerPoint，即可啟動 PowerPoint 應用程式。

啟動 PowerPoint時，會先進入開始畫面，在畫面下方會顯示**最近**曾開啟的檔案，直接點選即可開啟該檔案；按下左側的**開啟**選項，即可選擇其他要開啟的 PowerPoint 簡報。

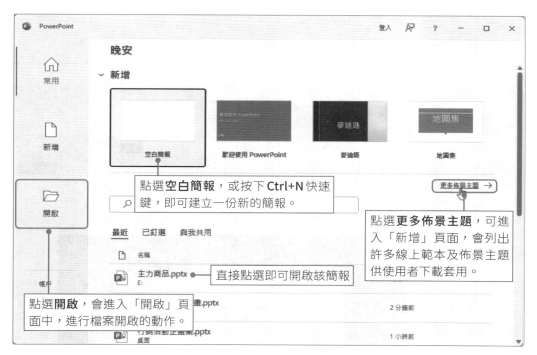

從佈景主題建立簡報

在開始畫面中，點選**更多佈景主題**選項，於 Office 提供的佈景主題中選擇想要使用的主題(本範例請選擇**有機**)，再繼續後續的簡報編輯工作。

1 在「新增」頁面中點選想要使用的佈景主題,會出現該佈景主題的預覽畫面,預覽時還可以選擇不同的變化方式,確認後按下**建立**按鈕,即可建立一份新的簡報。

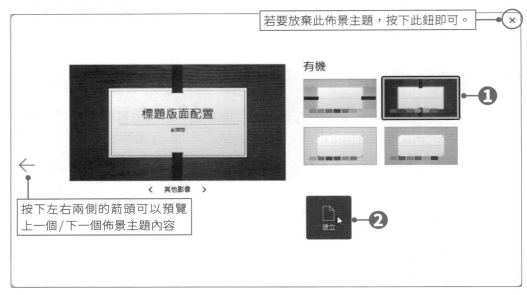

若要放棄此佈景主題,按下此鈕即可。

按下左右兩側的箭頭可以預覽上一個/下一個佈景主題內容

2 進入 PowerPoint 編輯視窗中,已建立好一個套用「有機」佈景主題的簡報檔案。

PowerPoint 2021

在標題投影片中輸入文字

開啟一份新簡報時，PowerPoint 會自動新增第1張投影片，並套用「**標題投影片**」的版面配置，此時只要依據指示，即可進行標題文字的輸入。

1. 在「**按一下以新增標題**」配置區中，按下滑鼠左鍵，將插入點移至配置區內，即可輸入投影片標題文字。

2. 接著在「**按一下以新增子標題**」配置區中，輸入子標題文字。

TIPS

設定投影片的大小

在 PowerPoint 中建立新簡報時，預設的投影片大小為**寬螢幕 (16:9)**。若要更改投影片大小，可以按下「**設計→自訂→投影片大小**」下拉鈕，於選單中可選擇**標準 (4:3)** 與**寬螢幕 (16:9)** 兩種常用規格。

除此之外，點選**自訂投影片大小**，則會開啟「投影片大小」對話方塊，可從中選擇如 16:10、A4、A3、B4、B5……等其他各種尺寸，讓使用者能依據需求選擇要使用的簡報大小。

Office系列軟體之下的各軟體間相容性高，常可互相支援作業。例如：想要將一份文件內容製作成簡報，除了透過複製與貼上的反覆作業之外，還有一個更聰明的方法：可以直接將Word的大綱插入至PowerPoint簡報中。

在匯入Word文件時，文件中套用「標題1」樣式的段落內容，會轉換為投影片項目內容的第一個階層；套用「標題2」樣式的段落內容，則會轉換為第二個階層，依此類推……。這裡要將Word文件內的大綱文字插入於簡報中，而該文件內的段落文字已經完成「標題1」及「標題2」的樣式設定。

1 按下「常用→投影片→新投影片」下拉鈕，點選下方的**從大綱插入投影片**。

TIPS

若要在簡報中新增投影片時，只要按下「常用→投影片→新投影片」按鈕，或是直接按下 **Ctrl+M** 快速鍵，即可新增一張投影片。

在投影片窗格中按下滑鼠右鍵，點選**新投影片**，則會新增一張與目前選取投影片套用相同版面配置的投影片。

2 開啟「插入大綱」對話方塊，選擇「從齒健康 .docx」檔案，選擇好後按下插入按鈕。

3 Word 文件內的大綱文字就會插入於簡報中。套用標題 1 樣式的段落文字會出現在標題配置區；套用標題 2 樣式的段落文字則會出現在物件配置區。

1-3 以大綱窗格調整簡報內容

在 PowerPoint 操作視窗的左側窗格中，可設定要以「投影片」或是「大綱」來顯示簡報內容。投影片窗格會顯示該份簡報的所有投影片縮圖，還可透過投影片窗格來進行調整投影片的排列順序、複製投影片及刪除投影片等操作。大綱窗格則會將投影片內容以大綱模式呈現，在大綱窗格中，也可以調整文字的排列順序、複製文字及刪除文字等。

摺疊與展開

在使用大綱窗格時，可以只顯示各張投影片的標題文字，也就是**階層 1** 的文字，而將其他階層全部摺疊起來。

1. 按下「**檢視→簡報檢視→大綱模式**」按鈕，在視窗左邊的窗格就會顯示大綱內容。

2. 在窗格中按下滑鼠右鍵，於選單中點選「**摺疊→全部摺疊**」，即可將階層 1 以下的段落文字全部摺疊起來。

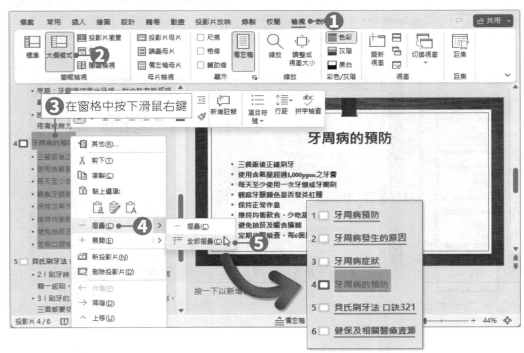

③ 若要展開某張投影片的階層時，只要在大綱窗格的標題投影片上**雙擊滑鼠左鍵**，即可展開該張投影片階層 1 以下的階層。

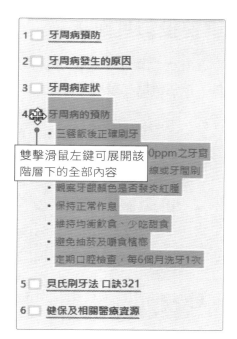

雙擊滑鼠左鍵可展開該階層下的全部內容

TIPS
大綱模式快速鍵

◆ 展開內容：Alt + Shift + +
◆ 摺疊內容：Alt + Shift + -
◆ 若在大綱窗格中只想顯示階層 1 的內容，可以直接按下 Alt + Shift + 1 快速鍵。

編輯大綱內容

在編輯投影片內容時，也可以直接在大綱窗格中進行調整文字的階層、移動文字的排列順序、新增文字等設定。

① 將滑鼠游標移至或選取要調整順序的段落文字，按下滑鼠右鍵，於選單中點選**上移**。

② 點選後，被選取的段落文字就會上移。

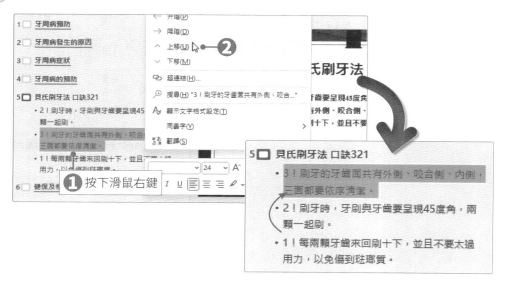

調整投影片順序

在大綱窗格中，還可以調整投影片的排列順序。只要選取要調整的投影片，按住滑鼠左鍵不放並拖曳，即可將投影片調整至想要的位置。

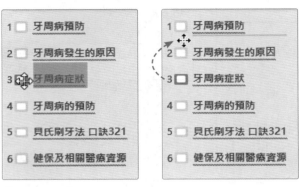 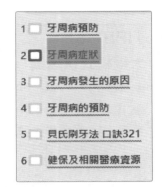

❶ 選取投影片，按住滑鼠左鍵不放，並將投影片拖曳至想要的位置。

❷ 位置確定後，放掉滑鼠左鍵即可完成位置的調整。

1-4 投影片的版面配置

PowerPoint 的「版面配置」是指佈景主題之中，事先規劃好投影片要呈現的方式，並在簡報中預設了要放置的文字位置、圖表位置、圖片位置等，只要點選這些預設的版面配置區，即可進行圖片的插入、文字的輸入等動作。

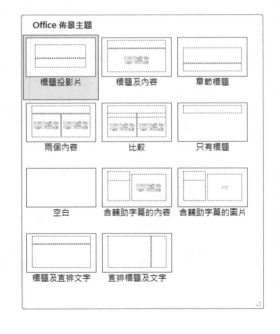

更換版面配置

PowerPoint提供了許多不同的版面配置，在此範例中，要將第2張～第6張投影片設定為「標題及內容」版面配置。

① 在窗格中選取第2張～第6張投影片。

② 按下「常用→投影片→🔲▾ 投影片版面配置」下拉鈕，於選單中點選**標題及內容**，被選取的投影片就會套用該版面配置。

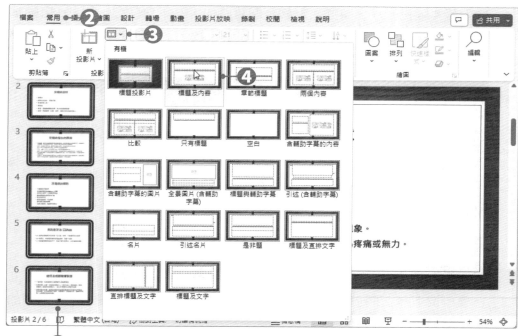

① 先選取第2張投影片，按住 **Shift** 鍵不放，再選取第6張投影片，即可選取連續投影片。

重設投影片

從Word插入大綱文字時，在簡報中的文字格式會以原Word所設定的格式為主，所以這裡要將投影片進行重設的動作，這樣投影片內的文字格式就會重設成PowerPoint的預設值。

同樣選取第2張～第6張投影片，按下「常用→投影片→🔲重設」按鈕，投影片的文字格式及版面配置方式就會回到佈景主題的預設狀態。

調整版面配置

當調整配置區的大小時，若調整的尺寸小於配置區內的文字時，在預設情況下會自動將文字縮小以配合新的配置區，這時在配置區左下角就會出現 [◈] **自動調整選項**按鈕，可以選擇如何處理配置區內的文字。

在本範例中的第3頁及第4張投影片因內容較多，所以PowerPoint自動將文字縮小了，但有時並不利於閱讀，因此接下來要來調整版面配置區。

1. 進入第 4 張投影片，將插入點移至配置區內，左下角就會出現 [◈] **自動調整選項**按鈕，將滑鼠游標移至 [◈] 按鈕上，按下下拉鈕，於選單中點選**停止調整文字到版面配置區**，配置區內的文字就會回復為預設的文字大小。

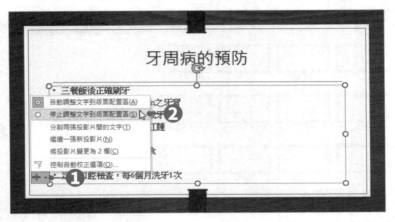

2. 接著再按下 [◈] 下拉鈕，於選單中點選**將投影片變更為 2 欄**，配置區內的文字就會以 2 欄呈現。

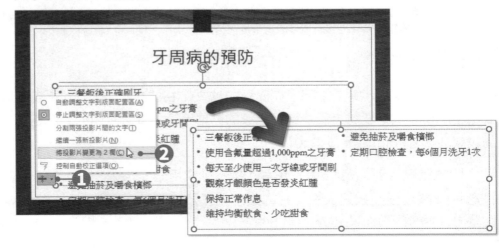

3️⃣ 接著進入第 3 張投影片，將插入點移至配置區內，按下 ⬇ 下拉鈕，於選單中點選**停止調整文字到版面配置區**。

4️⃣ 再次按下 ⬇ 下拉鈕，於選單中點選**分割兩張投影片間的文字**。

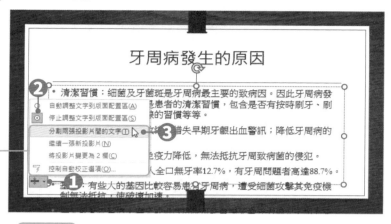

5️⃣ 點選後，就會在原投影片後方再新增一張投影片，該投影片的標題文字會與上一張一樣，並將配置區內超出的段落移至新投影片中的物件配置區內。

1-5 使用母片統一簡報風格

當建立一份簡報時，簡報中會提供各式各樣的投影片版面配置，每種投影片版面配置都有母片。**母片**是指簡報的版型，當要調整或修改「投影片版面配置」時，便可進入母片中進行編輯的動作。

投影片母片

PowerPoint 的每份簡報至少包含了一張「投影片母片」及每個版面配置專屬的母片，例如：標題母片、標題及內容、章節標題等。**投影片母片**是母片階層中最上層的母片，在投影片母片下還會有相關聯的版面配置母片。

雖然每張母片皆可個別進行設定。但要注意的是，投影片母片儲存了簡報之佈景主題與投影片版面配置的相關資訊，因此設定投影片母片時，會影響到使用相同物件的其他版面配置母片，例如：文字格式、背景及頁碼等。所以，若要設定整份簡報的一致風格時，建議從投影片母片中進行設定。

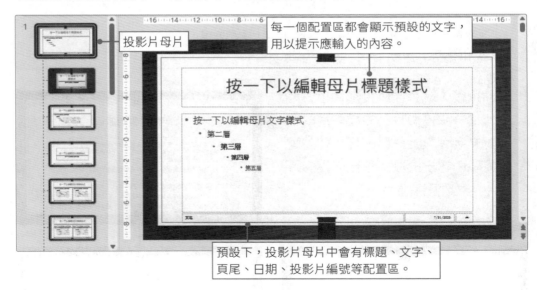

投影片母片

每一個配置區都會顯示預設的文字，用以提示應輸入的內容。

按一下以編輯母片標題樣式

- 按一下以編輯母片文字樣式
  - 第二層
    - 第三層
      - 第四層
        - 第五層

預設下，投影片母片中會有標題、文字、頁尾、日期、投影片編號等配置區。

在投影片母片中編輯佈景主題

PowerPoint 提供了許多內建的佈景主題，可以直接套用於簡報中，一個佈景主題包含了**色彩**、**字型**及**效果**等配置。

當簡報套用佈景主題之後，簡報中的文字、項目符號、表格、SmartArt 圖形、圖案、圖表、超連結色彩等，都會隨著佈景主題而改變，所以使用佈景主題有許多好處，也省去了簡報版面設計及色彩配置的時間。

雖然可以直接在投影片中進行佈景主題的設定，但當投影片的量很大時，若要一一修改投影片的佈景主題色彩、字型、效果、背景時，會花非常多的時間。所以建議可以直接進入投影片母片，在母片中針對不同的版面配置進行不同的佈景主題設定。

1 按下「**檢視→母片檢視→投影片母片**」按鈕，進入母片中。

2 按下「**投影片母片→背景→字型**」下拉鈕，點選要使用的字型組合，簡報內的所有字型就會套用該字型組合。

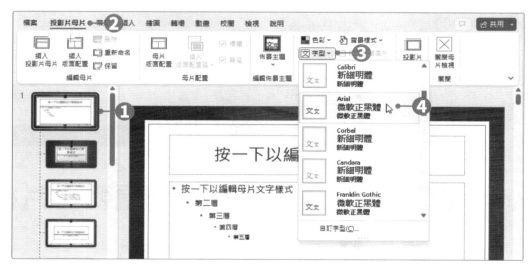

TIPS

套用佈景主題

當建立一份新的空白簡報時，預設會套用「Office 佈景主題」，該佈景主題並沒有做任何的版面、色彩及字型等設計。要將簡報套用佈景主題時，只要在「**設計→佈景主題**」群組中，選擇要使用的佈景主題即可，之後也可隨時更換佈景主題及變化方式。

口腔保健衛教簡報／PowerPoint 基本編輯技巧

統一簡報文字及段落格式

利用投影片母片可以快速統一簡報的文字格式、段落格式、配置區位置等，只要點選要設定的配置區，再進行文字及段落格式的設定即可。

字型的設定

在投影片母片中進行標題文字及段落文字的格式設定時，其他母片中的標題文字及段落文字也會跟著變動。

1. 進入**投影片母片**中，點選**標題**配置區，按下「**常用→字型→ B 粗體**」按鈕，或 Ctrl+B 快速鍵，將文字加上粗體樣式。

2. 按下「**常用→字型→ A˄ 放大字型**」按鈕兩次，將文字大小設定為 54 級。

3. 按下「**常用→字型→ A˅ 字型色彩**」按鈕，選擇要使用的色彩。

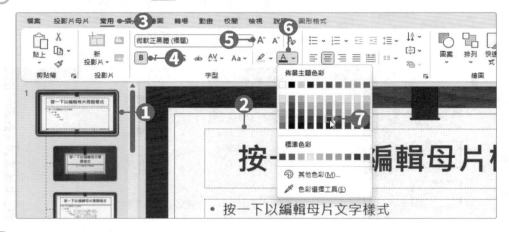

4. 點選**文字**配置區，按下「**常用→字型→ B 粗體**」按鈕，設定文字為粗體。

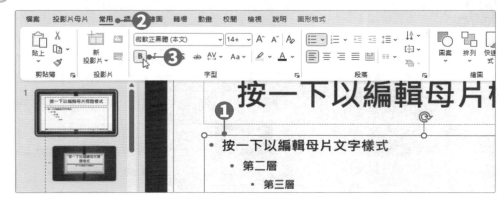

段落格式設定

　　字型格式設定好後，接著進行段落格式的設定，設定時同樣是在投影片母片中進行設定。

1　進入**投影片母片**，點選要設定的配置區，按下「**常用→段落→ ☰ 左右對齊**」按鈕。

2　按下「**常用→段落→ ≣▾ 行距**」下拉鈕，於選單中點選**行距選項**，開啟「**段落**」對話方塊。

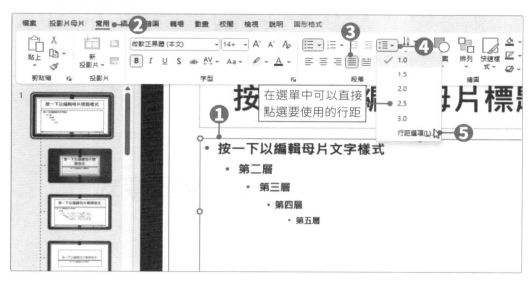

3　點選**中文印刷樣式**標籤頁，將**允許標點符號溢出邊界**的勾選取消，這樣在文字配置區內的標點符號就不會跑出配置區外了。

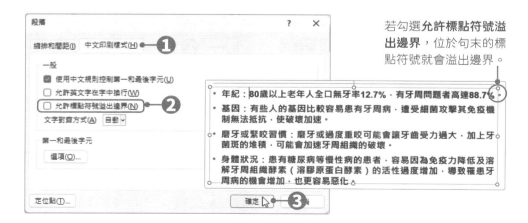

若勾選**允許標點符號溢出邊界**，位於句末的標點符號就會溢出邊界。

調整配置區物件位置

在投影片中的配置區物件都可以自行調整大小及位置。在此範例中，將調整「標題及內容」母片中的配置區物件位置。

1 進入**標題及內容**母片中，選取**標題配置區**，將滑鼠游標移至下方中間控點，按住滑鼠左鍵不放往上拖曳，將該配置區縮小。

2 選取**直線物件**，按住滑鼠左鍵不放往上拖曳，將線條物件往上移。

3 選取**文字配置區**，按住滑鼠左鍵不放往上拖曳，將文字配置區也往上移。

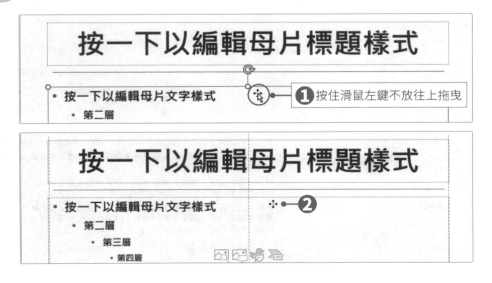

加入頁尾及投影片編號

在投影片母片中可以看到預設存在的日期、頁尾、投影片編號等配置區。但這些配置區中的資訊並不會主動顯示在投影片上。想要顯示這些配置區資訊,必須經過設定,要設定時可以在投影片母片模式或標準模式下進行。

1️⃣ 進入**投影片母片**,按下「**插入→文字→頁首及頁尾**」按鈕,開啟「頁首及頁尾」對話方塊。

2️⃣ 將**投影片編號**、**頁尾**及**標題投影片中不顯示**選項皆勾選,勾選好後再於**頁尾**欄位中輸入要呈現的文字,輸入好後按下**全部套用**按鈕。

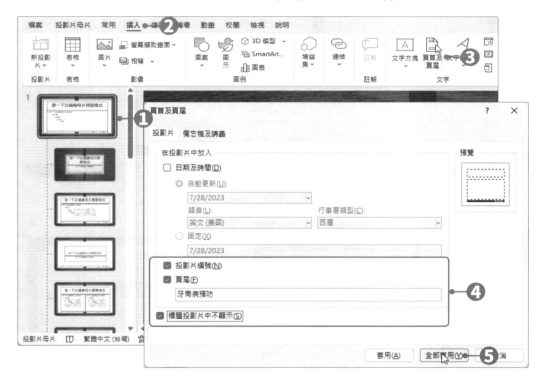

3️⃣ 頁首頁尾設定好後,再將**頁尾**及**投影片編號**文字方塊搬移至投影片的左下角及右下角,文字色彩皆設定為白色,並將投影片編號的文字大小設定為 14 級。

刪除不用的版面配置母片

在投影片母片中，可以直接將不會使用到的版面配置母片，從母片組中刪除，這樣在編輯母片時，也不致於眼花撩亂。於投影片母片中被刪除的母片，在「常用→投影片→版面配置」選單中的版面配置也會跟著被刪除。

在刪除前，可以先將滑鼠游標移至版面配置母片上，看看該張版面配置母片是否有被套用於投影片中，若已被套用則無法單獨刪除。

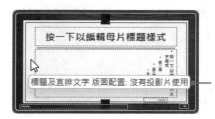

將滑鼠游標移至版面配置母片上，可得知哪些投影片使用了該母片。

要刪除母片時，先選取該母片，按下「**投影片母片→編輯母片→刪除**」按鈕，或是直接按下 Delete 鍵，即可將被選取的母片刪除。

PowerPoint 2021

1-6 清單階層、項目符號及編號

在「標題及內容」版面配置中，當在物件配置區中輸入文字時，文字預設都會以條列式方式呈現，而在製作簡報時，所輸入的內容大都也以條列式為主，因為這樣的呈現方式可以讓簡報內容架構更清楚。

清單階層的設定

在物件配置區中輸入文字後，按下 Enter 鍵，就會產生一個新的段落，若要調整該段落階層時，可按下 Tab 鍵再輸入文字，此時該段落就會屬於第 2 個階層，且字級會比上一階層的段落文字來得小。

若段落文字皆已輸入完成，也可以使用「常用→段落」群組中的 ᠄ 增加清單階層及 ᠄ 減少清單階層按鈕來調整段落階層。

1️⃣ 進入第 2 張投影片，將滑鼠游標移至第 2 個段落上的項目符號上，按下滑鼠左鍵，選取該段落，接著按住 Ctrl 鍵不放，再選取第 3、5、6 個段落。

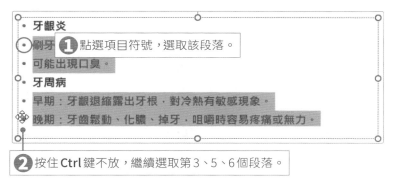

2️⃣ 段落選取好後，按下「常用→段落→ ᠄ 增加清單階層」按鈕，即可將段落調整至下一個階層。

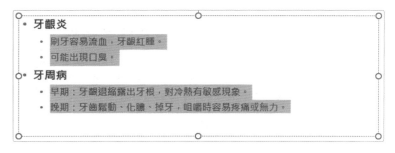

項目符號的使用

當投影片套用版面設定時，在預設下，文字都會先套用項目符號，而這項目符號是可以修改的。

1　進入第 5 張投影片，選取配置區，按下「**常用→段落→ ≡ ﹀ 項目符號**」下拉鈕，於選單中點選**項目符號及編號**。

2　開啟「項目符號及編號」對話方塊，選擇要使用的項目符號，並設定大小及色彩，設定好後按下**確定**按鈕，即可變更項目符號的樣式。

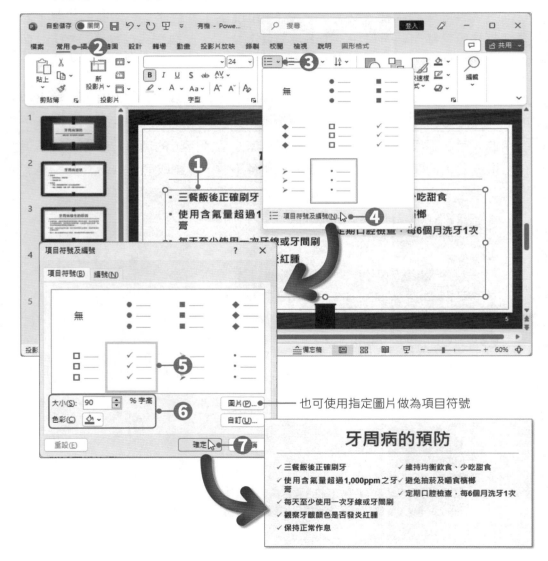

也可使用指定圖片做為項目符號

編號的使用

條列式文字除了使用項目符號外，還可以使用編號來呈現。

1. 進入第 7 張投影片，選取配置區，按下**「常用→段落→ 編號」**下拉鈕，於選單中點選**項目符號及編號**。

2. 開啟「項目符號及編號」對話方塊，選擇要使用的編號樣式，並設定大小及色彩，設定好後按下**確定**按鈕，即可將條列式文字加上編號。

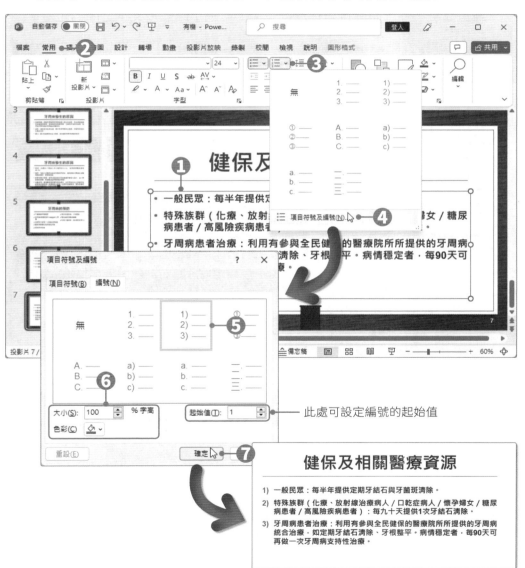

此處可設定編號的起始值

口腔保健衛教簡報／PowerPoint 基本編輯技巧

調整縮排

　　若覺得項目符號或編號與文字之間的距離離得太遠或太近,可以調整段落的「縮排」位置。在本範例中,將設定縮小縮排的距離。

1　將「檢視→顯示」群組中的**尺規**選項勾選,即可在投影片編輯區中開啟水平尺規及垂直尺規。

2　選取配置區內的所有段落文字,再將滑鼠游標移至**左邊縮排鈕**上,並按住滑鼠左鍵不放,將縮排鈕往**左**拖曳,即可縮小編號及文字之間的距離。

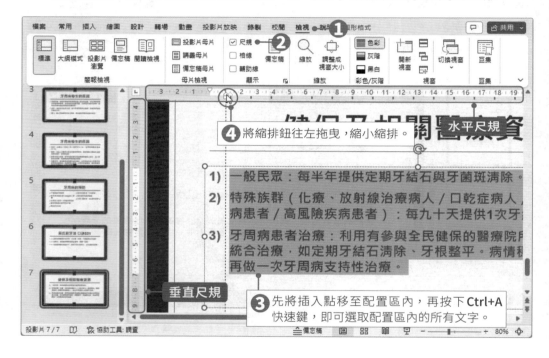

1-7 幫投影片加上換頁特效

　　在投影片與投影片換頁的過程中加上切換效果,可以讓簡報在播放時更為生動活潑。PowerPoint提供了許多投影片的切換效果,可以套用於投影片中,還可以設定切換音效、持續時間、切換方式等。

1 進入第 1 張投影片，按下「**轉場→切換到此投影片→⁻**」下拉鈕，開啟更多轉場效果的選單，於選單中選擇要使用的切換效果。

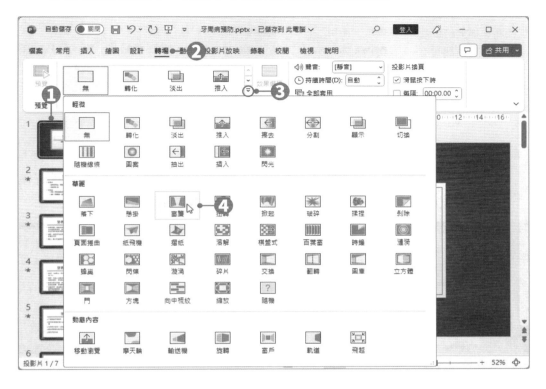

2 點選要套用的切換效果後，投影片就會即時播放此切換效果。

牙周病預防

資料來源：衛生福利部口腔健康司

③ 選擇好要使用的效果後，進入**「轉場→預存時間」**群組，即可進行聲音、持續時間、投影片換頁方式等設定。

切換時要播放的聲音 ⟶
切換的時間長度 ⟶

放映簡報時，設定要按一下滑鼠左鍵來切換投影片。

可設定每隔多久就會自動切換至下一張投影片

④ 都設定好後，若要將此轉場效果套用至簡報中所有的投影片時，只要按下**「轉場→預存時間→全部套用」**按鈕即可。這裡要注意的是，若設定好後又修改設定時，須再按下**全部套用**按鈕，才會套用修改後的設定。

TIPS

播放動畫效果

若在投影片中加入了動畫效果、動作按鈕、切換效果等設定，於標準模式下的投影片窗格或投影片瀏覽模式中就會看到 ✱ 符號，此符號代表該張投影片有設定動畫效果。若想要預覽動畫效果，可以在 ✱ 圖示上按一下滑鼠左鍵，即可播放該投影片所設定的所有動畫效果。

1-8 播放及儲存簡報

在閱讀檢視下預覽簡報

要預覽簡報內容時，可以進入**閱讀檢視**模式中，將整張投影片顯示成視窗大小，預覽簡報的設計結果或是動畫效果。按下**檢視工具列**的 閱讀模式按鈕，或按下「**檢視→簡報檢視→閱讀檢視**」按鈕，即可進入閱讀檢視模式。

按下**功能表**按鈕，可開啟功能表，選擇要執行的動作。

播放投影片

要實際播放投影片時，可以按下**檢視工具列**的 投影片放映模式按鈕，即可進入全螢幕中播放投影片，它的播放順序會從目前所在位置的投影片開始進行播放。而按下**快速存取工具列上**的工具鈕，或按下 F5 快速鍵，也會進行投影片放映的動作，但放映的順序會從第 1 張投影片開始。

儲存簡報

在 PowerPoint 中可以將簡報儲存成簡報檔、播放檔、PDF、圖檔、視訊檔等多種不同的檔案格式。

簡報檔—pptx

PowerPoint 簡報的預設檔案格式為 **PowerPoint 簡報 (*.pptx)**。從未存檔過的簡報要進行儲存動作時，可以按下**快速存取工具列**上的 🔲 **儲存檔案**按鈕；或是點選「**檔案→儲存檔案**」功能；也可以直接使用 **Ctrl+S** 快速鍵，進入**另存新檔**頁面中，進行儲存的設定。而同樣的檔案進行第二次儲存時，就會直接儲存，不會再進入**另存新檔**頁面中。

圖片格式

製作好的簡報也可以直接轉存成jpg、gif、png、tif、bmp、wmf等各種格式的圖片。可以按下「**檔案→另存新檔**」功能，進入**另存新檔**頁面中，進行儲存的設定。或是直接按下**F12**鍵，開啟「另存新檔」對話方塊，按下**存檔類型**選單鈕，即可選擇要將簡報儲存為哪種圖片格式。

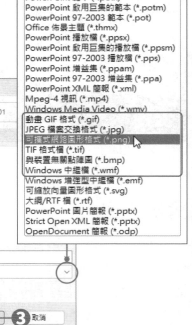

按下**存檔類型**下拉鈕，可選擇要儲存的檔案類型。

PowerPoint 簡報 (*.pptx)
PowerPoint 啟用巨集的簡報 (*.pptm)
PowerPoint 97-2003 簡報 (*.ppt)
PDF (*.pdf)
XPS 文件 (*.xps)
PowerPoint 範本 (*.potx)
PowerPoint 啟用巨集的範本 (*.potm)
PowerPoint 97-2003 範本 (*.pot)
Office 佈景主題 (*.thmx)
PowerPoint 播放檔 (*.ppsx)
PowerPoint 啟用巨集的播放檔 (*.ppsm)
PowerPoint 97-2003 播放檔 (*.pps)
PowerPoint 增益集 (*.ppam)
PowerPoint 97-2003 增益集 (*.ppa)
PowerPoint XML 簡報 (*.xml)
Mpeg-4 視訊 (*.mp4)
Windows Media Video (*.wmv)
動畫 GIF 格式 (*.gif)
JPEG 檔案交換格式 (*.jpg)
可攜式網路圖形格式 (*.png)
TIF 格式檔 (*.tif)
與裝置無關點陣圖 (*.bmp)
Windows 中繼檔 (*.wmf)
Windows 增強型中繼檔 (*.emf)
可縮放向量圖形格式 (*.svg)
大綱/RTF 檔 (*.rtf)
PowerPoint 圖片簡報 (*.pptx)
Strict Open XML 簡報 (*.pptx)
OpenDocument 簡報 (*.odp)

將字型內嵌於簡報中

在儲存簡報時，建議最好將簡報內所使用到的字型內嵌到檔案中，這樣一來，簡報在其他電腦使用或播放時，就不用擔心找不到正確字型的問題。

進行簡報儲存時，可以在「另存新檔」對話方塊中，按下**工具**下拉鈕，點選**儲存選項**，開啟「PowerPoint 選項」視窗，將**在檔案內嵌字型**選項勾選，再點選**只內嵌簡報中所使用的字元(有利於降低檔案大小)**，按下**確定**按鈕，回到「另存新檔」對話方塊，再按下**儲存**按鈕，即可將字型內嵌於簡報中。

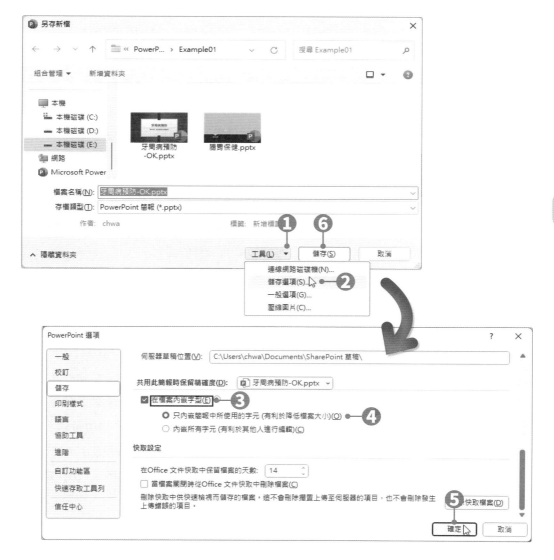

✪ 選擇題

( )1. 下列有關在 PowerPoint 中新增投影片的說明，何者有誤？ (A) 按下 Ctrl +M 快速鍵可新增投影片　(B) 新增投影片時可以選擇要使用的版面配置　(C) 可使用 Word 文件內的大綱文字來建立投影片內容　(D) 在簡報中無法新增二張「標題投影片」。

( )2. 在 PowerPoint 中建立新簡報時，預設的投影片大小為何？ (A) 標準 (4:3)　(B) 寬螢幕 (16:9)　(C) 寬螢幕 (16:10)　(D)A4 紙張 (210×297 公釐)。

( )3. 小星製作了一份節能減碳愛地球的簡報，他覺得簡報的樣式設定有些單調，請問他可以利用下列哪一個功能，來快速改變投影片的整體外觀？ (A) 佈景主題　(B) 加入圖片　(C) 加入圖表　(D) 版面配置。

( )4. 在 PowerPoint 中，下列哪一種情況最適合使用投影片母片來編輯？ (A) 在多張投影片上輸入相同資訊　(B) 包含大量投影片的簡報　(C) 需要經常修改的投影片　(D) 需要調整版面配置的投影片。

( )5. 在 PowerPoint 中，修改及使用投影片母片的主要優點為下列哪一項？ (A) 可提高簡報播放效能　(B) 可降低簡報檔案的大小　(C) 可對每一張投影片進行通用樣式的變更　(D) 可增加簡報設計的變化。

( )6. PowerPoint 母片中預設的版面配置包含？ (A) 標題　(B) 日期　(C) 頁碼　(D) 以上皆是。

( )7. 為避免投影片中的條列項目過於擁擠，可以透過下列哪一個功能，將段落的前後距離加大？ (A) 分行　(B) 項目符號及編號　(C) 字型　(D) 行距。

( )8. 下列有關 PowerPoint 項目符號及編號之敘述，何者錯誤？ (A) 可使用圖片為項目符號　(B) 可自行設定項目符號的圖示大小　(C) 編號起始值只能由 1 開始　(D) 投影片套用版面設定後，預設會將文字套用項目符號。

( )9. 按下 PowerPoint 檢視工具列的哪一個模式按鈕，可將整張投影片顯示成視窗大小，以便預覽簡報的設計結果或是動畫效果？ (A) 回　(B) 品　(C) 圓　(D) ♀ 。

( )10. 在 PowerPoint 中按下鍵盤上的哪一個按鍵，可以進行投影片的播放？ (A)F5　(B)F6　(C)F7　(D)F8。

✪ 實作題

1. 建立一份以「框架」為佈景主題的簡報,並進行以下設定。

- 在標題投影片中輸入「三色便當食譜」標題文字;「資料來源:行政院農業委員會」副標題文字。

- 將「三色便當食譜.docx」文件內的大綱文字插入於簡報中,並套用「標題及內容」版面配置。

- 將佈景主題色彩更換為「紅橙色」;字型組合更改為「Arial, 微軟正黑體, 微軟正黑體」。

- 將簡報內標題文字的字型大小皆設定為 40 級、粗體。

- 將階層 1 段落文字字型大小設定為 28 級、粗體;行距設定為 1.5 倍行高。

- 加入「三色便當食譜」頁尾文字及投影片編號,並將編號字型大小設定為 20 級,第 1 張投影片不套用。

- 將項目符號更改為「✓」,字高設定為 90%。

- 將第 3 張投影片內的條列式文字改以「一.」編號呈現。

- 將第 4 張投影片內的文字以 2 欄方式呈現。

- 將簡報儲存為 pptx 格式。

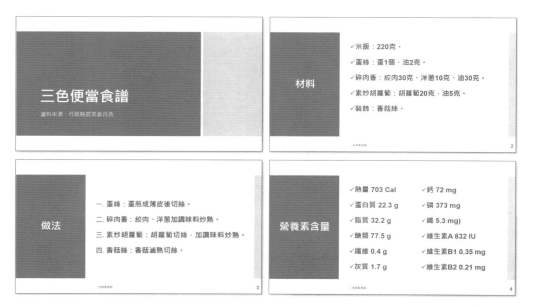

2. 開啟「範例檔案→PowerPoint→Example01→腸胃保健.pptx」檔案,進行以下設定。

- 將簡報中的「新細明體」替換成「微軟正黑體」。
- 將第 1 張投影片的標題文字字型大小設定為「60、粗體」。
- 將第 3 張投影片移至第 4 張之後。
- 將「從善如流的消化之道」投影片中的項目符號,更改為「①」編號,編號大小為「100%」。
- 在最後加入 1 張「章節標題」投影片,並加入「為你好大藥廠‧關心您」標題文字、「謝謝」副標題文字,文字格式自行設定。
- 將投影片切換方式設定為「圖庫」效果,按滑鼠換頁。

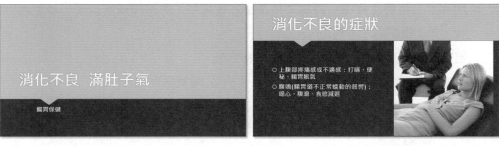

02

員工教育訓練簡報

PowerPoint 多媒體效果

學習目標

圖案的使用與樣式設定 /
加入音訊及視訊 / 加入網路影片 /
SmartArt 圖形的使用 /
擷取螢幕畫面 /
超連結的設定 /
為物件加上動畫效果

● **範例檔案** (範例檔案\PowerPoint\Example02)

認識公司.pptx

Jane Street.mp3

公司簡介.mp4

● **結果檔案** (範例檔案\PowerPoint\Example02)

認識公司-OK.pptx

在「員工教育訓練簡報」範例中，將利用 PowerPoint 提供的各種圖案及音訊、視訊、動畫等多媒體功能，製作一份精采的動態簡報。

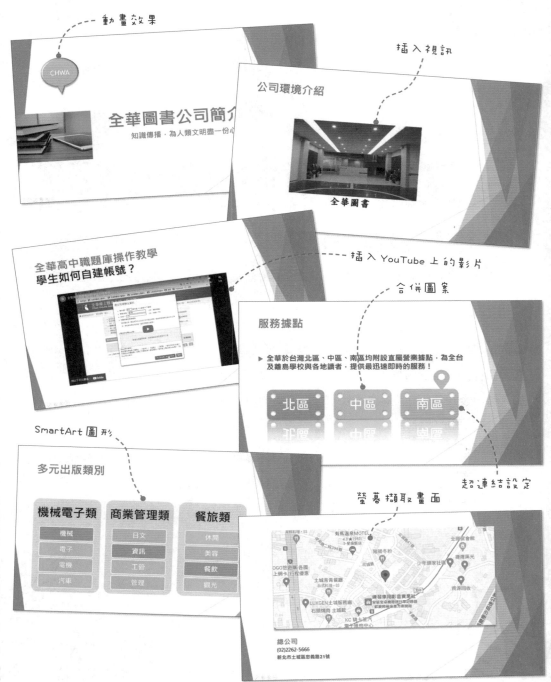

2-1 使用圖案增加視覺效果

PowerPoint提供了各式各樣的圖案，像是矩形、圓形、箭號、線條、流程圖、方程式圖案、星星及綵帶、圖說文字等，在製作簡報時可以依據需求加入相關的圖案，以增加投影片的視覺效果。

插入內建的圖案並加入文字

在本範例中，要在第1張投影片中加入一個「橢圓形圖說文字」圖案，並於圖案中輸入文字，再進行圖案樣式的設定。

1　進入第 1 張投影片，按下「常用→繪圖→圖案」下拉鈕，或是「插入→圖例→圖案」下拉鈕，於選單中點選要加入的圖案。

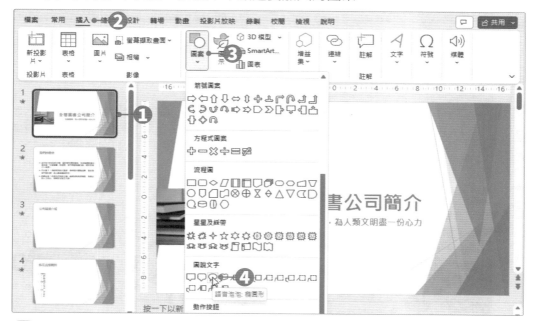

2　選擇好圖案後，此時滑鼠游標會呈「十」狀態，接著按住滑鼠左鍵不放並拖曳出一個適當大小的圖案。

3 將滑鼠游標移至圖案的 ● 控點上，按住滑鼠左鍵不放並進行拖曳，即可調整圖案的外觀。

4 圖案建立好後，在圖案上按下滑鼠右鍵，於選單中點選**編輯文字**，圖案就會產生插入點，接著便可直接在圖案中輸入文字。

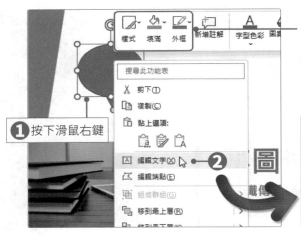

在圖案上按下滑鼠右鍵時，會顯示迷你工具列，利用工具列可進行圖樣的樣式、填滿色彩、外框色彩的設定。

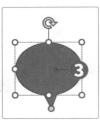 

利用合併圖案功能製作告示牌圖案

　　除了使用內建的圖案外，只要善用**合併圖案**功能，還可以自創更多圖形。合併圖案提供了聯集、合併、分割、交集、減去等方式來合併圖案，以創造出更多變的圖形。此範例中要利用合併圖案製作出具有告示牌效果的圖案。

1 進入第 7 張投影片，按下「**插入→圖例→圖案**」下拉鈕，於選單中點選**圓角矩形**圖案。接著按住滑鼠左鍵不放，拖曳出一個適當大小的圖案。

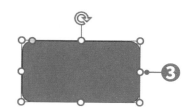

2 再按下「**插入→圖例→圖案**」下拉鈕，於選單中點選**橢圓**圖案，先按住 **Shift** 鍵不放，再按住滑鼠左鍵並進行拖曳，便可做出一個正圓形。

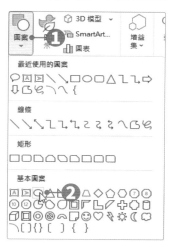
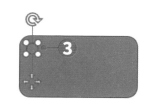

3 第一個圓形圖案繪製好後，選取該圖案，按住 Ctrl 鍵不放並往右拖曳滑鼠，即可複製出另一個相同圖案。接著利用相同方式，再複製出兩個圖案。

在拖曳物件時，會自動顯示對齊的虛線，方便快速對齊物件，此為「智慧型指南」。

1 選取要複製的圖案，再按住 **Ctrl** 鍵不放。

2 將圖案拖曳至右邊位置，放掉滑鼠左鍵，即完成複製的動作。

3 利用相同方式，複製下方另外兩個圖案。

4 所有圖案都繪製完成後，將滑鼠游標移至欲選取處，按下滑鼠左鍵不放並拖曳出要選取圖案的範圍，在此範圍內的圖案都會被選取起來。

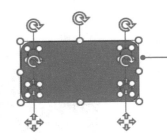

也可以利用 **Shift** 鍵來選取多個物件。先點選第一個物件，按住 **Shift** 鍵不放，接著一一點選要選取的物件即可。

5 所有圖案都選取後，按下繪圖工具的「**圖形格式→插入圖案→** ◎ **合併圖案**」下拉鈕，於選單中點選**合併**，被選取的圖案就會合併為一個，而在矩形圖案上的圓形圖案會呈現鏤空的狀態。

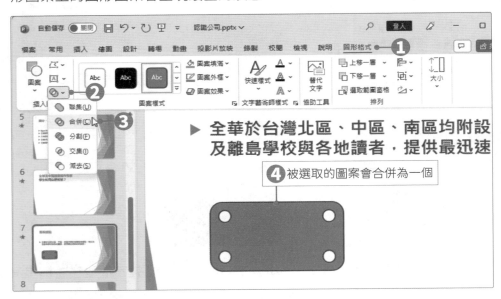

4 被選取的圖案會合併為一個

6 圖案製作好後，加入相關文字，並在「**常用→字型**」群組中設定文字格式，將文字大小設定為 **44** 級、**粗體**樣式。

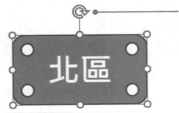

當點選圖案時，在圖案上方會出現旋轉鈕，將滑鼠游標移至旋轉鈕上，按住滑鼠左鍵不放，往右或往左拖曳，即可旋轉該圖案。

TIPS

群組的設定

在繪製了許多圖案之後，若要一併將圖案進行搬移、複製等動作，可以利用繪圖工具的「**圖形格式→排列→組成群組**」下拉鈕，於選單中點選**組成群組**，即可將所選取的多個圖案群組為一個物件。將圖案群組起來之後，即可進行大小的調整、複製及搬移等動作，而進行調整時，同一群組中的圖案都會一併調整。

幫圖案加上樣式、陰影及反射效果

在投影片中建立好圖案後，接著將進行圖案樣式的設定。

1 選取第 1 張投影片的**橢圓形圖說文字**圖案，按下繪圖工具的「**圖形格式→圖案樣式→⛛**」下拉鈕，於選單中點選要使用的樣式。

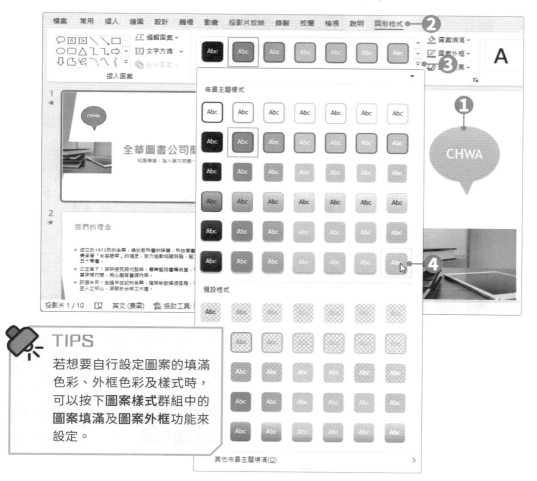

TIPS

若想要自行設定圖案的填滿色彩、外框色彩及樣式時，可以按下**圖案樣式**群組中的**圖案填滿**及**圖案外框**功能來設定。

2 按下繪圖工具的「圖形格式→圖案樣式→圖案效果」下拉鈕，可在選單中
點選想要套用的圖案效果，這裡選擇「浮凸→圓形」。

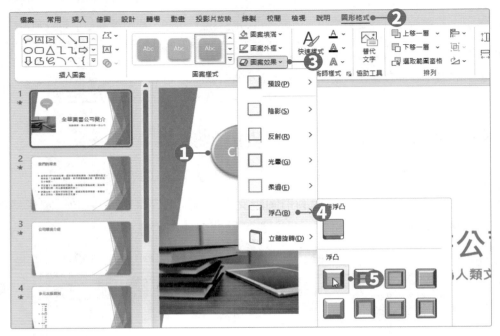

3 接著進入第 7 張投影片，選取告示牌圖案，進入繪圖工具的「圖形格式→
圖案樣式→ 」按鈕，於選單中點選要使用的樣式。

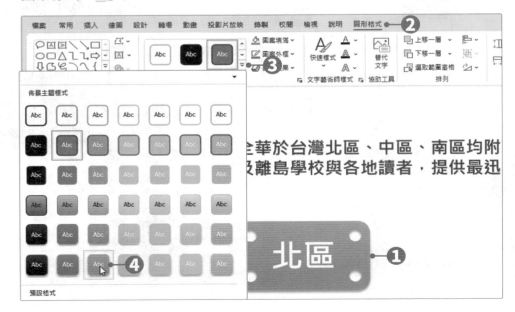

④ 第 1 個告示牌樣式設定完成後，請複製另外 2 個相同圖案，分別將圖案更換為不同的樣式，並一一修改圖案內的文字。

⑤ 接著選取 3 個告示牌圖案，按下繪圖工具的「圖形格式→圖案樣式→圖案效果」下拉鈕，於選單中點選「反射→完全反射：相連」反射效果。

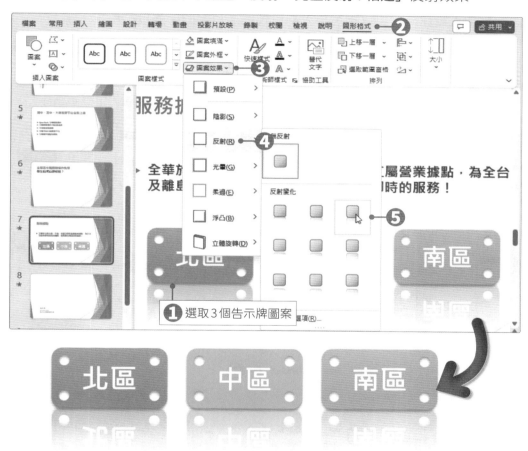

TIPS

設定為預設圖案

圖案格式都設定好後，若之後要建立的圖案都要使用相同格式時，可以在圖案上按下滑鼠右鍵，於選單中點選**設定為預設圖案**。

2-2 在投影片中加入音訊與視訊

在簡報中適時加入一些音效或相關影片，可以讓簡報播放時，更能達到引人注意的效果。

加入音訊

投影片中可加入的音訊格式有 aiff、au、midi、mp3、wav、wma、m4a 等。在加入音訊時，可以指定加入到母片或是特定的單張投影片中。

1 進入第 2 張投影片中，按下「**插入→媒體→音訊**」下拉鈕，點選**我個人電腦上的音訊**，開啟「插入音訊」對話方塊。

2 選擇要插入至簡報中的音訊檔，選擇好後，按下**插入**按鈕。

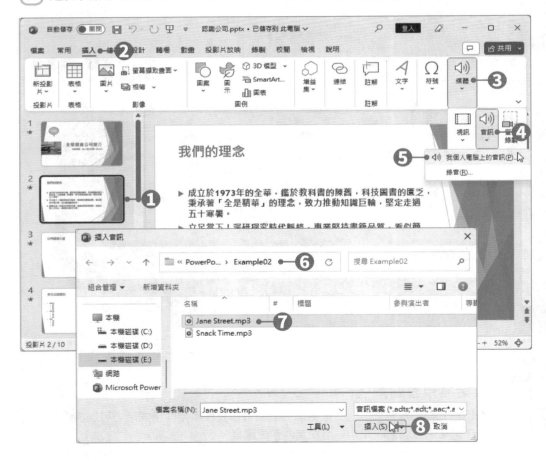

③ 回到投影片後，中央就會多一個音訊圖示及播放列，可試聽音訊的內容。

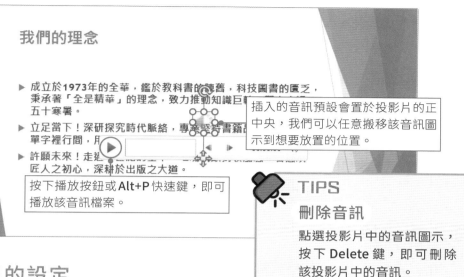

我們的理念

▶ 成立於1973年的全華，鑑於教科書的陳舊，科技圖書的匱乏，秉承著「全是精華」的理念，致力推動知識巨輪⋯⋯五十寒暑。

▶ 立足當下！深研究探時代脈絡，專業堅持書籍⋯⋯單字裡行間，用⋯⋯

插入的音訊預設會置於投影片的正中央，我們可以任意搬移該音訊圖示到想要放置的位置。

▶ 許願未來！走進⋯⋯匠人之初心，深耕於出版之大道。

按下播放按鈕或 **Alt+P** 快速鍵，即可播放該音訊檔案。

TIPS
刪除音訊
點選投影片中的音訊圖示，按下 Delete 鍵，即可刪除該投影片中的音訊。

員工教育訓練簡報／PowerPoint 多媒體效果

2

音訊的設定

將音訊檔案加入投影片後，可以設定該音訊的音量、何時播放、是否循環播放等基本項目。

設定播放方式

要設定音訊的播放方式時，先選取音訊物件，進入音訊工具的「**播放→音訊選項**」群組中，即可進行音量、播放方式等設定。

選項說明

◆ **音量**：可以設定音訊在播放時的音量，有**低**、**中**、**高**、**靜音**等選項可供選擇。
◆ **開始**：可以選擇音訊的播放方式。**從按滑鼠順序**為預設選項，表示只要在投影片上按下滑鼠左鍵，或是按下鍵盤任何鍵，即可播放音訊；選擇**自動**，會在播放投影片時自動播放音訊；選擇**按一下**，則須點選投影片中的播放鍵，才會播放音訊。
◆ **跨投影片播放**：若插入的音訊時間較長，當切換到下一張投影片時，音訊仍會繼續播放。
◆ **循環播放，直到停止**：音訊會一直播放，直到離開該張投影片。
◆ **放映時隱藏**：在放映投影片時，會自動隱藏音訊圖示。
◆ **播放後自動倒帶**：當音訊播放完畢，會再重頭開始播放。

2-11

淡入淡出的設定

　　音訊在播放時，可以設定「淡入」及「淡出」的效果，讓音訊在開始播放時從小聲慢慢轉為正常音量，而在結束時從正常音量慢慢轉為小聲。

　　選取音訊圖示，進入音訊工具的「**播放→編輯**」群組中，在**淡入**及**淡出**欄位中，即可輸入要設定的時間。

插入視訊檔案

　　簡報中可加入的視訊格式有 asf、avi、mkv、mov、mp4、3gp、mpg、m2ts、wmv 等。在此範例中，要加入一個 mp4 格式的視訊檔。

1. 進入第 3 張投影片中，按下「**插入→媒體→視訊**」下拉鈕，於選單中點選**此裝置**；或者直接按下配置區中的 图 圖示，開啟「插入視訊」對話方塊。

插入視訊

2. 選擇「**公司簡介 .mp4**」視訊檔案，選擇好後，按下**插入**按鈕。

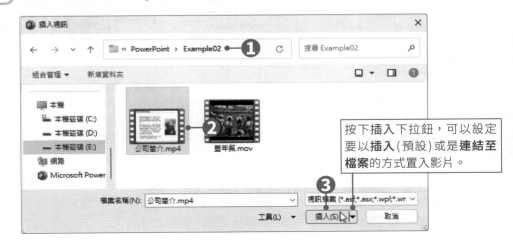

按下插入下拉鈕，可以設定要以插入(預設)或是**連結至檔案**的方式置入影片。

③ 在投影片中就會多了一個影片及播放列，按下播放列上的**播放**按鈕，即可觀看視訊內容。

④ 在視訊工具的「**播放→編輯**」群組中，可以設定淡入及淡出時間；在「**播放→視訊選項**」群組中，可以進行視訊的各項播放設定。這裡按下**開始**下拉鈕，點選**自動**，使放映投影片時可自動播放這支影片。

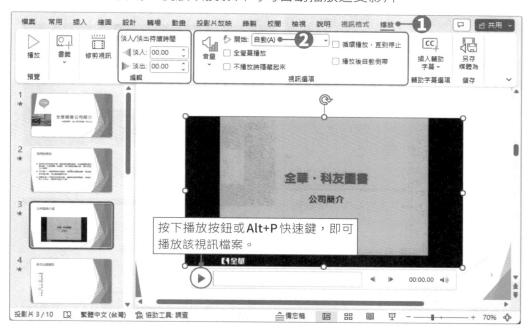

視訊的剪輯

　　如果插入的視訊影片未經修剪，或是只想擷取影片中的某一片段做為簡報內容，透過 PowerPoint 也可以直接進行簡單的影片剪輯喔！在本範例中，將影片中有關工作環境的片段剪輯下來，做為簡報播放之用。

① 按下視訊工具的「**播放→編輯→修剪視訊**」按鈕，開啟「修剪視訊」對話方塊。

② 在開啟的「修剪視訊」對話方塊中，可依需求直接修剪視訊長度。先按下 ▶ **播放**按鈕播放影片，確認所要修剪的起始位置及結束位置，接著拖曳左右兩邊的綠色及紅色滑桿來剪輯影片。剪完時也可以播放預覽看看，確認無誤後按下**確定**按鈕，完成剪輯。

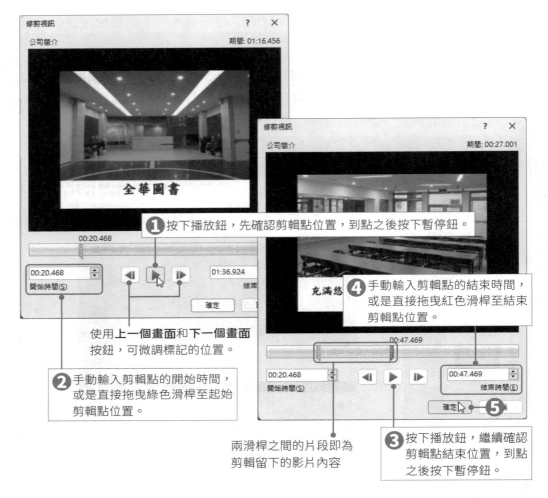

① 按下播放鈕，先確認剪輯點位置，到點之後按下暫停鈕。

使用**上一個畫面**和**下一個畫面**
按鈕，可微調標記的位置。

② 手動輸入剪輯點的開始時間，
或是直接拖曳綠色滑桿至起始
剪輯點位置。

④ 手動輸入剪輯點的結束時間，
或是直接拖曳紅色滑桿至結束
剪輯點位置。

兩滑桿之間的片段即為
剪輯留下的影片內容

③ 按下播放鈕，繼續確認
剪輯點結束位置，到點
之後按下暫停鈕。

設定視訊的起始畫面

插入視訊後，PowerPoint預設的視訊起始畫面為影格的第一個畫面，若
要修改影片起始畫面，可以使用**海報畫面**功能來設定。

1 進入第 3 張投影片中，選取視訊物件，利用播放鈕或是時間軸，將畫面調
整至要做為起始畫面的位置。

2 起始畫面的位置設定好後，按下視訊工具的「**視訊格式→調整→海報畫面**」
下拉鈕，於選單中點選**目前畫面**，即可將目前影片中的畫面設定為起始畫
面。

◆ **影像來自檔案**：可選擇自己設計的圖片作為起始畫面。

◆ **重設**：可清除之前所設定的起始畫面。

❸ 直接在時間軸上調整影片的播放位置

裁剪視訊大小

　　因為插入的影片兩側有黑色區塊有礙觀瞻，這時可利用視訊工具的**裁剪**功能，將影片尺寸進行裁剪。按下視訊工具的「**視訊格式→大小→裁剪**」按鈕，即可拖曳視訊物件四周的方框角點，來調整裁剪的尺寸範圍。

❹ 確認好裁剪範圍後，按下**裁剪**鈕即可進行裁剪動作。

❸ 拖曳四周的方框角點，可調整裁剪範圍。

加入YouTube網站上的影片

除了可以在投影片中插入自己準備的視訊檔案之外，也可以插入網路上的影片。首先須在瀏覽器中找到想要插入的影片網頁，再從瀏覽器網址列中複製該網頁的 URL 連結網址。

1 進入第 6 張投影片，按下「**插入→媒體→視訊**」下拉鈕，於選單中點選**線上影片**，開啟「輸入線上影片的位址」對話方塊。

2 在開啟的對話方塊中，貼上或直接輸入想要插入影片的網頁 URL，最後按下**插入**按鈕，將影片插入於投影片中。

1 輸入影片連結網址

輸入線上影片的位址

'www.youtube.com/watch?v=CVdg8iQSp_0&list=PLFvE6qmuS4mIE7eNp9EX3VRFDQR7uX4IM&index= ✕

2 顯示影片預覽

對線上視訊的使用須受每個提供者的使用規定與隱私權原則所規範。　在此深入瞭解

插入 ✕　　取消

3

③ 回到投影片中,即可看到所插入的影片,此時可以依需求,重新調整影片的位置、大小等,讓畫面更美觀。

④ 按下視訊工具的「**播放→預覽→播放**」按鈕,即可預覽投影片中的影片。

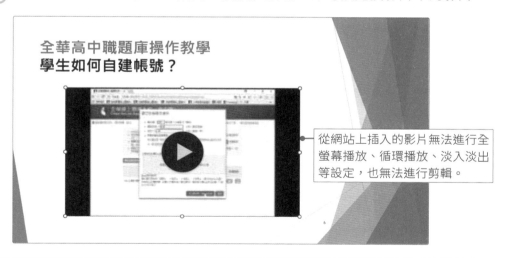

從網站上插入的影片無法進行全螢幕播放、循環播放、淡入淡出等設定,也無法進行剪輯。

TIPS

將網站上的視訊插入於簡報時,實際上 PowerPoint 只是連結至該視訊檔案再進行播放,而不是將視訊檔案嵌入於簡報中,所以在播放影片時,電腦必須處於連線狀態才行。

2-3 文字轉換為SmartArt圖形

將條列式文字以圖形來呈現,可幫助閱讀者更容易掌握簡報的內容。在 PowerPoint中可以快速將既有的條列式文字,轉換為SmartArt圖形。當然, 也可以自行建立 SmartArt圖形。

在範例中,要將第4張投影片內的條列式文字,轉換為SmartArt圖形。

① 進入第 4 張投影片,選取要轉換的條列式文字,按下**「常用→段落→** ⬚ **轉換成 SmartArt 圖形」**下拉鈕,於選單中點選**其他 SmartArt 圖形**。

② 開啟「選擇 SmartArt 圖形」對話方塊,點選**清單**類型,再於清單中點選 **群組清單**,按下**確定**按鈕後,即可將選取的文字轉換為 SmartArt 圖形。

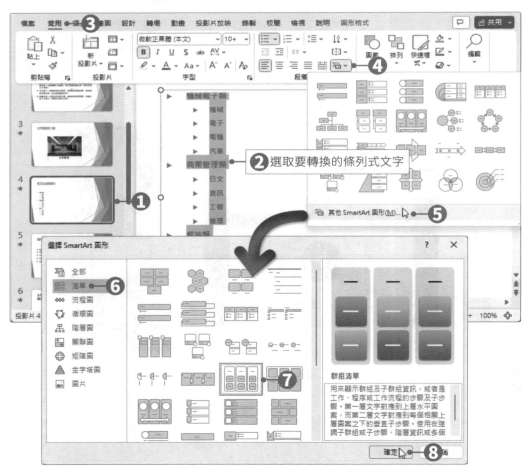

② 選取要轉換的條列式文字

群組清單

用來顯示群組及子群組資訊,或者是工作、程序或工作流程的步驟及子步驟。第一層文字對應到上層水平圖案,而第二層文字對應到每個相關上層圖案之下的垂直子步驟。使用在強調子群組或子步驟、階層資訊或多個清單

③ 被選取的文字就會轉換為 SmartArt 圖形。

④ 接著於 SmartArt 工具的「**SmartArt 設計→ SmartArt 樣式**」群組中，點選要套用的樣式；再按下**變更色彩**下拉鈕，選擇要使用的色彩組合，到這裡就完成了 SmartArt 圖形的製作囉！

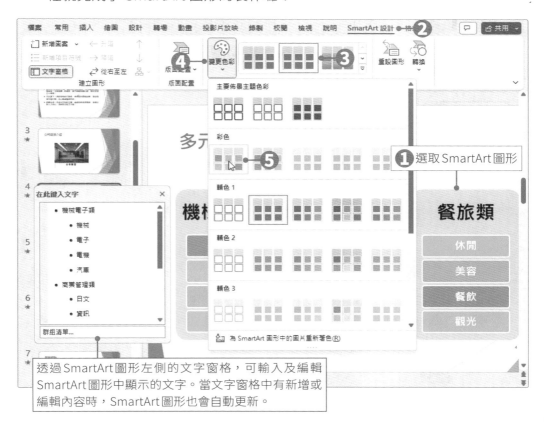

透過 SmartArt 圖形左側的文字窗格，可輸入及編輯 SmartArt 圖形中顯示的文字。當文字窗格中有新增或編輯內容時，SmartArt 圖形也會自動更新。

2-4 擷取螢幕畫面放入投影片

PowerPoint 提供了**螢幕擷取畫面**功能,可以直接擷取螢幕上畫面,並自動加入目前編輯的投影片中,而此功能在 Word 及 Excel 中皆有提供。

在此範例中,要加入網頁上的地圖畫面,在擷取前,請先在瀏覽器上開啟想要擷取畫面的地圖網站。

1 進入第 8 張投影片,按下**「插入→影像→螢幕擷取畫面」**下拉鈕,因為我們要擷取的是網頁部分畫面,所以點選**畫面剪輯**。

2 點選後會將 PowerPoint 視窗最小化,整個螢幕畫面會刷淡呈現。切換至欲擷取畫面的視窗,按下滑鼠左鍵,開始框選擷取畫面。

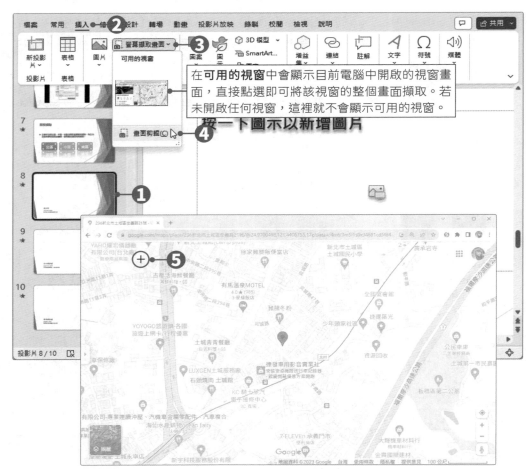

在**可用的視窗**中會顯示目前電腦中開啟的視窗畫面,直接點選即可將該視窗的整個畫面擷取。若未開啟任何視窗,這裡就不會顯示可用的視窗。

3 按下滑鼠左鍵不放，並拖曳出想要擷取的範圍。

4 擷取完後，會回到 PowerPoint 視窗，圖片已自動加入至目前投影片的圖片配置區中。按照同樣方式，在第 9、10 張投影片中也加入地圖。

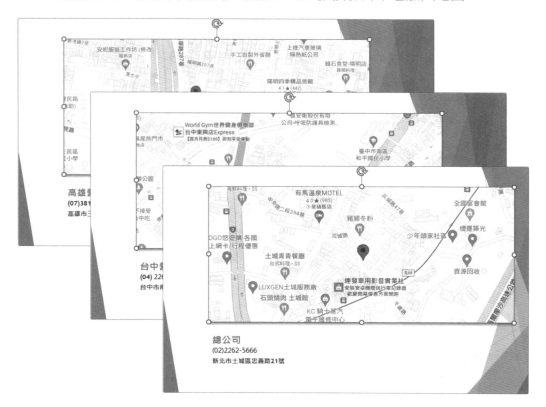

2-5 超連結的設定

使用超連結功能，可以將投影片中的物件或文字加入連結效果，讓投影片之間可以跳頁，或是連結到網站、電子郵件等。

投影片與投影片之間的超連結

在此範例中，要將第7張投影片的三個告示牌圖案，分別連結至同一簡報中的第8、9、10張投影片。

1. 進入第 7 張投影片中，選取要設定的圖案，按下「**插入→連結→連結**」按鈕，或按下 Ctrl+K 快速鍵，開啟「插入超連結」對話方塊。

2. 點選**這份文件中的位置**，選單中便會顯示簡報中的所有投影片，接著即可選擇要連結的投影片，這裡請點選「**8. 總公司**」投影片，點選後按下**確定**按鈕，完成超連結的設定。

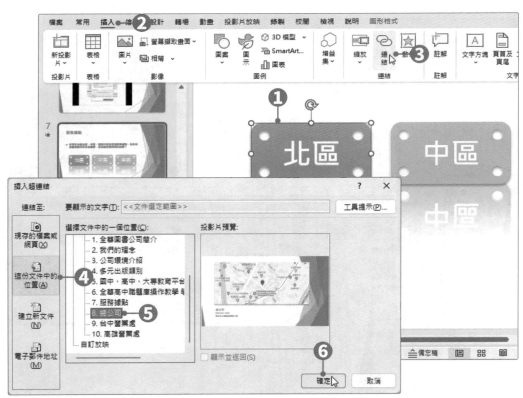

③ 接著再將其他 2 個告示牌圖案也分別連結到第 9、10 張投影片中。

④ 超連結都設定好後，按下 **F5** 快速鍵，進行播放的動作，將滑鼠游標移至圖案上，按下滑鼠左鍵後，即可連結至設定的投影片。

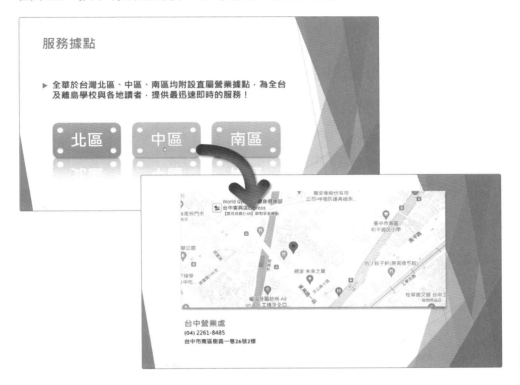

修改與移除超連結設定

　　若要修改已建立好的超連結設定，只要在有設定超連結的文字或物件上按下滑鼠右鍵，於選單中點選**編輯連結**，即可開啟「編輯超連結」對話方塊，進行超連結的修改；要移除超連結設定，則按下**移除連結**，即可將超連結的設定移除。

2-6 加入精彩的動畫效果

在 PowerPoint 中可以為各種物件加入動畫效果，讓投影片內的物件動起來，並達到互動的效果。

為物件加上動畫效果

在範例中，要將第 7 張投影片的告示牌圖案加上**進入**及**強調**動畫效果。

1 進入第 7 張投影片，選取要加入動畫效果的告示牌圖案，按下「**動畫→動畫→⌄**」按鈕，於選單中點選「**進入→縮放**」效果。

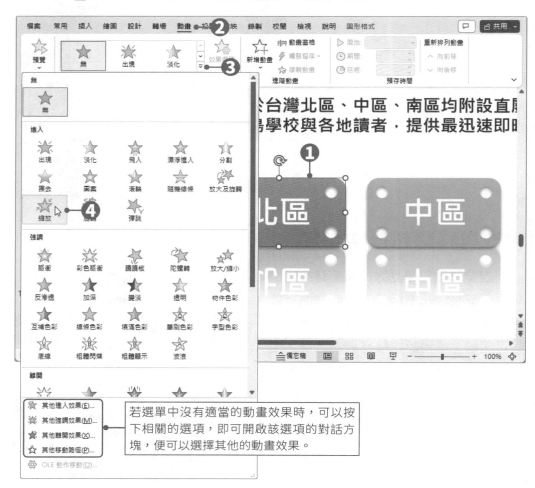

若選單中沒有適當的動畫效果時，可以按下相關的選項，即可開啟該選項的對話方塊，便可以選擇其他的動畫效果。

2. 動畫效果選擇好後，按下「**動畫→預存時間→開始**」下拉鈕，於選單中點選隨著前動畫。

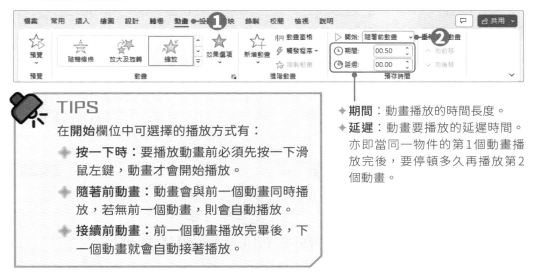

在**開始**欄位中可選擇的播放方式有：

◆ **按一下時**：要播放動畫前必須先按一下滑鼠左鍵，動畫才會開始播放。

◆ **隨著前動畫**：動畫會與前一個動畫同時播放，若無前一個動畫，則會自動播放。

◆ **接續前動畫**：前一個動畫播放完畢後，下一個動畫就會自動接著播放。

◆ **期間**：動畫播放的時間長度。
◆ **延遲**：動畫要播放的延遲時間。亦即當同一物件的第1個動畫播放完後，要停頓多久再播放第2個動畫。

3. 接著按下「**動畫→進階動畫→新增動畫**」下拉鈕，於選單中點選「**強調→蹺蹺板**」效果。

4. 動畫效果選擇好後，按下「**動畫→預存時間→開始**」下拉鈕，於選單中點選隨著前動畫。

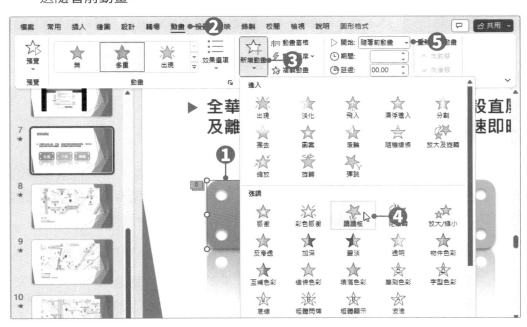

員工教育訓練簡報／PowerPoint 多媒體效果

2-25

複製動畫

　　第1個告示牌物件的動畫設定好後，利用**複製動畫**功能，即可將設定好的動畫效果複製到其他告示牌物件中。

(1) 點選設定好動畫效果的圖案，**雙擊「動畫→進階動畫→複製動畫」**按鈕，進行連續複製的動作，也就是一次可以套用到多個物件上。

(2) 接著再一一點選要套用相同動畫效果的圖案，這些圖案就會套用相同的動畫效果了。

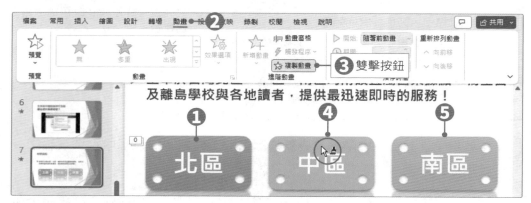

TIPS

若只進行一次複製動作，只要按下**複製動畫**按鈕或 **Alt+Shift+C** 快速鍵即可。

(3) 到這裡，動畫就設定完成了，此時可以按下「**動畫→預覽→預覽**」按鈕，預覽動畫效果。

讓物件隨路徑移動的動畫效果

　　前述使用的動畫效果都是由 PowerPoint 設定好的動畫，雖然可以快速套用，但卻不能自由編輯。若想隨心所欲設計動畫的移動效果，可以使用**移動路徑**功能，此功能可以套用已設定好的動畫路徑或是自行設計動畫路線。

　　在範例中要將第1張投影片的圖說文字圖案加上移動路徑動畫效果。

(1) 選取投影片中的**橢圓形圖說文字**圖案，按下「**動畫→動畫→▽**」按鈕，於選單中點選**其他移動路徑**。

2 開啟「變更移動路徑」對話方塊，選擇「**線條及曲線→波浪 2**」路徑，選擇好後按下**確定**按鈕。

3 回到投影片中，物件就會產生一個虛線路徑，路徑的開頭以綠色符號表示，路徑的結尾則以紅色符號表示。將滑鼠游標移至路徑右下角的控點上，按住滑鼠左鍵不放並拖曳，將路徑範圍加大。

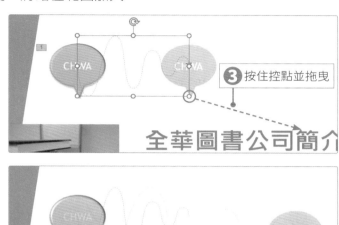

4 接著要進行路徑的調整。選取路徑，再將滑鼠游標移至 ◎ 旋轉鈕上，按住滑鼠左鍵不放向右拖曳，將路徑旋轉為傾斜。

5 將滑鼠游標移至路徑上，按住滑鼠左鍵不放並拖曳滑鼠，將路徑拖曳到適當位置上。

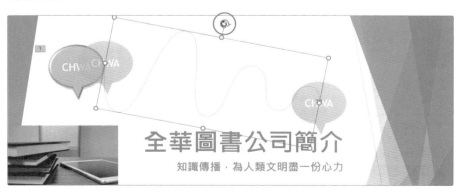

6 接著在移動路徑物件上按下滑鼠右鍵，於選單中選擇**編輯端點**。

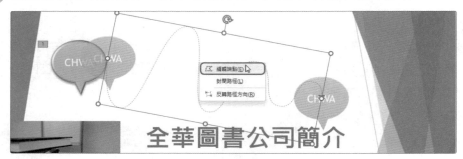

7 點選後，被選取的路徑就會顯示各端點，將滑鼠游標移至端點上，按下滑鼠左鍵並拖曳滑鼠，即可調整端點位置。

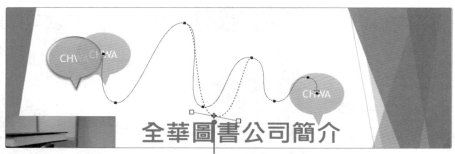

將滑鼠游標移至路徑端點上，按住滑鼠左鍵並拖曳，即可調整端點。

8 移動路徑調整好後，將動畫的開始方式設定為**隨著前動畫**。

9 動畫設定好後，此時可以按下「**動畫→預覽→預覽**」按鈕，或按下 F5 鍵，進入投影片放映模式中，預覽動畫效果。

 TIPS

若要將路徑的開始與結尾互相轉換時，可以在路徑上按下滑鼠右鍵，於選單中點選反轉路徑方向；或是按下「**動畫→動畫→效果選項→反轉路徑方向**」即可。

使用動畫窗格設定動畫效果

在投影片中若設定了多個動畫，為方便編輯及管理，可以按下**「動畫→進階動畫→動畫窗格」**按鈕，開啟「動畫窗格」進行動畫的設定。

調整動畫播放順序

投影片中的所有動畫都一一設定好後，若發現動畫順序有誤，先點選要調整的物件，按下**「動畫→預存時間」**群組中的**重新排列動畫**選項，點選**向前移**及**向後移**按鈕即可。此外，也可以直接在「動畫窗格」中調整各動畫的順序。

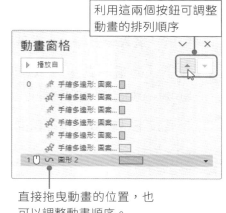

利用這兩個按鈕可調整動畫的排列順序

直接拖曳動畫的位置，也可以調整動畫順序。

效果選項設定

除了設定動畫效果的開始方式及播放時間外，大部分的動畫都提供了**效果選項**，例如：套用「圖案」動畫時，在效果選項中就可以選擇方向、要使用的圖案等。不過，每個動畫的效果選項內容都不太一樣，有些動畫甚至沒有效果選項。

若要進行更進階的動畫效果設定時，可以在動畫窗格中，選擇要設定的動畫，按下該動畫選項的 選單鈕，於選單中選擇**效果選項**，開啟該動畫的對話方塊，而此對話方塊中的設定內容，會隨著所選擇的動畫而有所不同。

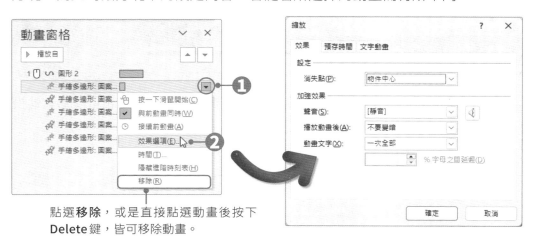

點選**移除**，或是直接點選動畫後按下 Delete 鍵，皆可移除動畫。

SmartArt圖形的動畫設定

SmartArt圖形的動畫設定方式與一般物件無異，但因SmartArt圖形是由一組一組圖案物件所組成，所以在播放時，可以設定SmartArt圖形要**整體**、**一次全部**、**依層級同時**，或是**依層級一個接一個**等播放方式。

1. 進入第4張投影片中，選取SmartArt圖形物件，於**「動畫→動畫」**群組中，點選**「進入→旋轉」**動畫效果。

2. 按下**「動畫→動畫→效果選項」**下拉鈕，於選單中點選**依層級同時**，SmartArt圖形中的圖案便會依層級來播放動畫效果。

3. 接著按下**「動畫→預存時間→開始」**下拉鈕，於選單中點選**隨著前動畫**。

動畫都設定好後，再檢查看看還有沒有需要調整的地方，也可以為其他投影片加入酷炫的動畫效果，讓簡報更吸睛喔！

選擇題

(　　)1. 在 PowerPoint 中欲繪製一個正圓形，可在繪製圓形的同時，按住下列哪一個按鍵？ (A)Shift　(B)Ctrl　(C)Alt　(D)Space。

(　　)2. 小怡在 PowerPoint 中以多個圖案繪製組合了一個機器人圖形，如果想要一次同時移動這些圖案，下列何種方式最適合？ (A) 一一點選圖案再進行拖曳　(B) 按下最大圖案的控點　(C) 調整圖案的層次順序　(D) 將多個圖案設定為群組。

(　　)3. 下列有關 PowerPoint 中音訊設定之敘述，何者不正確？ (A) 可以播放 MID 音樂檔　(B) 可以播放 WAV 聲音檔　(C) 放映時，一定要播完投影片中的完整音訊，才能跳至下一頁　(D) 可以調整聲音音量。

(　　)4. 在 PowerPoint 中使用視訊工具的「剪輯視訊」功能時，可以修剪影片片段中的哪個部分？ (A) 開頭與結尾部分　(B) 中間片段　(C) 影片中的音樂 (D) 以上皆可。

(　　)5. 利用 PowerPoint 中的何項功能，可以快速建立一個「組織圖」？ (A)圖表　(B)圖案　(C)文字方塊　(D)SmartArt 圖形。

(　　)6. 在 PowerPoint 中要設定超連結時，可以選擇連結至？ (A) 網站位址　(B) 電子郵件地址　(C) 其他投影片　(D) 以上皆可。

(　　)7. 若想讓 PowerPoint 投影片中的第一個動畫效果，在放映投影片時自動播放，應將動畫設定為下列何者？ (A) 接續前動畫　(B) 隨著前動畫　(C) 按一下時　(D) 自動。

(　　)8. 在 PowerPoint 中調整路徑時，使用「編輯端點」的目的為何？ (A) 鎖定路徑　(B) 調整路徑大小　(C) 旋轉路徑　(D) 變更路徑的形狀。

(　　)9. 下列關於 PowerPoint 的「動畫」設定敘述，何者不正確？ (A) 一個物件可以設定多個動畫效果　(B) 每個動畫效果都可以設定時間長度　(C) 文字方塊無法進行動畫效果的設定　(D) 可自訂動畫的影片路徑。

(　　)10. 下列關於 PowerPoint 的敘述，何者不正確？ (A) 套用內建動畫效果時，無法設定動畫播放時間　(B) 設定好的動畫效果可以複製至其他物件　(C) 可以插入 YouTube 上的影片　(D) 在 PowerPoint 中可以剪輯視訊長度。

❖ 實作題

1. 開啟「範例檔案→PowerPoint→Example02→旅行臺灣.pptx」檔案，進行以下設定。

- 投影片1：加入四個愛心圖案，輸入相關文字，請自行設定圖案格式及動畫效果，並將四個愛心圖案建立超連結，分別連結至第2、4、5、6張投影片。
- 投影片3：插入「豐年祭.mov」影片，自行調整視訊大小，並將影片上下的黑色區塊裁剪去除。
- 投影片7：將文字轉換為SmartArt圖形，並加入進入動畫效果，請自行設定SmartArt圖形的色彩、樣式及動畫效果。
- 投影片8：在網路上搜尋有關旅客服務中心的地圖，並擷取該網頁畫面至投影片中。

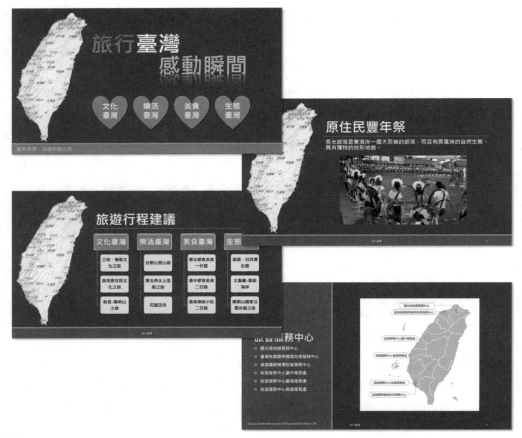

03
銷售業績報告
PowerPoint 圖表編輯技巧

學習目標

表格的建立與編修 /
表格樣式設定 /
加入 Word 中的表格 /
插入線上圖片 /
圖表的建立 / 圖表格式設定 /
加入 Excel 中的圖表

● **範例檔案** (範例檔案\PowerPoint\Example03)

銷售業績報告.pptx
銷售表.docx
銷售圖表.xlsx

● **結果檔案** (範例檔案\PowerPoint\Example03)

銷售業績報告-OK.pptx

在「銷售業績報告」範例中，將學習如何在 PowerPoint 建立並使用「表格」及「圖表」，讓簡報內容更具可看性。

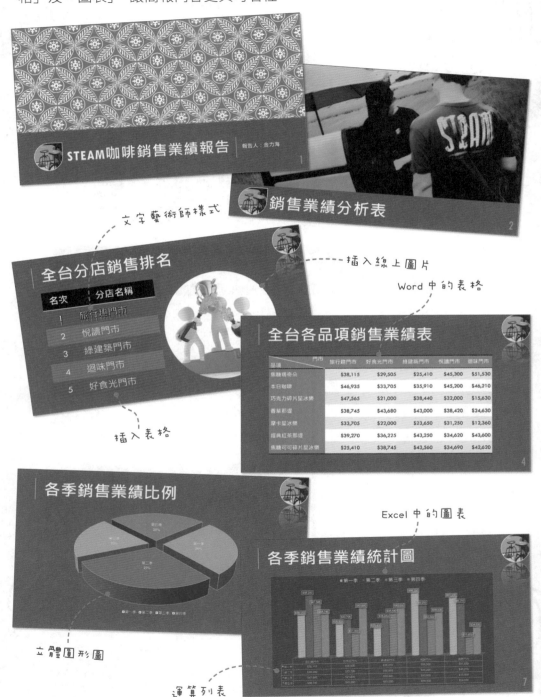

 **3-1 在簡報中加入表格**

在簡報中可以適時加入表格來幫助歸納並整理出要表達的重點,讓投影片中的資訊更清楚、更容易閱讀。

在投影片中插入表格

表格是由多個「欄」和多個「列」組合而成的。假設一個表格有5個欄,6個列,則簡稱它為「5×6表格」。在此範例中要加入一個「2×6」的表格。

1. 進入第 3 張投影片中,直接按下物件配置區中的 ⊞ **表格**按鈕,開啟「插入表格」對話方塊。

2. 在**欄數**中輸入 2,在**列數**中輸入 6,設定好後按下**確定**按鈕,物件配置區就會加入一個 2×6 的表格,且表格會自動套用佈景主題預設的表格樣式。

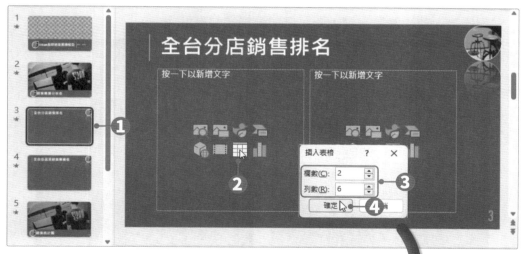

TIPS

也可以按下「**插入→表格→表格**」按鈕,直接拖曳出要插入的表格大小。

③ 將滑鼠游標移至表格的儲存格中，按下滑鼠左鍵，此時儲存格中就會出現插入點，即可在此輸入文字。輸入完文字後，若要跳至下一個儲存格時，可以使用 **Tab** 鍵，跳至下一個儲存格中。

④ 在表格中輸入完文字後，即可進入「**常用→字型**」群組及「**常用→段落**」群組中進行文字格式的設定。

> 將表格文字的字型大小設定為32；將標題列及名次欄設定為置中對齊。

名次	分店名稱
1	旅行趣門市
2	悅讀門市
3	綠建築門市
4	迴味門市
5	好食光門市

調整表格大小

① 將滑鼠游標移至表格物件下方的控點，按住滑鼠左鍵不放並往下拖曳。調整好後，放掉滑鼠左鍵，即可增加表格物件高度。

名次	分店名稱
1	旅行趣門市
2	悅讀門市
3	綠建築門市
4	迴味門市
5	好食光門市

名次	分店名稱
1	旅行趣門市
2	悅讀門市
3	綠建築門市
4	迴味門市
5	好食光門市

② 將滑鼠游標移至表格框線上，按住滑鼠左鍵不放並左右拖曳，即可調整欄寬。

名次	分店名稱
1	旅行趣門市
2	悅讀門市

名次	分店名稱
1	旅行趣門市
2	悅讀門市

文字對齊方式設定

在表格中的文字通常會往左上方對齊,這是預設的文字對齊方式。若要更改文字的對齊方式時,可以在表格工具的「**版面配置→對齊方式**」群組中,按下 ☰ **垂直置中**按鈕,表格內的文字就會垂直置中。

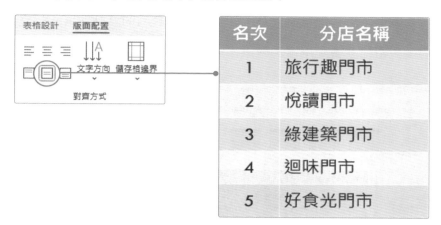

套用表格樣式

若要快速改變表格外觀時,可以直接套用表格工具的「**表格設計→表格樣式**」群組中所提供的表格樣式。

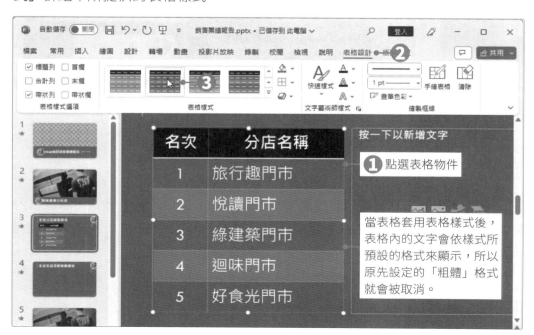

3

儲存格浮凸效果設定

　　表格樣式的**效果**選單中，提供了儲存格**儲存格浮凸**、**陰影**、**反射**等視覺上的效果，若想讓表格看起來更立體，可以為表格套用**儲存格浮凸**效果。

1 選取表格物件，按下表格工具的**「表格設計→表格樣式→ ⬛ ⌄ 效果」**下拉鈕，於選單中點選**儲存格浮凸**，即可選擇要套用的浮凸效果。

2 點選後，表格就會套用浮凸效果。

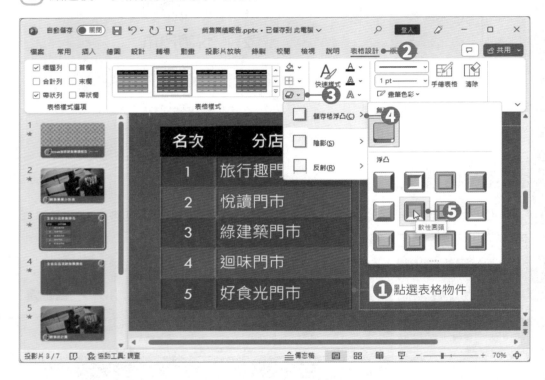

套用文字藝術師樣式

　　在表格中的文字也可以直接套用文字藝術師所提供的文字樣式，讓表格內的文字看起來更有特色。

1 選取表格的第 2 列，按下表格工具的**「表格設計→文字藝術師樣式→快速樣式」**下拉鈕，於選單中選擇要使用的樣式。

2 點選後，表格內的文字便會套用所選擇的文字樣式。

3 接著再按下表格工具的「表格設計→文字藝術師樣式→ A⏷ 文字效果」下
拉鈕，於選單中點選「反射→反射變化→半反射 , 相連」，將文字加入反
射效果。

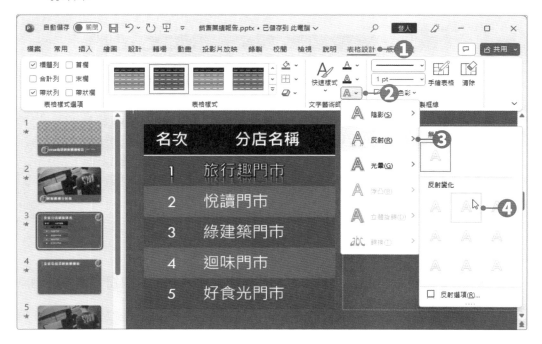

3-2 加入Word中的表格

在 PowerPoint 中除了自行建立表格外,還可以直接將 Word 所製作的表格複製到投影片中。

複製Word中的表格至投影片中

本範例要將「銷售表.docx」檔案中的表格複製到投影片中,再進行相關的編輯動作。

1. 開啟「銷售表 .docx」檔案,選取文件中的表格。

2. 按下 **Ctrl+C** 快速鍵,或按下「**常用→剪貼簿→ 複製**」按鈕,將表格複製至剪貼簿中。

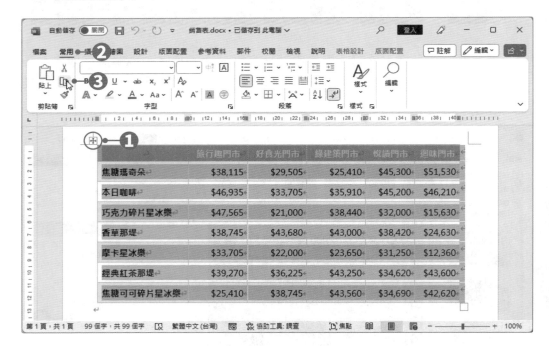

3. 回到 PowerPoint 操作視窗中,進入第 4 張投影片。

4. 再按下 **Ctrl+V** 快速鍵,或按下「**常用→剪貼簿→貼上**」按鈕,即可將剛剛複製的表格貼到配置區中。

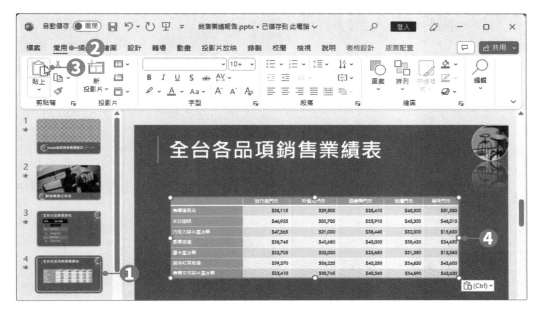

⑤ 表格複製完成後，接著要來調整表格的位置及大小。選取表格物件，再將滑鼠游標移至表格物件上，按住滑鼠左鍵不放並拖曳滑鼠，即可調整表格要擺放的位置。

⑥ 將滑鼠游標移至表格物件四周的控點，調整表格的大小。

⑦ 接著進入「**常用→字型**」群組中，進行文字格式的設定；再進入表格工具的「**表格設計→表格樣式**」群組中，點選要套用的表格樣式。到這裡，表格的基本設定就完成了。

	旅行趣門市	好食光門市	綠建築門市	悅讀門市	迴味門市
焦糖瑪奇朵	$38,115	$29,505	$25,410	$45,300	$51,530
本日咖啡	$46,935	$33,705	$35,910	$45,200	$46,210
巧克力碎片星冰樂	$47,565	$21,000	$38,440	$32,000	$15,630
香草那堤	$38,745	$43,680	$43,000	$38,420	$24,630
摩卡星冰樂	$33,705	$22,000	$23,650	$31,250	$12,360
經典紅茶那堤	$39,270	$36,225	$43,250	$34,620	$43,600
焦糖可可碎片星冰樂	$25,410	$38,745	$43,560	$34,690	$42,620

調整表格位置及高度；將表格文字的字型大小設定為 18；套用表格樣式。

在儲存格中加入對角線

在標題欄及標題列交集的左上角儲存格，通常會加上斜對角線以示區別。在儲存格中要製作對角線時，可以利用**表格框線**功能，來繪製對角線。

1. 在表格左上角的儲存格中，依序輸入「門市」及「品項」兩列文字，並將「門市」設定為**靠右對齊**。

2. 點選要加入斜線的儲存格，接著在表格工具的「**表格設計→繪製框線**」群組中，依序設定**畫筆樣式、畫筆粗細**，並按下**畫筆色彩**下拉鈕，於選單中選擇**白色**。

3. 畫筆都設定好後，按下表格工具的「**表格設計→表格樣式→▢▾框線**」下拉鈕，於選單中選擇**左斜框線**。

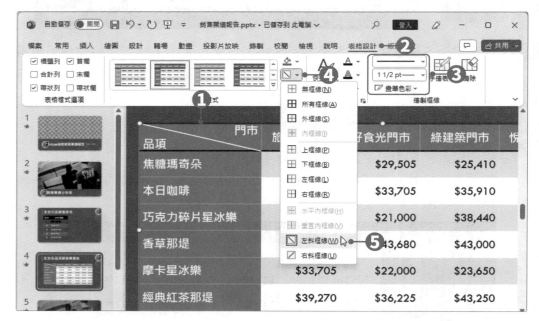

TIPS

清除表格上不要的線段

按下表格工具的「**表格設計→繪製框線→清除**」按鈕，此時滑鼠游標會呈 ⌀ 橡皮擦狀，接著點按框線，或在框線上拖曳，即可將該框線擦除。要結束清除功能時，再次按下**清除**按鈕，或按下 **Esc** 鍵，即可取消清除狀態。

3-3 加入線上圖片美化投影片

　　在簡報中適時加入一些圖片，可以增加簡報的可讀性，並引起觀眾的興趣。PowerPoint提供了插入電腦中的圖片、影像庫及線上圖片等功能，在製作簡報時可以加入自己準備的圖片，或利用線上搜尋功能加入網路圖片。

插入線上圖片

　　在此範例中，要於第3張投影片加入線上圖片。

① 進入第3張投影片，選取表格右邊的物件方塊，按下「**插入→影像→圖片**」下拉鈕，於選單中選擇**線上圖片**。

② 開啟「線上圖片」視窗後，於**搜尋**欄位中輸入要搜尋圖片的關鍵字，輸入好後按下鍵盤上的 **Enter** 鍵進行**搜尋**。

③ PowerPoint 會利用 Bing 搜尋引擎來搜尋與關鍵字相關的圖片，接著選擇要插入的圖片，按下**插入**按鈕。

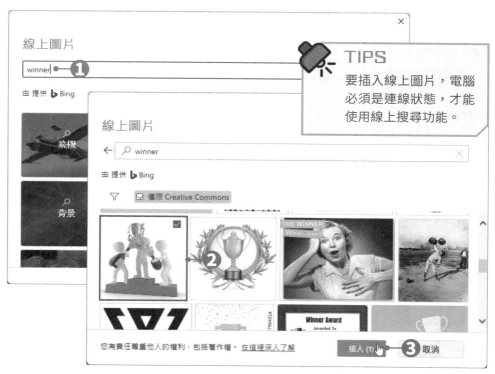

④ 回到投影片後，圖片就會插入於物件配置區中。

將圖片裁剪成圖形

　　使用圖片工具的「**圖片格式→大小**」群組中的**裁剪**功能，可以輕鬆地將圖片裁剪成任一圖形，或是指定裁剪的長寬比。

① 點選要裁剪的圖片，按下圖片工具的「**圖片格式→大小→裁剪**」下拉鈕，於選單中點選**裁剪成圖形**選項，即可選擇要使用的圖形。

② 點選後，圖片就會被裁剪成所選擇的圖形。

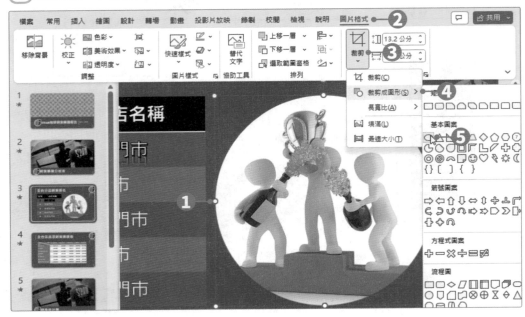

3-4 加入圖表

透過圖表能夠更容易解讀資料蘊含的意義，所以在製作統計或銷售業績相關的簡報時，可以將數據資料製作成圖表，藉以說明或比較數據資料，讓簡報更清楚明瞭也更顯專業。

插入圖表

在此範例中要加入圓形圖，呈現出各季銷售業績所佔的比重。

1 進入第 6 張投影片，按下物件配置區中的 **插入圖表**按鈕，或按下「**插入→圖例→圖表**」按鈕，開啟「插入圖表」對話方塊。

2 選擇**圓形圖**中的**立體圓形圖**，選擇好後按下**確定**按鈕。

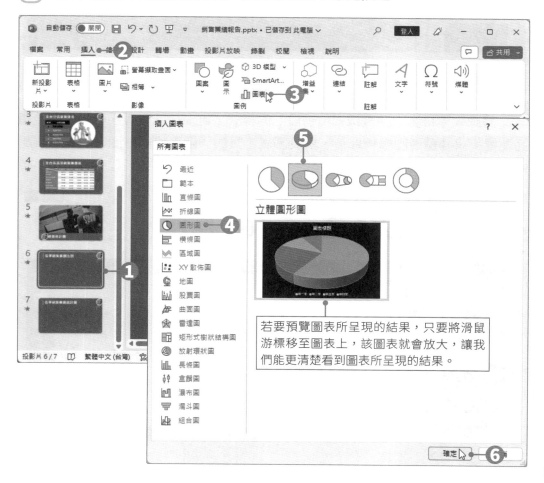

若要預覽圖表所呈現的結果，只要將滑鼠游標移至圖表上，該圖表就會放大，讓我們能更清楚看到圖表所呈現的結果。

③ 此時會開啟編輯視窗，接著在資料範圍內輸入相關資料，輸入好後按下**關閉**按鈕關閉編輯視窗，回到投影片中，立體圓形圖就製作完成了。

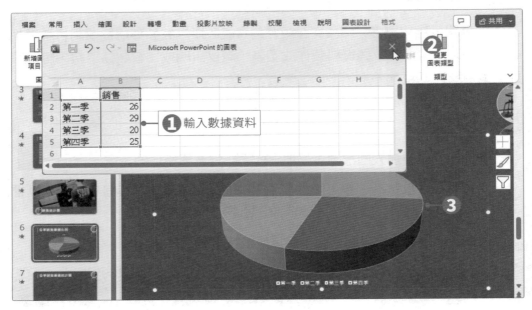

套用圖表樣式

　　將圖表直接套用**圖表樣式**中預設好的樣式，可以快速改變圖表的外觀及版面配置。只要選取圖表物件後，再於圖表工具的「**圖表設計→圖表樣式**」群組中直接點選要套用的圖表樣式即可。

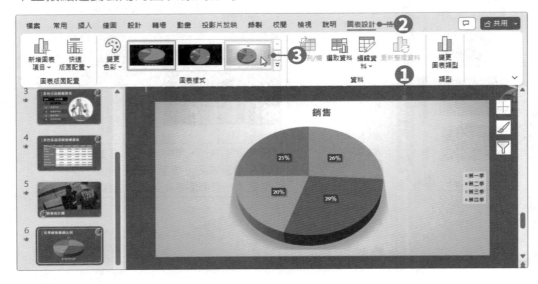

編輯圖表項目

　一個圖表的基本構成，包含資料標記、資料數列、類別座標軸、圖例、數值座標軸、圖表標題等物件，這些物件都可依需求個別設定是否顯示。

① 按下圖表右上方的 ⊞ **圖表項目**按鈕，將**圖表標題**的勾選取消，表示不顯示圖表標題。

② 接著按下**資料標籤**項目的 › 按鈕，於選單中點選**其他選項**。

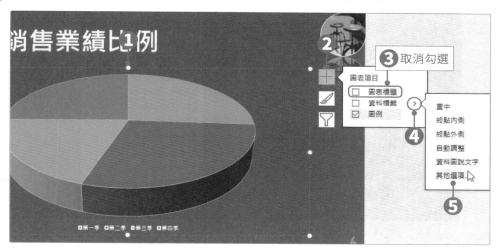

③ 開啟**資料標籤格式**窗格後，在**標籤選項**中只勾選**類別名稱**及**百分比**選項；再設定**標籤位置**為**置中**，圓形圖中就會加入類別名稱與其所佔百分比。

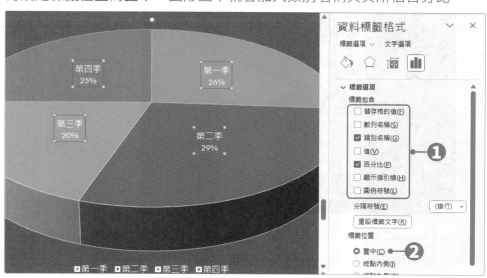

圓形圖分裂設定

① 選取圖表物件中的「數列」，於數列上按下滑鼠右鍵，於選單中點選**資料數列格式**，開啟**資料數列格式**窗格。

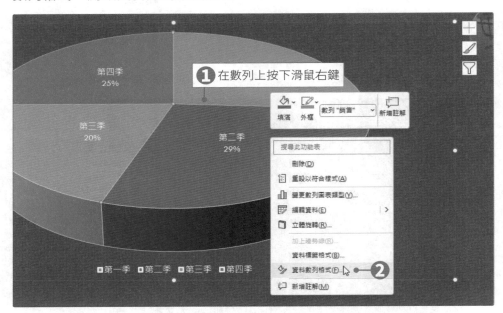

② 在數列選項中，將**第一扇區起始角度**設定為 **45 度**；再將**圓形圖分裂**設定為 10%，圓形圖便會旋轉角度，並進行分裂。

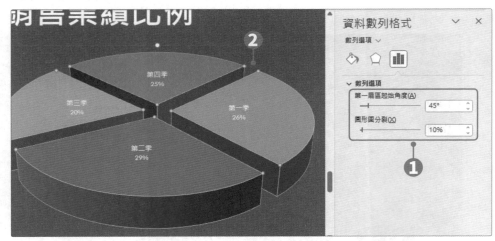

在 PowerPoint 中的圖表操作方式與 Excel 的圖表功能大致相同，所以要設定圖表時，可以參考 Excel 篇的 Example04 範例。

3-5 加入Excel中的圖表

在 PowerPoint 除了自行建立圖表之外,也可以直接將 Excel 中製作好的圖表複製到投影片中。本範例要將「銷售圖表.xlsx」檔案中的圖表,複製到第 7 張投影片上,再進行相關的編輯動作。

複製Excel圖表至投影片中

1 開啟「銷售圖表.xlsx」檔案,選取工作表中的圖表,按下鍵盤上的 **Ctrl+C** 快速鍵,或按下 **「常用→剪貼簿→複製」** 按鈕,複製該圖表。

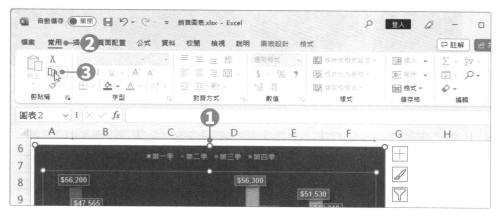

2 回到 PowerPoint 操作視窗,進入第 7 張投影片,按下 **Ctrl+V** 快速鍵,或按下 **「常用→剪貼簿→貼上」** 按鈕,將剛剛複製的圖表貼到投影片中。

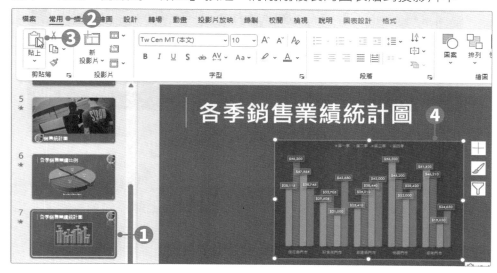

3 圖表貼上後，預設會以**「使用目的地佈景主題並連結資料」**方式貼上圖表，按下圖表右下方的 ![Ctrl] 按鈕，於選單中點選 ![保留] **保留來源格式設定並連結資料**按鈕，圖表就會保持來源格式設定並連結資料。

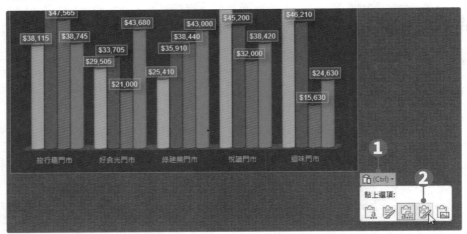

4 接著調整圖表的位置及大小，再進入**「常用→字型」**群組中設定圖表內的文字大小。

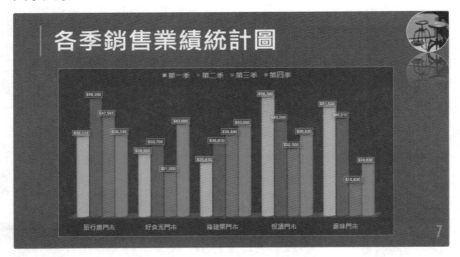

加上運算列表

若希望在圖表中有資料表方便對照，可以加入「運算列表」，讓資料顯示於繪圖區下方。不過，並不是所有的圖表都可以加上運算列表，例如：圓形圖及雷達圖就無法加入運算列表。

1 選取圖表物件，按下圖表工具的「圖表設計→圖表版面配置→新增圖表項目」下拉鈕，於選單中點選「運算列表→有圖例符號」。

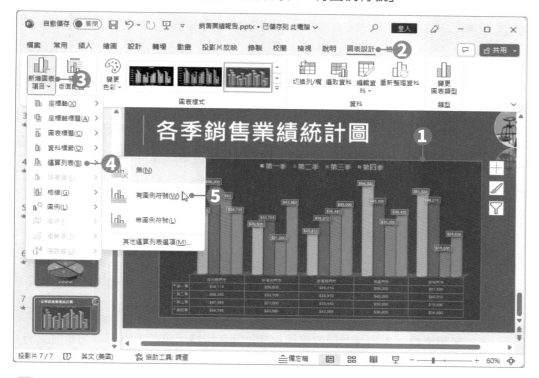

2 點選後，在繪圖區的下方就會加入運算列表。

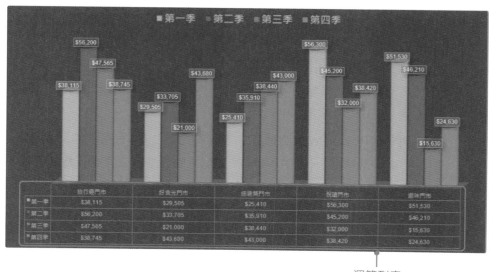

運算列表

☀ 選擇題

( )1. 在 PowerPoint 的表格中輸入文字時，若要跳至下一個儲存格，可以按下鍵盤上的哪一個按鍵？ (A)Tab (B)Ctrl (C)Shift (D)Alt。

( )2. 若想為 PowerPoint 中的表格儲存格加上對角線，應在下列哪一個索引標籤中進行設定？ (A) 常見 (B) 表格設計 (C) 繪圖 (D) 版面配置。

( )3. 下列 PowerPoint 表格相關功能鈕中，何者可用來設定表格的陰影效果？ (A) ⬤∨ (B) ◻∨ (C) A∨ (D) ⬤∨。

( )4. 若想設定 PowerPoint 中表格文字的對齊方式為「垂直置中」，應在下列哪一個索引標籤中進行設定？ (A) 常見 (B) 表格設計 (C) 繪圖 (D) 版面配置。

( )5. 在 PowerPoint 的物件配置區按下哪一個按鈕，可以在頁面中插入圖表？ (A) 🖼 (B) ▦ (C) ⧨ (D) ▯。

( )6. 若想透過圖表物件右側的快速格式化圖表按鈕，來設定簡報中圖表的圖例位置，應按下哪一個按鈕進行設定？ (A) ▽ (B) ✎ (C) ╋ (D) 🔍。

( )7. 若想為 PowerPoint 中的圖表加上運算列表，應在下列哪一個索引標籤頁中進行設定？ (A) 常見 (B) 插入 (C) 圖表設計 (D) 格式。

( )8. 在 PowerPoint 中，下列何種圖表無法加上運算列表？ (A) 曲面圖 (B) 雷達圖 (C) 直條圖 (D) 堆疊圖。

( )9. 在 PowerPoint 簡報中可以插入以下何項物件？ (A) 線上圖片 (B)Word 表格 (C)Excel 圖表 (D) 以上皆可。

( )10. 下列有關 PowerPoint 之敘述，何者不正確？ (A) 表格中的文字可以套用文字藝術師樣式 (B) 由 Word 複製而來的表格無法再進行格式編輯 (C) 電腦必須為連線狀態，才能插入線上圖片 (D) 圓形圖中的資料標籤，可設定以百分比格式顯示。

❷實作題

1. 開啟「範例檔案→PowerPoint→Example03→茶銷售統計.pptx」檔案,進行以下設定。

- 將第2張投影片中的表格進行美化的動作。
- 將第2張投影片中的資料製作成「群組直條圖」,圖表樣式請自行設計。

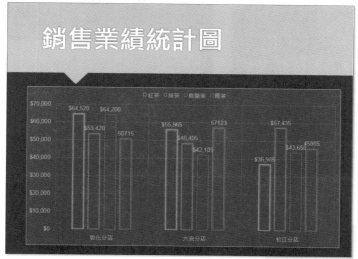

2. 開啟「範例檔案→PowerPoint→Example03→旅遊調查報告.pptx」檔案,進行以下設定。

● 將「遊覽景點排名.docx」檔案中的表格複製到第2張投影片中,表格格式請自行設定。

● 在第3張投影片中加入一張與旅遊相關的線上圖片,並將圖片裁剪成「圓角矩形」圖形。

● 將「觀光統計.xlsx」檔案中的圖表複製到第4張投影片中,圖表格式請維持與來源相同。

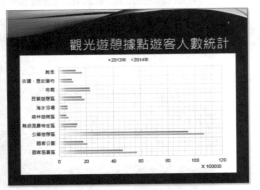

04

行銷活動企畫案

PowerPoint 放映與輸出技巧

學習目標

製作簡報備忘稿 / 製作講義 /
簡報放映技巧 /
自訂放映投影片範圍 /
錄製投影片放映時間 /
錄製旁白與筆跡 /
將錄製結果儲存為影片 /
將簡報封裝成光碟 / 列印簡報

● **範例檔案** (範例檔案 \PowerPoint\Example04)

行銷活動企畫案 .pptx

● **結果檔案** (範例檔案 \PowerPoint\Example04)

講義 .docx
行銷活動企畫案 -OK.pptx
行銷活動企畫案 .ppsx

在「行銷活動企畫案」範例中，將學習製作備忘稿、講義、簡報的放映技巧、錄製簡報、列印簡報等技巧。

講義

列印投影片

備忘稿

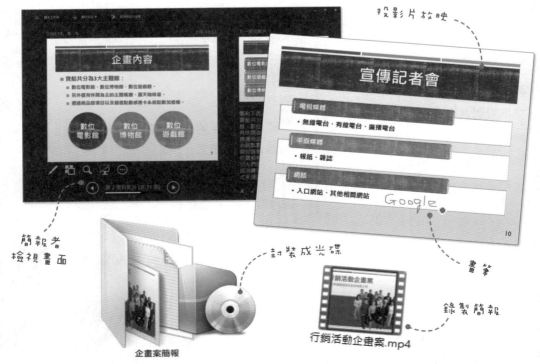

投影片放映

簡報者
檢視畫面

封裝成光碟

畫筆

錄製簡報

企畫案簡報

行銷活動企畫案.mp4

4-1 備忘稿的製作

基本上在製作簡報時，內容應以簡單扼要為原則，可將其他要補充的資料放置於「備忘稿」中，以便進行簡報時，能提醒自己要說明的內容。

新增備忘稿

在投影片中要加入備忘稿資料時，可按下 備忘稿 按鈕，會於視窗下方開啟**備忘稿窗格**，在窗格中可以檢視及輸入備忘稿內容。於**標準模式**及**大綱模式**下可以隨時按下 備忘稿 按鈕，來開啟或關閉備忘稿窗格。

除此之外，也可以按下「**檢視→簡報檢視→備忘稿**」按鈕，進入「備忘稿」檢視模式，進行備忘稿的輸入。

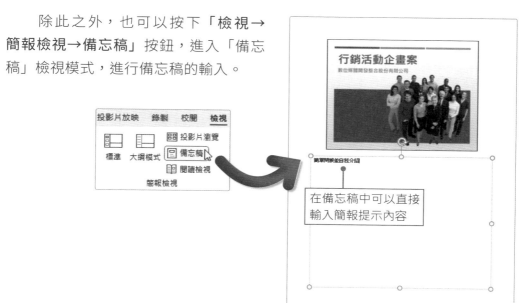

備忘稿母片設定

建立備忘稿資料後，若要設定備忘稿的文字格式，或頁首頁尾資訊時，可以進入**「備忘稿母片」**中進行設定。

① 按下**「檢視→母片檢視→備忘稿母片」**按鈕，進入備忘稿母片模式中。

② 在備忘稿母片中有**頁首、投影片影像、頁尾、日期、本文、頁碼**等資訊配置，若要取消某個資訊時，在**「備忘稿母片→版面配置區」**群組中，將不要的資訊勾選取消即可。

③ 在**「備忘稿母片→背景」**群組中，可以按下**字型**下拉鈕，於選單中點選要使用的佈景主題字型。

④ 點選「頁碼」配置區，在**「常用→字型」**群組中，設定配置區內的字型大小為 18、**粗體**。

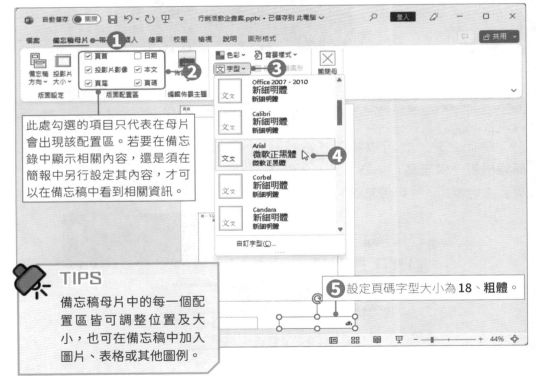

此處勾選的項目只代表在母片會出現該配置區。若要在備忘錄中顯示相關內容，還是須在簡報中另行設定其內容，才可以在備忘稿中看到相關資訊。

TIPS
備忘稿母片中的每一個配置區皆可調整位置及大小，也可在備忘稿中加入圖片、表格或其他圖例。

⑤ 設定頁碼字型大小為 18、**粗體**。

⑤ 備忘稿母片設定完成後，按下**「備忘稿母片→關閉→關閉母片檢視」**按鈕，即可離開備忘稿母片模式。

6 雖然剛剛在備忘稿母片中已勾選要呈現的資訊配置區，接下來仍須設定頁首及頁尾，才能顯示相關資訊。點選「**插入→文字→頁首及頁尾**」按鈕，開啟「頁首及頁尾」對話方塊。

7 將**頁首**及**頁尾**項目勾選起來，接著設定**頁首**及**頁尾**要顯示的文字內容，最後按下**全部套用**按鈕完成設定。

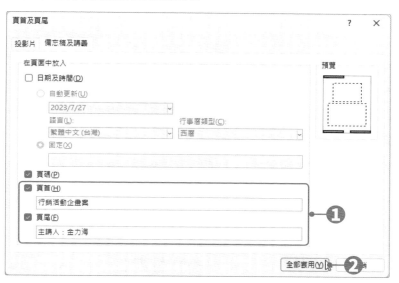

8 接著按下「**檢視→簡報檢視→備忘稿**」按鈕，即可檢視備忘稿母片設定的結果。

4-2 講義的製作

當準備簡報資料時，可以將簡報內容製作成講義，或是列印成講義提供給觀眾，讓觀眾在聽取簡報時，能夠隨時參閱、撰寫筆記或是留做日後參考。

建立講義

PowerPoint可以將簡報中的投影片和備忘稿，建立成可以在Word中編輯及格式化的講義，而當簡報內容變更時，Word中的講義也會自動更新內容。

1. 按下「**檔案→匯出→建立講義→建立講義**」按鈕，開啟「傳送至 Microsoft Word」對話方塊。

2. 選擇要使用的版面配置，再點選**貼上連結**選項，設定好後按下**確定**按鈕。

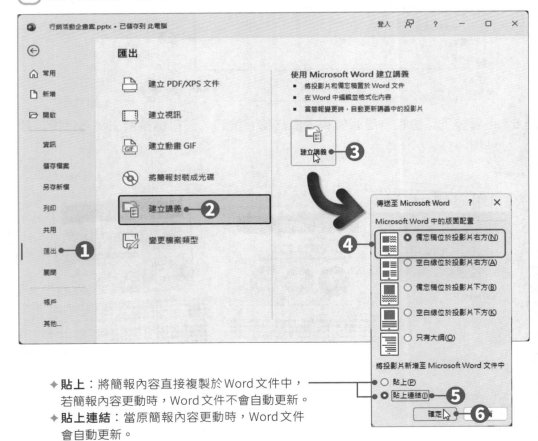

◆ **貼上**：將簡報內容直接複製於Word文件中，若簡報內容更動時，Word文件不會自動更新。

◆ **貼上連結**：當原簡報內容更動時，Word文件會自動更新。

3 簡報內容便會建立在 Word 文件中，接著便可在 Word 中進
行任何編輯動作，編輯完後再將文件儲存起來即可。

講義.docx

講義母片設定

講義也提供了母片，在進行講義列印前，可以按下「**檢視
→母片檢視→講義母片**」按鈕，進入「講義母片」模式中，進
行佈景主題、頁首及頁尾、版面配置或文字格式等設定。

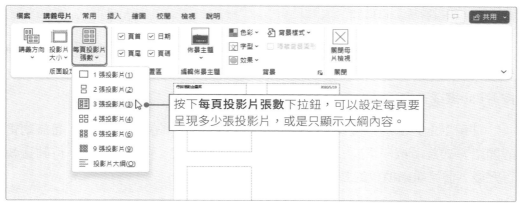

按下**每頁投影片張數**下拉鈕，可以設定每頁要
呈現多少張投影片，或是只顯示大綱內容。

4

4-3 簡報放映技巧

當簡報製作完成後，便可進行簡報的放映，而在放映的過程中，有許多技巧是不可不知的，接下來將學習這些放映技巧。

放映簡報及換頁控制

放映簡報時，可以按下快速存取工具列上的 ⏹ 按鈕，或是直接按下鍵盤上的 **F5** 功能鍵，簡報便會由第一頁開始進行放映。而在「**投影片放映→開始投影片放映**」群組中，可以選擇要從何處開始放映投影片。

簡報在放映時，若要進行投影片換頁，可使用以下方法：

動作	指令按鈕 及 鍵盤快速鍵
從首張投影片	「投影片放映→開始投影片放映→從首張投影片」按鈕、F5
從目前投影片	「投影片放映→開始投影片放映→從目前投影片」按鈕、Shift+F5
換至下一張投影片	N、空白鍵、→、↓、Enter、PageDown
翻回前一張投影片	P、Backspace、←、↑、PageUp
結束放映	Esc、- (連字號)
回到第一張投影片	Home

在放映時，也可以直接使用滑鼠滾輪來進行換頁，將滾輪往上推，可以回到上一張投影片；往下推則是切換至下一張投影片。若要結束放映時，則可以按下 **Esc** 鍵或一鍵。

使用以上方法進行換頁時，若投影片中的物件有設定動畫效果，且該動畫的開始方式為「按一下」，那麼換頁時會先執行動畫，而不是換頁，待動畫執行完後，便可繼續換頁的動作。

TIPS

若無法記住那麼多的快速鍵，可以在放映投影片時，按下 **F1** 快速鍵，開啟「投影片放映說明」對話方塊，於**一般**標籤頁中，便會列出所有可使用的快速鍵。

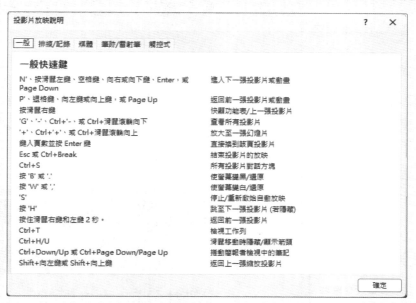

放映投影片時，在投影片的左下角可以隱約看到放映控制鈕，將滑鼠游標移至控制鈕上，便會顯示控制鈕，利用這些控制鈕也可以進行換頁控制。

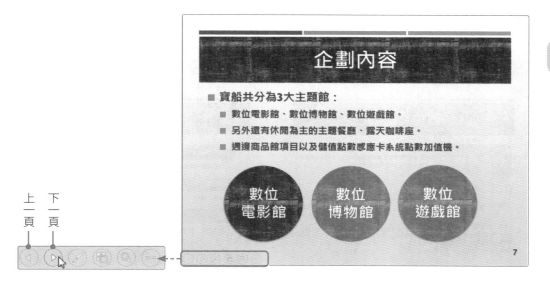

上一頁　下一頁

運用螢光筆加強簡報重點

在簡報放映過程中，可以使用雷射筆來指示投影片內容，或是使用畫筆、螢光筆功能，在投影片上標示文字或註解。透過這些小工具，可以在演說的過程中，更清楚地表達內容。

將滑鼠游標轉為雷射筆

在播放簡報時，按下左下角的 ✏ 按鈕，於選單中點選要使用的顏色，再按下**雷射筆**選項，即可將滑鼠游標轉換為雷射筆，或是按下 **Ctrl** 鍵不放，再按下滑鼠左鍵不放，也可以將滑鼠游標暫時轉換為雷射筆。

用螢光筆或畫筆標示重點

投影片放映時，可以使用**螢光筆**或**畫筆**在投影片中標示重點。在放映的過程中，按下 ✏ 按鈕，選擇要使用的指標選項，其中**畫筆**較細，適合用來寫字，而**螢光筆**較粗，適合用來標示重點。

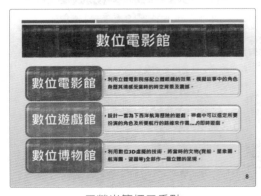

用螢光筆標示重點

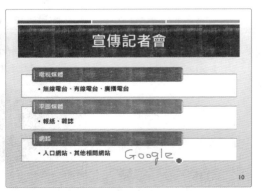

用畫筆書寫文字

清除與保留畫筆筆跡

在投影片中加入了螢光筆及畫筆時，若要清除筆跡，可以按下 ✐ 按鈕，於選單中點選**橡皮擦**，即可在投影片中選擇要移除的筆跡，而點選**擦掉投影片中的所有筆跡**，則可以一次將投影片中的所有筆跡移除。

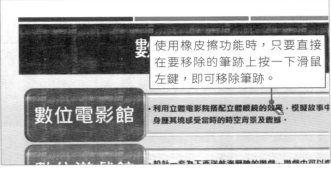

使用橡皮擦功能時，只要直接在要移除的筆跡上按一下滑鼠左鍵，即可移除筆跡。

 TIPS
放映模式的快速鍵

放映簡報時，除了透過左下角的按鈕使用雷射筆與筆跡標註的功能之外，利用快速鍵可以更快速地切換各種功能。下表所列的各項快速鍵功能，皆須於投影片放映模式下才能使用。例如：在放映簡報時，按下 **Ctrl+L** 快速鍵可將滑鼠游標快速切換為雷射筆；再按下 **Ctrl+P** 快速鍵可將滑鼠游標切換為畫筆。

功能圖示	快速鍵	說明
✐ 雷射筆	Ctrl + L	將箭頭變為雷射筆
✐ 畫筆	Ctrl + P	將箭頭變為畫筆
✐ 螢光筆	Ctrl + I	將箭頭變為螢光筆
◇ 橡皮擦	Ctrl + E	將箭頭變為橡皮擦
	Ctrl + A	轉換為箭頭指標
	Ctrl + M	顯示 / 隱藏筆跡註記
◻ 擦掉投影片中的所有筆跡	E	消除所有筆跡

結束放映時，若投影片中還有筆跡，會詢問是否要保留筆跡標註，按下**保留**按鈕，會將筆跡保留在投影片中；按下**放棄**按鈕，則會清除投影片中的筆跡。

放映時檢視所有投影片

　　放映簡報時，若想要檢視所有投影片，以便切換至其他的投影片，可以按下左下角的 ⊞ 按鈕，即可瀏覽該簡報中的所有投影片，在想要開啟的投影片上按下滑鼠左鍵，即可放映該張投影片。

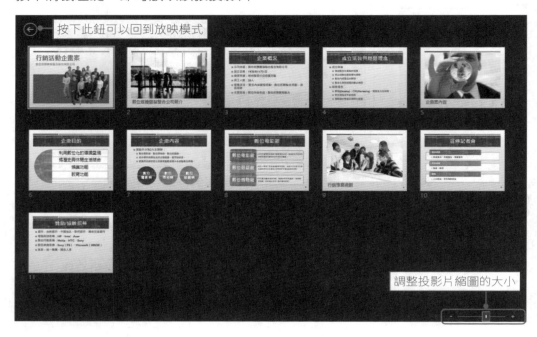

使用拉近顯示放大要顯示的部分

　　使用 🔍 按鈕，可以將簡報中的某部分放大顯示，這樣在簡報時就可以將焦點集中在特定部分。拉近顯示後，滑鼠游標會呈 ✋ 狀態，按住滑鼠左鍵不放即可拖曳畫面，檢視其他的位置；要結束拉近顯示模式時，按下 Esc 鍵即可。

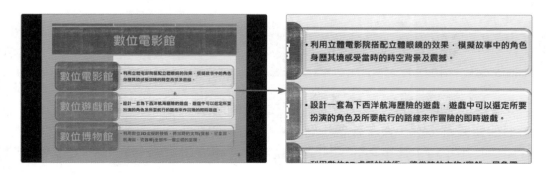

使用簡報者檢視畫面

　　演講者在進行簡報時，可以進入**簡報者檢視畫面**模式，便可在自己的電腦螢幕上顯示含有備忘稿的簡報，並進行簡報放映的操作；而觀眾所看到的畫面則是全螢幕放映模式。

　　要進入簡報者檢視畫面模式時，可以按下左下角的 ⚙ 按鈕，於選單中點選**顯示簡報者檢視畫面**；或是在投影片上按下滑鼠右鍵，點選**顯示簡報者檢視畫面**，即可進入檢視畫面。

顯示工作列以便切換程式　　顯示器設定　　結束放映　　目前播放投影片　　顯示下一張要播放的投影片

計時器，可暫停及重新啟動

使投影片放映變黑或還原

放大投影片

查看所有投影片

其他放映選項

畫筆及雷射筆工具　　顯示目前所在投影片位置及這份簡報的投影片總數

放大及縮小備忘稿的文字大小　　備忘稿內容

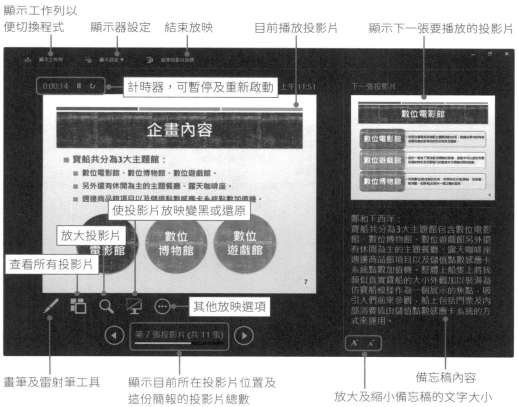

4-4 自訂放映投影片範圍

在一份簡報中，可以自行設定不同版本的放映組合，讓投影片放映時更有彈性。本小節就來學習如何自訂放映投影片範圍。

隱藏不放映的投影片

在放映簡報時，若有某張投影片是不需要放映的，可以將該投影片設定為隱藏。只要在投影片上按下滑鼠右鍵，於選單中點選**隱藏投影片**，或按下「**投影片放映→設定→隱藏投影片**」按鈕。

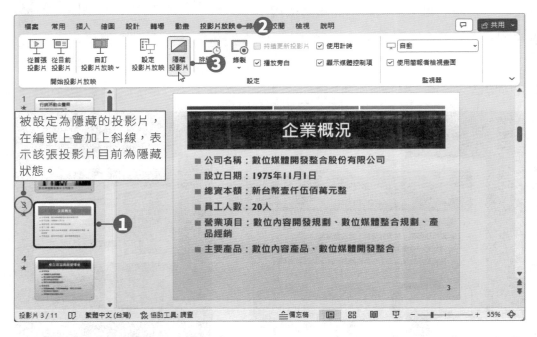

被設定為隱藏的投影片，在編號上會加上斜線，表示該張投影片目前為隱藏狀態。

將投影片隱藏後，簡報在放映時，會自動跳過該張投影片，若臨時想要放映被隱藏的投影片，可以在即將播放到該投影片時，例如：被隱藏的是第3張投影片，那麼在播放到第2張投影片時，按下H鍵，即可播放。

TIPS

若要取消隱藏的投影片時，在被隱藏的投影片上按下滑鼠右鍵，點選**隱藏投影片**，或按下「**投影片放映→設定→隱藏投影片**」按鈕，即可取消隱藏。

建立自訂投影片放映

在一份簡報中，可以自行設定不同版本的放映組合。

1. 按下「**投影片放映→開始投影片放映→自訂投影片放映**」下拉鈕，於選單中點選**自訂放映**。

2. 開啟「自訂放映」對話方塊，按下**新增**按鈕，開啟「定義自訂放映」對話方塊。

3. 在**投影片放映名稱**欄位中輸入自訂名稱，接著勾選要自訂放映的投影片，選取好後再按下**新增**按鈕，被選取的投影片便會加入**自訂放映中的投影片**清單中，最後按下**確定**按鈕。

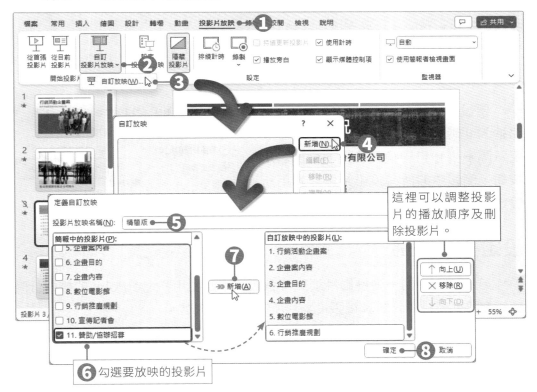

4. 回到「自訂放映」對話方塊，便可看見剛剛建立的投影片放映名稱，沒問題後按下**關閉**按鈕，完成自訂投影片放映的動作。

按下此鈕可修改自訂投影片

按下此鈕可直接放映自訂的投影片

5 若要放映自訂投影片時,按下「投影片放映→開始投影片放映→自訂投影片放映」下拉鈕,於選單中選擇要放映的版本,點選後即可進行放映的動作。

4-5 錄製投影片放映時間及旁白

若製作的簡報要做為自動展示使用,可事先將旁白及解說過程錄製下來。只要有音效卡、麥克風及喇叭、網路攝影機等設備,就可以為 PowerPoint 簡報錄製影像、旁白、筆跡,或是投影片放映時間。這些內容同樣可以在放映中播放,或是直接將簡報儲存成視訊檔案。

設定自動換頁

要設定簡報為自動連續播放時,可以進入「轉場→預存時間」群組中,設定每隔多少秒自動換頁,按下**全部套用**按鈕,簡報中的所有投影片都會套用所設定的放映時間。

設定排練時間

若不確定解說一張投影片須費時多久,不妨利用 PowerPoint 的**排練計時**功能實際進行排練,計算每張投影片所須花費的時間。

1 按下「**投影片放映→設定→排練計時**」按鈕,簡報會開始進行全螢幕放映的動作,而在螢幕左上角則會出現一個「錄製」對話方塊,此時「錄製」對話方塊中的時間也會跟著啟動計時。

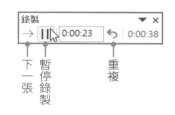

② 在排練計時的過程中，可以隨時按下 → **下一張** 按鈕，切換至下一張投影片；若想要重新錄製該張投影片的時間，則按下 ↻ **重複**按鈕，或 R 鍵，先暫停錄製再按下**繼續錄製**按鈕，即可重新錄製投影片的排練時間。若在排練過程中想要暫停時，可以按下 ‖ **暫停錄製**按鈕，便會停止排練。

③ 所有投影片的排練時間都完成後，或過程中按下 Esc 鍵，便會出現一個訊息視窗，上面會顯示該份簡報的總放映時間，如果希望以此時間做為播放時間，就按下**是**按鈕，完成排練的動作。

④ 進入投影片瀏覽模式中，在每張投影片的右下角就會顯示一個時間，即為該投影片的放映時間。當放映簡報時，就會依照這裡的秒數進行換頁。

投影片的放映時間

按下此鈕，進入投影片瀏覽模式

為投影片錄製旁白與筆跡

若簡報有自動播放需求，除了可以自訂放映時間之外，也可以為簡報錄製影像、旁白、加上筆跡及雷射筆筆勢等，並將所有的投影片放映內容及過程儲存起來，如此一來，就能完成一份完整且個人化的精采簡報，並且可隨時隨地播放給觀眾欣賞。

若想為簡報錄製旁白說明，請先確認電腦已安裝音效卡、喇叭及麥克風等硬體設備，若沒有這些設備，將無法進行旁白的錄製。

① 按下「**錄製→錄製→錄製**」下拉鈕，或是點選「**投影片放映→設定→錄製**」下拉鈕，於選單中選擇要**從目前投影片**或是**從頭開始**錄製。

② 進入投影片放映的「錄製」視窗中，在左上角會有**錄製、停止、重播**三個錄製操控按鈕。按下紅色圓形的**錄製**按鈕（或鍵盤上的 R 鍵），即可開始錄製內容；按下**停止**按鈕（或鍵盤上的 S 鍵），即可停止錄製。

按下**錄製**鈕後，會出現三秒鐘的
倒數計時，接著開始錄製內容。

按下**備忘錄**下拉鈕，會顯示
該投影片的備忘錄內容。

按下**清除**鈕，可清除投
影片上的錄製內容。

錄製操控面板

可設定開啟或關閉麥克風、
相機和相機預覽視窗。

錄製時間

2021 提供**雷射筆**、**畫筆**、**螢光筆**及**橡皮擦**功能。在錄製過程中，
可將滑鼠游標轉換為雷射筆、畫筆或螢光筆，進行指示的
動作，而這些筆勢及筆跡動作也會一併被錄製下來。

3 錄製完成後，或過程中按下 **Esc** 鍵，便可結束錄製的動作。進入投影片瀏
覽模式中，在每張投影片的右下角就會顯示投影片的放映時間。

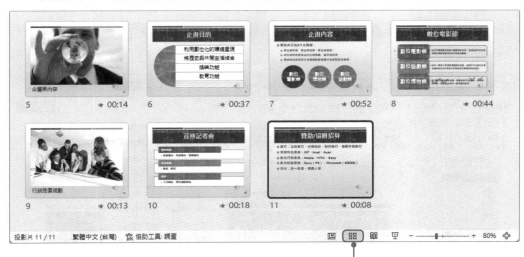

按下此鈕，進入投影片瀏覽模式。

④ 在每張投影片中會多一個音訊圖示，將滑鼠游標移至音訊圖示上，即可自行調整音訊的大小、位置及播放方式等。而錄製期間所使用的筆跡及雷射筆筆勢動作也會一併記錄下來以供播放。

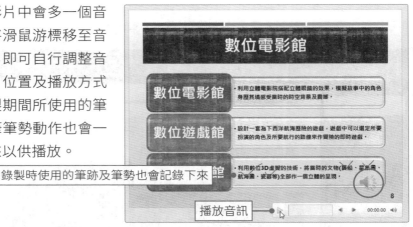

錄製時使用的筆跡及筆勢也會記錄下來

播放音訊

若簡報有錄製放映時間及旁白時，別忘了確認**「投影片放映→設定」**群組中的**使用計時**及**播放旁白**選項為勾選狀態，這樣播放投影片時，才會使用錄製的時間來播放，旁白音訊及筆跡動作也會同步播放。

取消勾選可改為手動換頁

取消勾選可關閉錄製的旁白和筆跡

清除預存時間及旁白

若想要重新錄製或取消旁白時，可以按下**「投影片放映→設定→錄製」**下拉鈕，於選單中點選**清除**，即可選擇要清除目前投影片或所有投影片上的預存時間及旁白。

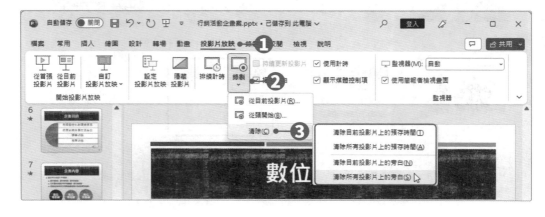

將錄製結果儲存為影片 [2021]

錄製好簡報後,包括所有錄製的時間、旁白、筆跡線條、雷射筆筆勢等,這些錄製內容皆內嵌在每張投影片中,在放映簡報時都會一併播放。如果需要的話,可以將這些錄製內容儲存成視訊檔案,如此一來,即使視聽者電腦中未安裝 PowerPoint,也能觀看錄製好的簡報影片。

① 點選「錄製→儲存→匯出至視訊」,可將錄製內容儲存成視訊檔案。

可將錄製內容儲存成**投影片放映檔案 (.ppsx)**,當開啟檔案時,會以投影片放映模式直接播放。

② 在開啟的「匯出」頁面中,可設定想要的影片品質,或是選擇是否包括錄製時間和旁白。設定好後,按下**建立視訊**按鈕,即可將錄製的簡報匯出為 MP4 格式的視訊檔案。

行銷活動企畫案.mp4

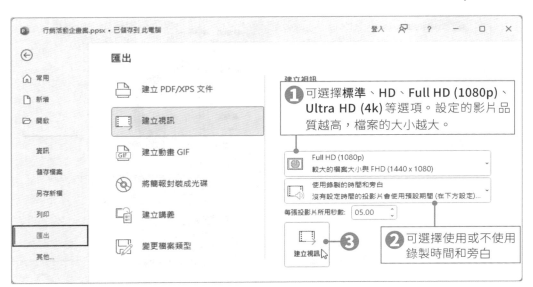

匯出

- 建立 PDF/XPS 文件
- 建立視訊
- 建立動畫 GIF
- 將簡報封裝成光碟
- 建立講義
- 變更檔案類型

① 可選擇**標準**、**HD**、**Full HD (1080p)**、**Ultra HD (4k)** 等選項。設定的影片品質越高,檔案的大小越大。

Full HD (1080p)
較大的檔案大小與 FHD (1440 x 1080)

使用錄製的時間和旁白
沒有設定時間的投影片會使用預設期間 (在下方設定)...

每張投影片所用秒數:05.00

建立視訊 ③

② 可選擇使用或不使用錄製時間和旁白

P 4-6 將簡報封裝成光碟

PowerPoint提供了將簡報封裝成光碟功能，使用此功能可以將簡報中使用到的字型及連結的檔案(文件、影片、音樂等)都打包在同一個資料夾中，或是直接燒錄到光碟中。如此一來，在別台電腦開啟檔案時，就不會發生連結不到檔案的問題。在封裝時，可以選擇要將簡報封裝到資料夾，或是直接燒錄到光碟中。

1 按下「**檔案→匯出→將簡報封裝成光碟**」選項，再按下**封裝成光碟**按鈕，開啟「封裝成光碟」對話方塊。

2 在 **CD 名稱**欄位中輸入名稱，若要再加入其他的簡報檔案時，按下**新增**按鈕，即可再新增其他檔案。

3 在封裝簡報前，還可以按下**選項**按鈕，開啟「選項」對話方塊，選擇是否要將連結的檔案及字型一併封裝。

4 都設定好後，按下**複製到資料夾**按鈕，開啟「複製到資料夾」對話方塊。

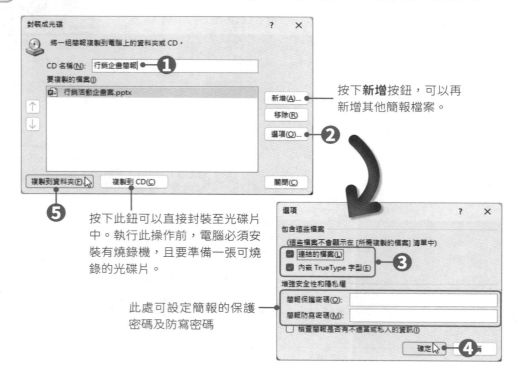

按下**新增**按鈕，可以再新增其他簡報檔案。

按下此鈕可以直接封裝至光碟片中。執行此操作前，電腦必須安裝有燒錄機，且要準備一張可燒錄的光碟片。

此處可設定簡報的保護密碼及防寫密碼

5 在「複製到資料夾」對話方塊中，設定資料夾名稱及要複製的位置，設定好後按下**確定**按鈕。

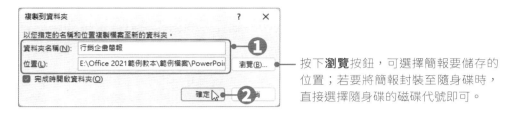

按下**瀏覽**按鈕，可選擇簡報要儲存的位置；若要將簡報封裝至隨身碟時，直接選擇隨身碟的磁碟代號即可。

6 接著會詢問是否要將連結的檔案都封裝，這裡請按下**是**按鈕。

7 PowerPoint 就會開始進行封裝的動作，完成後，在指定位置就會新增一個所設定的資料夾，該資料夾內存放著相關檔案。

8 封裝完成後回到「封裝成光碟」對話方塊，按下**關閉**按鈕，結束封裝光碟的動作。

4-7 列印簡報

簡報製作完成後，即可進行列印的動作，而列印時可以選擇列印的方式，這節就來學習如何進行簡報的列印。

預覽列印

按下「**檔案→列印**」執行列印動作前，可在列印頁面中先預覽列印結果。

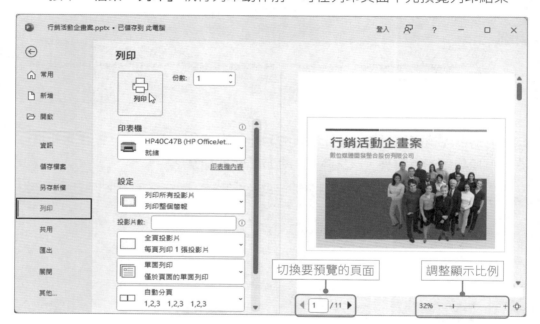

設定列印範圍

在列印簡報時，預設會**列印所有投影片**，若選擇**列印目前的投影片**，則會列印出目前所在位置的投影片；選擇**列印選取範圍**，只會列印被選取的投影片；選擇**自訂範圍**，可以自行設定要列印的投影片。

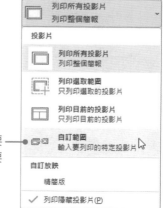

可以自行輸入要列印的投影片編號，例如：要列印第 1 張到第 5 張投影片時，輸入「1-5」；要列印第 1、3、5 頁時，則輸入「1,3,5」。

列印版面配置設定

　　要列印投影片時，可以將列印版面配置設定為**全頁投影片**、**備忘稿**、**大綱**及**講義**等方式。

此處可勾選**投影片加框**、**配合紙張調整大小**、**高品質**列印等列印設定。若勾選**列印註解**和**列印筆跡**選項，在列印時會連投影片上的註解及筆跡一併列印出來。

列印及列印份數

　　列印資訊都設定好後，在**份數**欄位中輸入要列印的份數，最後再按下**列印**按鈕，即可將簡報從印表機中印出。

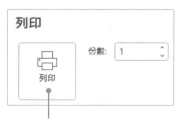

按下**列印**按鈕即可進行列印的動作。

自我評量

✪選擇題

(　　)1. 在PowerPoint中執行下列何項功能，可將簡報內容以貼上連結的方式傳送到Word？(A)建立講義　(B)存成「大綱/RTF」檔　(C)利用「複製」與「選擇性貼上/貼上連結」　(D)由Word開啟簡報檔。

(　　)2. 在PowerPoint中，每頁列印幾張投影片的講義，含有可讓聽眾做筆記的空間？(A)二張　(B)三張　(C)四張　(D)六張。

(　　)3. 在PowerPoint中，下列何種操作方式可讓簡報從目前的投影片開始放映？(A)執行「從首張投影片」按鈕　(B)按下快速存取工具列上的 按鈕　(C)按下Shift + F5　(D)按下F5。

(　　)4. 在PowerPoint中進行投影片放映時，按下下列何組快速鍵，可將滑鼠游標轉換為畫筆？(A)Ctrl+A　(B)Ctrl+C　(C)Ctrl+P　(D)Ctrl+E。

(　　)5. 在PowerPoint中進行投影片放映時，按下下列何組快速鍵，可將投影片中的所有筆跡清除？(A)Shift+E　(B)Ctrl+E　(C)Esc　(D)E。

(　　)6. 在PowerPoint中，如果同一份簡報必須向不同的觀眾群進行報告，可透過下列哪一項功能，將相關的投影片集合在一起，如此即可針對不同的觀眾群，放映不同的投影片組合？(A)設定放映方式　(B)自訂放映　(C)隱藏投影片　(D)新增章節。

(　　)7. 在PowerPoint中欲設定排練時間時，應點選下列何項指令？(A)投影片放映→設定→排練計時　(B)投影片放映→編輯→排練計時　(C)投影片放映→檢視→排練計時　(D)投影片放映→插入→排練計時。

(　　)8. 若欲在PowerPoint中錄製及聽取旁白，下列何者不是電腦必要的設備？(A)麥克風　(B)視訊裝置　(C)喇叭　(D)音效卡。

(　　)9. 在PowerPoint中，若想要列印編號2、3、5、6、7的投影片，應如何輸入列印的自訂範圍？(A)2;3;5-7　(B)2,3;5-7　(C)2,3,5-7　(D)2-3;5-7。

(　　)10. 在PowerPoint中，將「列印版面配置」設定為「全頁投影片」時，每頁最多可列印幾張投影片？(A)一張投影片　(B)二張投影片　(C)三張投影片　(D)四張投影片。

✪實作題

1. 開啟「範例檔案→PowerPoint→Example04→業務行銷寶典.pptx」檔案,進行以下設定。

   ● 開啟「備忘稿.txt」檔案,將檔案內的資料分別加入第2張、第3張、第5張投影片中的備忘稿。

   ● 進入「備忘稿母片」中進行文字格式設定,格式請自訂,並加入投影片圖像、本文、頁尾、頁碼等配置區,頁尾文字設定為「業務行銷寶典分享」。

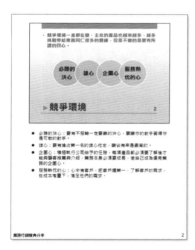 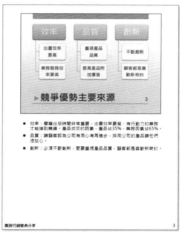

   ● 將簡報以講義方式列印,每張紙呈現3張投影片,並將投影片加入框線,列印時配合紙張調整大小。

國家圖書館出版品預行編目資料

Office 2021範例教本(含Word、Excel、PowerPoint)/
　全華研究室, 郭欣怡編著. -- 初版. -- 新北市 : 全華
圖書股份有限公司, 2023.08
　　面 ; 　公分
　ISBN 978-626-328-637-5(平裝)

　1.CST: OFFICE 2021(電腦程式)

312.49O4　　　　　　　　　　　　112013054

Office 2021 範例教本
(含Word、Excel、PowerPoint)

作者 / 全華研究室 郭欣怡

發行人 / 陳本源

執行編輯 / 李慧茹

封面設計 / 盧怡瑄

出版者 / 全華圖書股份有限公司

郵政帳號 / 0100836-1號

印刷者 / 宏懋打字印刷股份有限公司

圖書編號 / 06518

初版一刷 / 2023 年 8 月

定價 / 新台幣 490 元

ISBN / 978-626-328-637-5 (平裝)

ISBN / 978-626-328-635-1 (PDF)

全華圖書 / www.chwa.com.tw

全華網路書店Open Tech / www.opentech.com.tw

若您對本書有任何問題,歡迎來信指導 book@chwa.com.tw

臺北總公司 (北區營業處)
地址:23671 新北市土城區忠義路 21 號
電話:(02) 2262-5666
傳真:(02) 6637-3695、6637-3696

南區營業處
地址:80769 高雄市三民區應安街 12 號
電話:(07) 381-1377
傳真:(07) 862-5562

中區營業處
地址:40256 臺中市南區樹義一巷 26 號
電話:(04) 2261-8485
傳真:(04) 3600-9806 (高中職)
　　　(04) 3601-8600 (大專)

歡迎加入 全華會員

● 會員獨享
會員享購書折扣、紅利積點、生日禮金、不定期優惠活動…等。

● 如何加入會員
掃 QRcode 或填妥讀者回函卡直接傳真 (02) 2262-0900 或寄回，將由專人協助
登入會員資料，待收到 E-MAIL 通知後即可成為會員。

如何購買 全華書籍

1. 網路購書
全華網路書店「http://www.opentech.com.tw」，加入會員購書更便利，並享
有紅利積點回饋等各式優惠。

2. 實體門市
歡迎至全華門市（新北市土城區忠義路 21 號）或各大書局選購。

3. 來電訂購
(1) 訂購專線：(02) 2262-5666 轉 321-324
(2) 傳真專線：(02) 6637-3696
(3) 郵局劃撥（帳號：0100836-1 戶名：全華圖書股份有限公司）
※ 購書未滿 990 元者，酌收運費 80 元。

OpenTech.com.tw 全華網路書店

全華網路書店 www.opentech.com.tw
E-mail: service@chwa.com.tw

※ 本會員制如有變更則以最新修訂制度為準，造成不便請見諒。

讀者回函卡

掃 QRcode 線上填寫 ▶▼▶

姓名：　　　　　　　　　　　生日：西元　　　　年　　　月　　　日　　性別：□男 □女

電話：(　　)　　　　　　　手機：

e-mail：(必填)

通訊處：□□□□□

註：數字零，請用 Φ 表示，數字1與英文 L 請另註明並書寫端正，謝謝。

學歷：□高中・職　□專科　□大學　□碩士　□博士

職業：□工程師　□教師　□學生　□軍・公　□其他

學校/公司：　　　　　　　　　　　　科系/部門：

· 需求書類：
□ A. 電子 □ B. 電機 □ C. 資訊 □ D. 機械 □ E. 汽車 □ F. 工管 □ G. 土木 □ H. 化工
□ I. 設計 □ J. 商管 □ K. 日文 □ L. 美容 □ M. 休閒 □ N. 餐飲 □ O. 其他

· 本次購買圖書為：　　　　　　　　　　　　　　書號：

· 您對本書的評價：

封面設計：□非常滿意　□滿意　□尚可　□需改善，請說明
內容表達：□非常滿意　□滿意　□尚可　□需改善，請說明
版面編排：□非常滿意　□滿意　□尚可　□需改善，請說明
印刷品質：□非常滿意　□滿意　□尚可　□需改善，請說明
書籍定價：□非常滿意　□滿意　□尚可　□需改善，請說明
整體評價：請說明

· 您在何處購買本書？
□書局　□網路書店　□書展　□團購　□其他

· 您購買本書的原因？（可複選）
□個人需要　□公司採購　□親友推薦　□老師指定用書　□其他

· 您希望全華以何種方式提供出版訊息及特惠活動？
□電子報　□DM　□廣告 (媒體名稱　　　　　　　　　)

· 您是否上過全華網路書店？ (www.opentech.com.tw)
□是　□否　您的建議

· 您希望全華出版哪方面書籍？

· 您希望全華加強哪些服務？

感謝您提供寶貴意見，全華將秉持服務的熱忱，出版更多好書，以饗讀者。

填寫日期：　　/　　/

2020.09 修訂

親愛的讀者：

感謝您對全華圖書的支持與愛護，雖然我們很慎重的處理每一本書，但恐仍有疏漏之處，若您發現本書有任何錯誤，請填寫於勘誤表內寄回，我們將於再版時修正，您的批評與指教是我們進步的原動力，謝謝！

全華圖書　敬上

勘　誤　表

頁　數	行　數	書　名		作　者
		錯誤或不當之詞句		建議修改之詞句

我有話要說：(其它之批評與建議，如封面、編排、內容、印刷品質等‧‧‧)